高职高专"十三五"建筑及工程管理类专业系列规划教材

工程造价管理

主　编　郝会娟　王欣海

副主编　李　瑞　韩　雪

Construction Project

西安交通大学出版社
XI'AN JIAOTONG UNIVERSITY PRESS

国 家 一 级 出 版 社
全国百佳图书出版单位

内 容 提 要

　　本书针对高等职业教育技术技能型人才的培养目标和要求，结合建设工程相关专业特点以及《建设工程工程量清单计价规范》（GB50500—2013）和相关计量规范、《建筑安装工程费用项目组成》（建标［2013］44号）、《建筑工程施工发包与承包计价管理办法》（住建部第16号令）、《建设工程施工合同（示范文本）》（GF—2013—0201）等最新的行业标准和国家标准，以理论知识够用、强调应用为目的来进行编写，力求呈现出工程造价管理知识点的系统性、实践性、实用性和先进性。本书内容按照基本建设程序，以工程造价全过程管理为主线，并引入大量的综合案例和课后习题，图文并茂，通俗易懂，力求做到条理清晰、重点难点突出。

　　全书共分9章，主要内容包括工程造价管理概论、工程造价构成、工程造价计价依据、工程量清单计价、建设工程投资决策阶段、建设工程设计阶段、建设工程招投标阶段、建设工程施工阶段、建设工程竣工验收阶段的造价管理。

　　本书可作为高职高专院校工程造价、建筑工程管理、建筑经济管理、工程监理等专业的教学用书，也可作为工程造价人员的岗位培训和继续教育教材，还可供从事建设工程的建设单位、施工单位和设计监理等工程咨询单位的工程造价管理人员参考使用。

前 言

我国在 20 世纪 80 年代末和 90 年代初期提出了"全过程造价管理"的工程造价管理思想，工程造价管理贯穿于决策开始到竣工为止的全过程，涉及工程造价的合理确定和有效控制两个方面的内容。本书结合国家最新颁布的行业规范、国家标准进行编写，以建设工程全过程造价管理为主线，系统阐述了建设工程在决策阶段、设计阶段、招投标阶段、施工阶段、竣工验收阶段的工程造价确定和控制的方法与措施。同时引入全国造价员和注册造价工程师考试内容和工程造价管理领域最新的前沿知识，列出了本章内容、学习要点、知识导入、知识拓展、综合案例等内容，具有案例结合实际、知识结构系统完整、实用性强等特点。

本书由河南建筑职业技术学院郝会娟和甘肃建筑职业技术学院王欣海担任主编，河南建筑职业技术学院李瑞、韩雪担任副主编。其中郝会娟编写第 1 章、第 2 章和第 4 章，王欣海编写第 3 章，韩雪编写第 5 章和第 6 章，李瑞编写第 7 章、第 8 章和第 9 章，并由郝会娟负责全书统稿工作。

本书在编写过程中，参考和引用了国内外大量文献资料，在此谨向其作者表示衷心的感谢！

由于编者水平有限，书中难免存在不足和疏漏之处，恳请各位读者批评指正。

编　者
2015 年 1 月

目 录

第1章　工程造价管理概论 ……………………………………………………………………… (1)
  1.1　工程造价 …………………………………………………………………………………… (1)
  1.2　工程造价管理 ……………………………………………………………………………… (6)
  1.3　工程造价咨询与工程造价从业人员 ……………………………………………………… (9)
  习题 …………………………………………………………………………………………… (18)

第2章　工程造价构成 ………………………………………………………………………… (21)
  2.1　概述 ………………………………………………………………………………………… (21)
  2.2　设备及工器具购置费 ……………………………………………………………………… (23)
  2.3　建筑安装工程费用 ………………………………………………………………………… (27)
  2.4　工程建设其他费用的构成 ………………………………………………………………… (35)
  2.5　预备费和建设期利息 ……………………………………………………………………… (39)
  习题 …………………………………………………………………………………………… (41)

第3章　工程造价计价依据 …………………………………………………………………… (44)
  3.1　概述 ………………………………………………………………………………………… (44)
  3.2　工程定额体系 ……………………………………………………………………………… (47)
  3.3　工程量清单 ………………………………………………………………………………… (51)
  3.4　工程造价信息 ……………………………………………………………………………… (64)
  习题 …………………………………………………………………………………………… (71)

第4章　工程量清单计价 ……………………………………………………………………… (74)
  4.1　概述 ………………………………………………………………………………………… (74)
  4.2　工程量清单计价的编制 …………………………………………………………………… (77)
  习题 …………………………………………………………………………………………… (86)

第5章　建设工程投资决策阶段 ……………………………………………………………… (89)
  5.1　概述 ………………………………………………………………………………………… (89)
  5.2　项目投资估算 ……………………………………………………………………………… (92)
  5.3　项目财务评价 …………………………………………………………………………… (100)

习题 ……………………………………………………………………………… (117)

第6章　建设工程设计阶段 (120)
6.1　概述 ……………………………………………………………………… (120)
6.2　设计方案优选 …………………………………………………………… (123)
6.3　设计概算 ………………………………………………………………… (131)
6.4　施工图预算 ……………………………………………………………… (139)
习题 …………………………………………………………………………… (149)

第7章　建设工程招投标阶段 (152)
7.1　概述 ……………………………………………………………………… (152)
7.2　建设工程项目招标 ……………………………………………………… (156)
7.3　建设工程项目投标 ……………………………………………………… (164)
7.4　工程合同价的确定与施工合同类型的选择 ………………………… (170)
习题 …………………………………………………………………………… (175)

第8章　建设工程施工阶段 (179)
8.1　概述 ……………………………………………………………………… (179)
8.2　工程变更及其价款确定 ………………………………………………… (181)
8.3　工程索赔 ………………………………………………………………… (183)
8.4　建设工程价款结算 ……………………………………………………… (194)
8.5　投资偏差分析 …………………………………………………………… (198)
习题 …………………………………………………………………………… (205)

第9章　建设工程竣工验收阶段 (208)
9.1　竣工验收 ………………………………………………………………… (208)
9.2　竣工结算和竣工决算 …………………………………………………… (211)
9.3　保修费用处理 …………………………………………………………… (218)
习题 …………………………………………………………………………… (219)

练一练答案 (222)

习题答案 (233)

参考文献 (240)

第1章

工程造价管理概论

▣ 本章主要内容

1. 工程造价的概念、工程造价的计价特征；
2. 工程造价管理的概念、内容及管理体制；
3. 工程造价咨询和工程造价咨询企业的含义、工程造价咨询企业和工程造价咨询从业人员的管理办法以及工程造价咨询企业所从事的业务活动。

▣ 本章学习要点

1. 掌握工程造价的两种含义、工程造价的计价特征；
2. 熟悉工程造价管理的概念和内容；
3. 熟悉我国工程造价咨询业的现状和发展、可从事的业务活动，以及工程造价从业人员的管理办法等。

▣ 知识导入

大到"嫦娥工程"、三峡工程，小到建一座楼房、制作一组家具，都可称为一个项目，项目的发起原因各种各样，但最终目的就是为投资者创造新价值，提高投资效益。那么，在建设工程项目的管理中，如何在确保工程质量的前提下，降低工程造价，提高经济效益、社会效益，如何对工程造价进行有效的管理，是各级工程造价管理部门、投资者都非常关注的问题，正确编制工程造价对政府和业主的决策有着不可替代的作用。为了适应社会主义市场经济体制和建设项目全过程管理的需要，合理确定和有效调控建设工程造价，提高工程造价编制水平，反映工程的实际造价，这已成为摆在工程造价专业工作者面前一项重大的课题。现在，我们要从工程造价管理的基础知识学起，为以后运用科学技术原理、经济、法律手段解决工程建设期间的技术与经济、经营与管理等实际问题作好专业知识储备。

1.1 工程造价

1.1.1 工程造价的概念

工程造价是建设工程造价的简称，它具有两种不同的含义：

第一种含义：从投资者或业主的角度来定义。工程造价是指建设一项工程预期开支或实际开支的全部固定资产投资费用。投资者为了获得投资项目的预期效益，就需要通过项目评估进行决策,然后进行勘察设计招标、工程施工招标、设备采购招标、直至竣工验收等一系列投资管理活动。在投资活动中所支付的全部费用,就构成了工程造价。

第二种含义:从承包商、供应商、设计方等市场供给主体来定义。工程造价是指为建成一个建设项目,预计或实际在设备市场、技术劳务市场以及工程承发包市场等交易活动中所形成的勘察设计价格、建筑安装工程价格、设备采购价格或建设项目工程总价格。第二种含义以市场经济为前提,是以工程项目、设备、技术等特定商品形式作为交易对象,通过招投标或其他交易方式,在各方进行反复测算的基础上,最终由市场形成的价格。在这里,交易的对象可以是一个建设项目,一个单项工程,也可以是建设的某一个阶段,如可行性研究报告阶段、设计工作阶段等,还可以是某个建设阶段的一个或几个组成部分,如建设前期的土地开发工程、安装工程、装饰工程、配套设施工程等。通常把工程造价的第二种含义认定为工程承发包价格。

知识拓展

在项目固定资产投资中,工程承发包价格,也即建筑安装工程价格要占到 50%～60%。施工阶段又是整个项目建设中最活跃、最主要的部分。同时,建筑施工企业又是工程项目的实施者,是建筑市场的主体,所以将工程承发包价格界定为工程造价的第二种含义很有现实意义。

工程造价的两种含义,是从不同角度把握同一事物的本质。从建设工程的投资者来说,工程造价就是项目投资,是"购买"项目要付出的价格,同时也是投资者在市场"出售"项目时定价的基础;对于承包商、供应商、监理和设计机构来说,工程造价是他们出售商品和劳务的价格总和,这是特指范围的工程造价,如建筑安装工程造价、勘察设计费用、设备采购费用等。

区别工程造价两种含义的理论意义在于,为投资者及以承包商为代表的供应商在工程建设领域的市场行为提供理论依据。当政府提出要降低工程造价时,是站在投资者的角度充当着市场需求的角色;当承包商提出要提高工程造价、获得更高利润时,是要实现一个市场供给主体的管理目标。这是市场运行机制的必然,不同的利益主体不能混为一谈。区别工程造价两种含义的现实意义在于,为实现不同的管理目标,不断充实工程造价的管理内容,完善管理方法,更好地为实现各自的目标服务,从而有利于全面推动经济增长。

知识拓展

"工程造价"一词的前身是"建筑工程概预算"和"建筑产品价格"。20 世纪 80 年代前期,在国内建筑经济学界使用"建筑产品价格"这一概念的同时,政府文件中开始出现"工程造价"一词。中国建设工程造价管理协会最终于 1996 年 9 月 10 日讨论通过"工程造价"一词,"工程造价"是建设工程造价的简称,并确认"工程造价"是个多义词,具有一词两意的性质。

练一练:1-1

从投资者(业主)角度分析,工程造价是指建设一项工程预期或实际开支的(　　　)。

A. 全部建筑安装工程费用　　　　B. 建设工程总费用

C. 全部固定资产投资费用　　　　D. 建设工程动态投资费用

1.1.2 工程造价的特点

工程造价的特点是由工程建设的特殊性决定的。

1. 大额性

能够发挥投资效用的任何一项工程,不仅实物形体庞大,而且造价高昂。其中,特大型工程项目的造价可达百亿、千亿元人民币。工程造价的大额性使其关系到有关各方面的重大经济利益,同时也会对宏观经济产生重大的影响。这就决定了工程造价的特殊地位,也说明了工程造价管理的重要意义。

2. 个别性和差异性

任何一项工程都有特定的用途、功能、规模,因此,对每一项工程的结构、造型、空间分割、设备配置和内外装饰都有具体的要求,因而使工程内容和实物形态都具有个别性。产品个别性决定了工程造价的个别性。同时,由于每项工程所处的地区、地段都不相同,使得工程造价的个别性更加突出。

3. 动态性

任何一项工程从决策到竣工交付使用,都有一个较长的建设期间,在此期间内,经常会出现许多影响工程造价的因素,如工程变更,设备材料价格、工资标准以及利率、汇率的变化等,这些变化必然会影响到工程造价的变动。由此可见,工程造价在整个建设期内处于不确定状态,直至竣工决算后才能最终决定实际造价。

4. 层次性

工程造价的层次性取决于工程的层次性。一个建设项目往往含有多个能独立发挥设计效能的单项工程(车间、写字楼、住宅等)。一个单项工程又是由能够各自发挥专业效能的多个单位工程(土建工程、电器安装工程等)组成。与此相对应,工程造价有三个层次:建设项目总造价、单项工程造价和单位工程造价。如果专业分工更细,单位工程(如土建工程)的组成部分——分部工程也可以成为交换对象,如大型土方工程、基础工程、装饰工程等。这样,工程造价的层次就增加了分部工程和分项工程两个层次而成为五个层次。建设项目的划分如图1.1所示。

5. 兼容性

工程造价的兼容性特点是由其内涵的丰富性所决定的。工程造价既可以指建设工程项目的固定资产投资,也可以指建筑安装工程造价;既可以指招标项目的标底、招标控制价,也可以指投标项目的报价。同时,工程造价的构成因素非常广泛、复杂,包括成本因素、建设用地支出费用、项目可行性研究和勘察设计费用等。

1.1.3 工程造价的计价特征

工程造价的计价是确定工程造价的形成过程,工程造价的特点决定了计价的特征。

1. 计价的单件性

产品的单件性决定了每项工程都必须单独计算造价。

2. 计价的多次性

建设工程项目工期长、规模大、造价高,需要按建设程序决策和实施,工程计价也需要在不同阶段多次进行,以保证工程造价计算准确性和控制的有效性。多次计价是一个逐步深化、逐

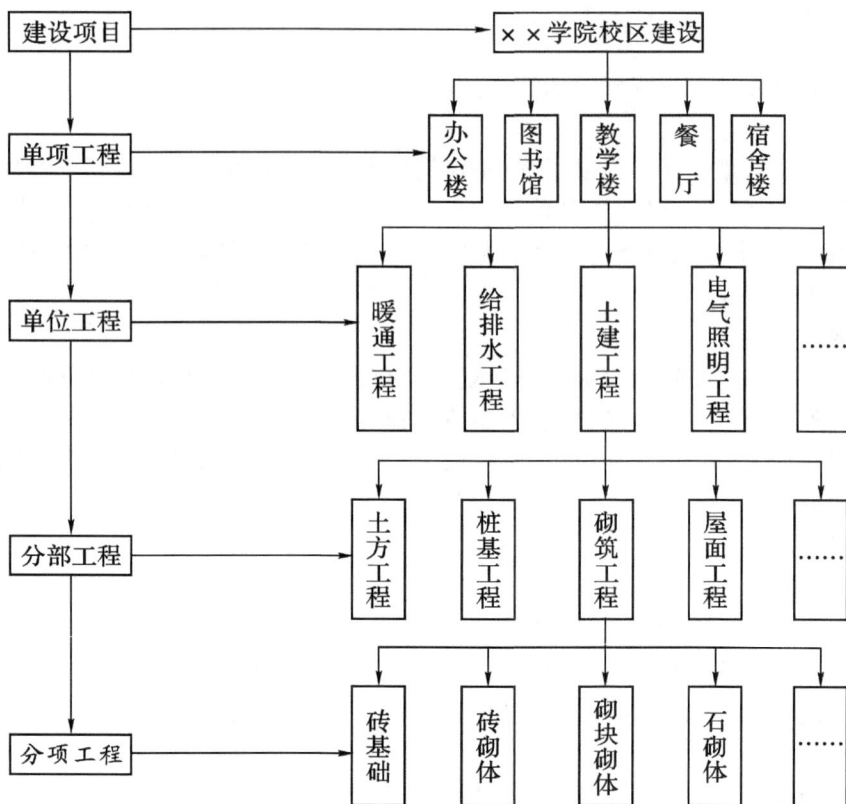

图 1.1　建设项目分解示意图

步细化和逐步接近实际造价的过程。大型建设工程项目的计价过程如图 1.2 所示。

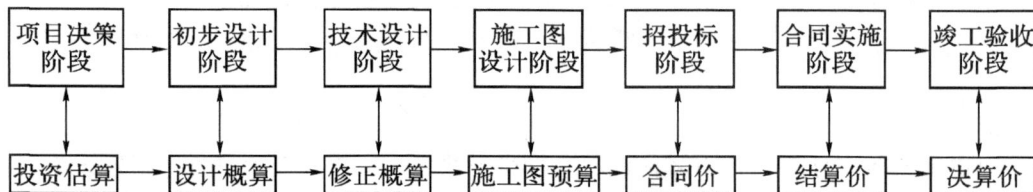

图 1.2　工程造价多次性计价示意图

（1）投资估算。投资估算是指根据投资估算指标、类似工程的造价资料、现行的设备材料价格并结合工程的实际情况，预先测算和确定建设项目的投资额。投资估算是可行性研究报告的重要组成部分，是判断项目可行性和进行项目决策、筹资、控制工程造价的主要依据之一。经批准的投资估算是工程造价的目标限额，是编制概预算的基础。

（2）设计概算。设计概算是指在初步设计阶段，根据初步设计的总体布置，采用概算定额、概算指标等编制项目的总概算。与投资估算造价相比，概算造价的准确性有所提高，但受估算造价的控制。经批准的设计概算是控制拟建项目投资的最高限额。概算造价可分为分建设项目概算总造价、各个单项工程概算综合造价、各单位工程概算造价。

(3)修正设计概算。修正设计概算是指在三阶段设计中的技术设计阶段,根据初步设计的不断深化,对设计概算进行的必要的修正和调整。修正概算对初步设计进行修正调整,比设计概算造价准确,但受设计概算造价控制。

(4)施工图预算。施工图预算是指在施工图设计阶段,根据施工图纸以及各种计价依据和有关规定编制单位工程或单项工程预算价格的文件。它比概算造价或修正概算造价更为详尽和准确,但同样受前一阶段所限定的工程造价的控制。

知识拓展

施工图预算编制的主体不同,其作用也不同。施工图预算由招标代理公司或业主编制时,招标方可以用来核实施工图阶段预算造价是否超过批准的设计概算,同时可以作为招标方确定招标项目期望价格的主要参考;施工图预算由施工企业编制时,主要作为投标报价的重要依据。通常所说的施工图预算价、招标控制价、招标标底价、投标报价和工程合同价等都可以用施工图预算编制方法确定,不同预算编制者根据同一套施工图纸编制施工图预算的结果可能不完全一样。

(5)合同价。合同价是指在工程招投标阶段通过签订总承包合同、建筑安装工程承包合同设备采购合同,以及技术和咨询服务合同所确定的价格。合同价属于市场价格,但它并不等同于最终决算的实际工程造价。

(6)结算价。结算价是指在合同实施阶段,在工程结算时按合同调价范围和调价方法,对实际发生的工程量增减、设备和材料价差等进行调整后计算和确定的价格。结算价是该结算工程的实际价格。

(7)决算价。决算价是指竣工决算阶段,通过为建设项目编制竣工决算而最终确定的实际工程造价。

3.计价的组合性

工程造价的计算是逐步组合而成,这一特征和建设项目的组合性有关,参见图1.1。建设项目的组合性决定了概算造价和预算造价的逐步组合过程,同时也反映在合同价和结算价的确定过程中。

工程造价的计算过程是:分项工程单价→分部工程单价→单位工程造价→单项工程造价→建设项目总造价。

4.计价方法的多样性

工程的多次计价有各不相同的计价依据,每次计价的精确度要求也各不相同,由此决定了计价方法的多样性。例如计算投资估算的方法有设备系数法、生产能力指数估算法等,计算概预算造价的方法有单价法和实物法等。不同的方法也有不同的适用条件,计价时应根据具体情况加以选择。

5.计价依据的复杂性

由于影响造价的因素较多,决定了计价依据的复杂性。计价依据主要可分为以下七类:

(1)计算设备和工程量的依据,包括项目建议书、可行性研究报告、设计文件等。

(2)计算人工、材料、机械等实物消耗量的依据,包括各种定额。

(3)计算工程单价的价格,包括人工单价、材料单价、机械台班单价等。

(4)计算设备单价的依据。

(5)计算各种费用的依据。

(6)政府规定的税、费等依据。

(7)调整工程造价依据,如物价指数、工程造价指数等。

1.2　工程造价管理

1.2.1　工程造价管理的含义

工程造价管理是指在建设工程项目的建设中,全过程、全方位、多层次地运用技术、经济及法律等手段,通过对建设工程项目工程造价的预测、优化、控制、分析、监督等,以获得资源的最优配置和建设工程项目最大的投资效益。

相对于工程造价的两个含义,工程造价管理的含义也包括两个方面:一是建设工程投资费用管理;二是建设工程价格管理。

知识拓展

住建部于 2014 年 9 月 30 日发布《关于进一步推进工程造价管理改革的指导意见》[建标(2014)142 号](以下简称《意见》),《意见》指出工程造价管理改革的主要目标是到 2020 年,健全市场决定工程造价机制,建立与市场经济相适应的工程造价管理体系;完成国家工程造价数据库建设,构建多元化工程造价信息服务方式;完善工程计价活动监管机制,推行工程全过程造价服务;改革行政审批制度,建立造价咨询业诚信体系,形成统一开放、竞争有序的市场环境;实施人才发展战略,培养与行业发展相适应的人才队伍。

1.建设工程投资费用管理

建设工程投资费用管理是指为了实现投资的预期目标,在拟定的规划、设计方案的条件下,预测、计算、确定和监控工程造价及其变动的系统活动。建设工程投资费用管理属于投资管理的范畴,它既涵盖了微观的项目投资费用的管理,也涵盖了宏观层次的投资费用的管理。

2.建设工程价格管理

工程价格管理,属于价格管理范畴。在社会主义市场经济条件下,价格管理分两个层次:在微观层次上,是生产企业在掌握市场价格信息的基础上,为实现管理目标而进行的成本控制、计价、定价和竞价的系统活动;在宏观层次上,是政府根据社会经济发展的要求,利用法律手段、经济手段和行政手段对价格进行管理和调控,以及通过市场管理规范市场主体价格行为的系统活动。

1.2.2　全面造价管理

全面造价管理是有效地使用专业知识和专门的技术去计划和控制资源、造价、盈利和风险的活动。建设工程全面造价管理包括全寿命期造价管理、全过程造价管理、全要素造价管理和全方位造价管理。

1.全寿命期造价管理

建设工程全寿命期造价是指建设工程初始建造成本和建成后的日常使用成本之和,它包括建设前期、建设期、使用期及拆除期各个阶段的成本。建设项目的全寿命周期成本控制就是站在全社会角度,以建设项目的全寿命周期成本为控制对象,通过一定的技术和方法,对建设项目寿命周期各个阶段成本、各要素成本之间的相互关系进行分析,采取相应措施,实现建设项目全寿命周期成本最优。

知识拓展

寿命周期成本概念最早是由美国国防部提出的,其主要原因是典型武器系统的运行和支持成本占了产品购买成本的 75%。我国《全国工程造价师执业资格考试培训教材》中认为,工程寿命周期成本即该工程在确定的寿命周期内或在预定的有效期内所需支付的研究开发费、制造安装费、运行维修费、回收报废等费用的组合。

据联邦德国(1982 年)对一座办公楼项目运营期为 30 年的成本数据分析发现,办公楼的建设成本占全寿命周期成本费用的 19%,投资利息占 39%,运营费用占 42%,运营成本是建设成本的 2.21 倍,投资利息是建设成本的 2.05 倍。由此可见,在全盘考虑项目全寿命周期各阶段所发生的费用的前提下,尤其需要考虑建设项目的运行和维护阶段的费用。

2. 全过程造价管理

建设工程全过程是指建设工程前期决策、设计、招投标、施工、竣工验收等各个阶段。全过程工程造价管理覆盖建设工程前期决策及实施的各个阶段,包括:前期决策阶段的项目策划、投资估算、项目经济评价、项目融资方案分析;设计阶段的限额设计、方案比选、概预算编制;招投标阶段的标段划分、承发包模式及合同形式的选择、标底和招标控制价的编制;施工阶段的工程计量与结算、工程变更控制、索赔管理;竣工验收阶段的竣工结算与决算;等等。

知识拓展

根据《建设项目全过程造价咨询规程》(CECA/GC4—2009)的规定,建设项目全过程工程造价管理咨询依据建设项目的建设程序可划分为五个阶段,分别是决策阶段、设计阶段、交易阶段、施工阶段、竣工阶段。可结合图 1.2 多次性的计价特征加深对建设项目全过程造价控制的理解。

3. 全要素造价管理

建设工程造价管理不能单就工程造价本身谈造价管理,因为除工程本身造价之外,工期、质量、安全及环境等因素均会对工程造价产生影响。为此,控制建设工程造价不仅仅是控制建设工程本身的成本,还应同时考虑工期成本、质量成本、安全与环境成本的控制,从而实现工程造价、工期、质量、安全、环境的集成管理。

4. 全方位造价管理

建设工程造价管理不仅仅是业主或承包单位的任务,也应该是政府建设行政主管部门、行业协会、业主方、设计方、承包方以及有关咨询机构的共同任务。尽管各方的地位、利益、角度等有所不同,但必须建立完善的协同工作机制,才能实现建设工程造价的有效控制。

练一练:1-2

建设工程全寿命周期造价是指建设工程的(　　　)之和。

A.基本建设投资与更新改造投资

B.建筑安装成本与报废拆除成本

C.土地使用成本与建筑安装成本

D.初始建造成本与建成后的日常使用成本

练一练:1-3

建设工程全要素造价管理的核心是(　　　)。

A.工程参建各方建立完善的工程造价管理协同工作机制

B.协调和平衡工期、质量、安全、环保与成本之间的对立关系

C.采取有效措施控制工程变更和索赔

D.作好前期策划和方案设计,实现建设工程全寿命期成本最小化

1.2.3　我国工程造价管理的基本内容

1.工程造价管理的目标

工程造价管理的目标是按照经济规律的要求,根据社会主义市场经济的发展形势,利用科学的管理方法和先进的管理手段,合理地确定造价和有效地控制造价,以提高投资效益和建筑安装企业经营效果。

2.工程造价管理的基本内容

工程造价管理的基本内容就是合理确定和有效控制工程造价。

🔲 知识拓展

《关于进一步推进工程造价管理改革的指导意见》[建标(2014)142号]中指出要建立健全工程造价全过程管理制度,实现工程项目投资估算、概算与最高投标限价、合同价、结算价政策衔接。注重工程造价与招投标、合同的管理制度协调,形成制度合力,保障工程造价的合理确定和有效控制。

(1)所谓工程造价的合理确定,就是在建设程序的各个阶段,依据不同工程造价资料,合理确定投资估算、概算造价、预算造价、承包合同价、结算价、竣工决算价等。

(2)所谓工程造价的有效控制,就是在优化建设方案、设计方案的基础上,在建设程序的各个阶段,采用一定的方法和措施把工程造价的发生控制在合理的范围和核定的造价限额以内。具体来说就是:用投资估算价控制设计方案的选择和初步设计概算造价;用概算造价控制技术设计和修正概算造价;用概算造价或修正概算造价控制施工图设计和预算造价。通过工程造价的有效控制以求合理使用人力、物力和财力,取得较好的投资效益。

有效控制工程造价应体现以下三项原则:

①以设计阶段为重点的建设全过程造价控制。工程造价控制贯穿于项目建设全过程的同时,应注意工程设计阶段的造价控制。工程造价控制的关键在于前期决策和设计阶段,而在项目投资决策完成之后,控制工程造价的关键在于设计。据西方一些国家分析,设计费一般不足

建设工程全寿命期费用的1%,但正是这少于1%的费用对工程造价的影响度占到75%以上,由此可见,设计质量对整个工程建设的效益是至关重要的。

②主动控制以取得令人满意的结果。长期以来,人们一直把控制理解为目标值与实际值的比较,当实际值偏离目标值时,分析其产生偏差的原因并确定下一步的对策。在工程建设全过程中进行这样的工程造价控制当然是有意义的,但问题在于这种立足于"调查→分析→决策"基础之上的"偏离→纠偏→再纠偏"的控制是一种被动的控制,因为这样做只能发现偏离,不能预防可能发生的偏离。为尽可能地减少以至避免目标值与实际值的偏离,还必须立足于事先主动地采取控制措施,实现主动控制,也就是说,工程造价控制不仅要反映投资决策,反映设计、发包和施工(被动地控制工程造价),更要能动地影响投资决策,影响设计、发包和施工(主动地控制工程造价)。

③技术与经济相结合是控制工程造价最有效的手段。要有效地控制工程造价,应从组织、技术、经济等多方面采取措施。从组织上采取的措施包括明确项目组织结构,明确造价控制及其任务,明确管理职能分工;从技术上采取的措施包括重视设计多方案选择,严格审查监督初步设计、技术设计、施工图设计,深入技术领域研究节约投资的可能性;从经济上采取的措施包括动态地控制造价的计划值和实际值,严格审核各项费用支出,采取对节约投资的有力奖惩措施等。

练一练:1-4

建设工程项目投资决策完成后,控制工程造价的关键在于( )。
A.工程设计   B.工程招标   C.工程施工   D.工程结算

知识拓展

在设计阶段,可以采用设计招标、限额设计、价值工程优选设计方案等措施主动控制工程造价。××大学教师住宅工程,在设计阶段开发商提出限额设计要求,在满足对建筑面积和使用功能的前提下,建筑成本为4200元/m²,除去土地费用,建安费用为1260元/m²。按照设计规划要求,七层以上住宅为全现浇结构的最低造价为1400元/m²,针对这种情况,设计人员在结构设计上作了改进,在全现浇内墙上留洞,再用砌块填充上,这样可以满足设计对结构形式的要求,同时经过计算又降低了工程造价,严格把工程的建安成本控制在了1251元/m²,达到了限额设计的要求。

1.3 工程造价咨询与工程造价从业人员

1.3.1 工程造价咨询的含义

咨询,是指利用科学技术和管理人才的专业技能,根据委托方的要求,为有关决策、技术和管理等方面的问题提供优化方案的智力服务活动。它以智力劳动为特点,以特定问题为目标,以委托人为服务对象,按合同规定条件进行有偿经营活动。

工程造价咨询,是指面向社会接受委托,承担建设工程项目的可行性研究、投资估算、项目经济评价、工程概预算、工程结算、竣工决算、工程招标控制价、投标报价的编制和审核,对工程造价进行监控以及提供有关工程造价信息资料等业务工作。

知识拓展

《关于进一步推进工程造价管理改革的指导意见》[建标(2014)142号]中指出,要推行工程全过程造价咨询服务,更加注重工程项目前期和设计的造价确定。充分发挥造价工程师的作用,从工程立项、设计、发包、施工到竣工全过程,实现对造价的动态控制。发挥造价管理机构专业作用,加强对工程计价活动及参与计价活动的工程建设各方主体、从业人员的监督检查,规范计价行为。

1.3.2 工程造价咨询企业

工程造价咨询企业,是指接受委托,对建设项目投资、工程造价的确定与控制提供专业咨询服务的企业。工程造价咨询企业应当依法取得工程造价咨询企业资质,并在其资质等级许可的范围内从事工程造价咨询活动。

工程造价咨询企业可以为政府部门、建设单位、施工单位、设计单位提供相关专业技术服务,这种以造价咨询业务为核心的服务有时是单项或分阶段的,有时覆盖工程建设全过程。

工程造价咨询企业从事工程造价咨询活动,应当遵循独立、客观、公正、诚实信用的原则,不得损害社会公共利益和他人的合法权益。同时,任何单位和个人不得非法干预依法进行的工程造价咨询活动。

知识拓展

2006年3月22日公布,并自2006年7月1日起施行的《工程造价咨询企业管理办法》(中华人民共和国建设部令第149号)中对工程造价咨询企业及其管理制度作出了明确规定。

1. 工程造价咨询企业资质管理

根据《工程造价咨询企业管理办法》,工程造价咨询企业依法从事工程造价咨询活动,不受行政区域限制,其资质等级分为甲级、乙级两类。甲级工程造价咨询企业可以从事各类建设工程项目的工程造价咨询业务。乙级工程造价咨询企业可以从事工程造价5000万元人民币以下的各类建设工程项目的工程造价咨询业务。

申请甲级工程造价咨询企业资质的,应当向申请人工商注册所在地省、自治区、直辖市人民政府建设主管部门或者国务院有关专业部门提出申请。省、自治区、直辖市人民政府建设主管部门、国务院有关专业部门应当自受理申请材料之日起20日内审查完毕,并将初审意见和全部申请材料报国务院建设主管部门;国务院建设主管部门应当自受理之日起20日内作出决定。

申请乙级工程造价咨询企业资质的,由省、自治区、直辖市人民政府建设主管部门审查决定。其中,申请有关专业乙级工程造价咨询企业资质的,由省、自治区、直辖市人民政府建设主管部门商同级有关专业部门审查决定。乙级工程造价咨询企业资质许可的实施程序由省、自治区、直辖市人民政府建设主管部门依法确定。省、自治区、直辖市人民政府建设主管部门应当自作出决定之日起30日内,将准予资质许可的决定报国务院建设主管部门备案。

工程造价咨询企业资质有效期为3年。资质有效期届满,需要继续从事工程造价咨询活动的,应当在资质有效期届满30日前向资质许可机关提出资质延续申请。资质许可机关应当根据申请作出是否准予延续的决定。准予延续的,资质有效期延续3年。

工程造价咨询企业的名称、住所、组织形式、法定代表人、技术负责人、注册资本等事项发生变更的,应当自变更确立之日起30日内,到资质许可机关办理资质证书变更手续。

工程造价咨询企业合并的,合并后存续或者新设立的工程造价咨询企业可以承继合并前各方中较高的资质等级,但应当符合相应的资质等级条件。

工程造价咨询企业分立的,只能由分立后的一方承继原工程造价咨询企业资质,但应当符合原工程造价咨询企业资质等级条件。

2. 工程造价咨询企业执业范围

(1)建设项目建议书及可行性研究投资估算、项目经济评价报告的编制和审核;

(2)建设项目概预算的编制与审核,并配合设计方案比选、优化设计、限额设计等工作进行工程造价分析与控制;

(3)建设项目合同价款的确定(包括招标工程招标控制价和标底、投标报价的编制和审核);合同价款的签订与调整(包括工程变更、工程洽商和索赔费用的计算)及工程款支付,工程结算及竣工结(决)算报告的编制与审核等;

(4)工程造价经济纠纷的鉴定和仲裁的咨询;

(5)提供工程造价信息服务等。

工程造价咨询企业可以对建设项目的组织实施进行全过程或者若干阶段的管理和服务。

3. 工程造价咨询企业行为准则

为了保障国家与公共利益,维护公平竞争的良好秩序以及各方的合法权益,具有造价咨询资质的企业在执业活动中均应遵循行业行为准则。

(1)执行国家的宏观经济政策和产业政策,遵守国家和地方的法律、法规及有关规定,维护国家和人民的利益。

(2)接受工程造价咨询行业自律组织业务指导,自觉遵守本行业的规定和各项制度,积极参加本行业组织的业务活动。

(3)按照工程造价咨询企业资质证书规定的资质等级和服务范围开展业务。

(4)具有独立执业能力和工作条件,以精湛的专业技能和良好的职业操守,竭诚为客户服务。

(5)按照公平、公正和诚信的原则开展业务,认真履行合同,依法独立自主开展经营活动,努力提高经济效益。

(6)靠质量、靠信誉参加市场竞争,杜绝无序和恶性竞争;不得利用与行政机关、社会团体以及其他经济组织的特殊关系搞业务垄断。

(7)以人为本,鼓励员工更新知识,掌握先进的技术手段和业务知识,采取有效措施组织、督促员工接受继续教育。

(8)不得在解决经济纠纷的鉴证咨询业务中分别接受双方当事人的委托。

(9)不得阻挠委托人委托其他工程造价咨询单位参与咨询服务;共同提供服务的工程造价咨询单位之间应分工明确,密切协作,不得损害其他单位的利益和名誉。

(10)有义务保守客户的技术和商务秘密,客户事先允许和国家另有规定的除外。

练一练：1-5

根据《工程造价咨询企业管理办法》（建设部 149 号令）的规定，工程造价咨询企业的资质分为（　　）。

A.甲级　　B.乙级　　C.丙级　　D.丁级　　E.特级

知识拓展

《关于进一步推进工程造价管理改革的指导意见》[建标（2014）142 号]中指出要加快造价咨询企业职业道德守则和执业标准建设，加强执业质量监管。整合资质资格管理系统与信用信息系统，搭建统一的信息平台。依托统一信息平台，建立信用档案，及时公开信用信息，形成有效的社会监督机制。加强信息资源整合，逐步建立与工商、税务、社保等部门的信用信息共享机制。

4.工程造价咨询企业信用制度

工程造价咨询企业应当按照有关规定，向资质许可机关提供真实、准确、完整的工程造价咨询企业信用档案信息。工程造价咨询企业信用档案应当包括：工程造价咨询企业的基本情况、业绩、良好行为、不良行为等内容。违法行为、被投诉举报处理、行政处罚等情况应当作为工程造价咨询企业的不良记录记入其信用档案。任何单位和个人均有权查阅信用档案。

5.工程造价咨询企业法律责任

申请人隐瞒有关情况或者提供虚假材料申请工程造价咨询企业资质的，不予受理或者不予资质许可，并给予警告，申请人在 1 年内不得再次申请工程造价咨询企业资质。

以欺骗、贿赂等不正当手段取得工程造价咨询企业资质的，由县级以上地方人民政府建设主管部门或者有关专业部门给予警告，并处 1 万元以上 3 万元以下的罚款，申请人 3 年内不得再次申请工程造价咨询企业资质。

未取得工程造价咨询企业资质从事工程造价咨询活动或者超越资质等级承接工程造价咨询业务的，出具的工程造价成果文件无效，由县级以上地方人民政府建设主管部门或者有关专业部门给予警告，责令限期改正，并处 1 万元以上 3 万元以下的罚款。

工程造价咨询企业不及时办理资质证书变更手续的，由资质许可机关责令限期办理；逾期不办理的，可处以 1 万元以下的罚款。

工程造价咨询企业有下列行为之一的，由县级以上地方人民政府建设主管部门或者有关专业部门给予警告，责令限期改正，并处以 1 万元以上 3 万元以下的罚款：

(1)涂改、倒卖、出租、出借资质证书，或者以其他形式非法转让资质证书；

(2)超越资质等级业务范围承接工程造价咨询业务；

(3)同时接受招标人和投标人或两个以上投标人对同一工程项目的工程造价咨询业务；

(4)以给予回扣、恶意压低收费等方式进行不正当竞争；

(5)转包承接的工程造价咨询业务；

(6)法律、法规禁止的其他行为。

练一练：1-6

根据《工程造价咨询企业管理办法》(建设部149号令)的有关规定,下列说法正确的是(　　　)。

A. 工程造价咨询企业可以借用其他企业的营业执照,但不能以自己名义承揽业务

B. 工程造价咨询企业可以使用其他企业的资质证书,但禁止超越后者资质等级许可的范围承揽业务

C. 工程造价咨询企业不能超越本企业资质等级许可的范围承揽业务

D. 工程造价咨询企业可以允许其他单位使用本企业的资质证书,但不能以本企业的名义承揽业务

知识拓展

2014年4月18日,重庆市发展和改革委员会、重庆市财政局、重庆市移民局联合下发关于三峡后续工程建设项目全过程投资控制管理有关事项的通知:根据《重庆市三峡后续工程建设项目全过程投资控制管理暂行办法》(渝发改地〔2014〕368号),为尽快启动和切实作好三峡后续工程建设项目全过程投资控制,经公开申报、专家审查、结果公示等程序,择优确定了重庆康华工程造价咨询有限责任公司、重庆康华会计师事务所有限责任公司等19家联合体作为重庆市三峡后续工程建设项目全过程投资控制服务备选机构。市级审批项目的全过程投资控制服务机构将全部从中抽选,区县审批项目的全过程投资控制服务机构可优先从中选择。

1.3.3 造价员

造价员是指按照《全国建设工程造价员管理办法》(中价协〔2011〕021号)通过考试,取得《全国建设工程造价员资格证书》,并经登记注册取得从业印章,从事工程造价活动的专业人员。资格证书和从业印章是造价员从事工程造价活动的资格证明和工作经历证明,资格证书在全国有效。

知识拓展

为进一步加强全国建设工程造价员的行业自律管理,规范全国建设工程造价员从业行为,维护社会公共利益,中国建设工程造价管理协会制定并发布了《全国建设工程造价员管理办法》(中价协〔2011〕021号)。

1. 资格考试

造价员资格考试原则上每年一次,实行全国统一考试大纲,统一通用专业和考试科目。统一通用专业一般分为建筑工程、安装工程、市政工程三个专业,其他专业由各管理机构根据本地区、本部门的需要设置,并报中价协备案。

考试科目为《建设工程造价管理基础知识》和《专业工程计量与计价》,两个科目需在一次考试期间全部通过,考试合格者由管理机构颁发资格证书。

凡中华人民共和国公民,遵纪守法,具备下列条件之一者,均可申请参加造价员资格考试:

(1)普通高等学校工程造价专业、工程或工程经济类专业在校生;

(2)工程造价专业、工程或工程经济类专业中专及以上学历;

（3）其他专业，中专及以上学历，从事工程造价活动满1年。

考生应参加本人工作单位（或工作）所在地区或所属部门管理机构组织的造价员资格考试。

已取得一个专业资格证书的造价员，若需报考其他专业，应参加增项专业工程计量与计价的考试。

符合下列条件之一者，可向管理机构申请免试《建设工程造价管理基础知识》：

（1）普通高等学校工程造价专业的应届毕业生；

（2）工程造价专业大专及其以上学历的考生，自毕业之日起两年内；

（3）已取得资格证书，申请其他专业考试（即增项专业）的考生。

考试合格者由管理机构颁发资格证书。应届毕业生考试合格者，凭毕业证书领取资格证书。对通过增项专业考试的造价员，管理机构应将增项专业登记在资格证书的"增项专业登记栏"。

管理机构如发现造价员在资格考试中有舞弊行为的，应取消其考试成绩。

2. 登记

造价员实行登记从业管理制度。各管理机构负责造价员登记工作。符合登记条件的，核发从业印章。取得资格证书的人员，经过登记取得从业印章后，方能以造价员的名义从业。

登记条件：

（1）取得资格证书；

（2）受聘于一个建设、设计、施工、工程造价咨询、招标代理、工程监理、工程咨询或工程造价管理等单位；

（3）无以下不予登记的情形：

①不具有完全民事行为能力；

②申请在两个或两个以上单位从业的；

③逾期登记且未达到继续教育要求的；

④已取得注册造价工程师证书，且在有效期内的；

⑤受刑事处罚未执行完毕的；

⑥在工程造价从业活动中，受行政处罚，且行政处罚决定之日至申请登记之日不满两年的；

⑦以欺骗、贿赂等不正当手段获准登记被注销的，自被注销登记之日起至申请登记之日不满两年的；

⑧法律、法规规定不予登记的其他情形。

取得资格证书的人员，可自资格证书签发之日起1年内申请登记，逾期未申请登记的，须符合继续教育要求后方可申请登记。取得资格证书的应届毕业生，就业后如本人工作单位与颁发资格证书的管理机构为同一地区或部门的，应向颁发资格证书的管理机构申请登记；如本人工作单位与取得资格证书的管理机构为不同地区或部门，应按照规定办理变更手续，并向本人工作单位所属地区或部门的管理机构申请登记。

3. 从业

造价员应从事与本人取得的资格证书专业相符合的工程造价活动，应在本人完成的工程造价成果文件上签字、加盖从业印章，并承担相应的责任。

造价员如取得注册造价工程师证书或因特殊原因需要脱离工程造价岗位两年或两年以上者,应申请暂停从业,并到管理机构办理暂停从业手续。需要恢复从业的,应当达到继续教育要求,并到管理机构办理恢复从业手续。

4.资格管理

中国建设工程造价管理协会统一印制资格证书,统一规定资格证书编号规则和从业印章样式。资格证书和从业印章应由本人保管、使用。资格证书原则上每四年验证一次,验证结论分为合格、不合格和注销三种。合格者由管理机构记录在资格证书"验证记录栏"内,并加盖管理机构公章。遗失资格证书和从业印章的,应在公众媒体上声明后申请补发。

造价员应接受继续教育,每两年参加继续教育的时间累计不得少于20学时。

5.自律规定

造价员应遵守国家法律、法规,维护国家和社会公共利益,忠于职守,恪守职业道德,自觉抵制商业贿赂;应自觉遵守工程造价有关技术规范和规程,保证工程造价活动质量。

各管理机构应在"造价员管理系统"中记录造价员的信用档案信息。造价员信用档案信息应包括造价员的基本情况、良好行为、不良行为等。在从业活动中,受到各级主管部门或协会的奖励、表彰等,应当作为造价员良好行为信息记入其信用档案。违法违规行为、被投诉举报核实的、行政处罚等情况应当作为造价员不良行为信息记入其信用档案。各管理机构每年应将造价员管理工作总结报送中价协。

知识拓展

《关于进一步推进工程造价管理改革的指导意见》[建标(2014)142号]中指出要进一步研究造价员从业行为监管办法。支持行业协会完善造价员全国统一自律管理制度,逐步统一各地、各行业造价员的专业划分和级别设置。

1.3.4 造价工程师

造价工程师是指通过全国造价工程师执业资格统一考试,或者通过资格认定或资格互认,取得中华人民共和国造价工程师执业资格,并按有关规定进行注册并取得中华人民共和国造价工程师注册证书和执业印章,从事工程造价活动的专业人员。

我国实行造价工程师注册执业管理制度。取得造价工程师执业资格的人员,必须经过注册方能以注册造价工程师的名义进行执业。

知识拓展

为了加强建设工程造价技术管理专业人员的执业准入管理,确保建设工程造价管理的工作质量,维护国家和社会公共利益,原国家人事部、建设部在1996年联合发布了《造价工程师执业资格制度暂行规定》,确立了国家在工程造价领域实施造价工程师执业资格制度。随后,陆续颁布和实施了《造价工程师管理办法》(建设部令第150号)及《造价工程师继续教育实施办法》、《造价工程师职业道德行为准则》等文件,确立了我国造价工程师执业资格制度体系框架。

1.执业资格考试

造价工程师执业资格考试实行全国统一大纲、统一命题、统一组织的办法,原则上每年举行一次。

(1)报考条件。凡中华人民共和国公民,工程造价或相关专业大专及其以上毕业,从事工程造价业务工作一定年限后,均可申请参加造价工程师执业资格考试。

(2)考试科目。《建设工程造价管理》《建设工程计价》《建设工程技术与计量》(土建或安装专业)和《工程造价案例分析》。参加全部科目考试的人员,须在连续两个考试年度通过。

(3)证书取得。造价工程师执业资格考试合格者,由省、自治区、直辖市人事(职改)部门颁发统一印制、由国家人力资源主管部门和住房城乡建设主管部门统一用印的造价工程师执业资格证书,该证书全国范围内有效,并作为造价工程师注册的凭证。

2. 注册

注册造价工程师实行注册执业管理制度,取得执业资格的人员,经过注册方能以注册造价工程师的名义执业。取得资格证书的人员,可自资格证书签发之日起 1 年内申请初始注册。逾期未申请者,须符合继续教育的要求后方可申请初始注册。初始注册的有效期为 4 年。

国务院建设主管部门作为造价工程师注册机关,负责全国注册造价工程师的注册和执业活动,实施统一的监督管理工作。各省、自治区、直辖市人民政府建设主管部门对本行政区域内作为造价工程师的省级注册、执业活动初审机关,对其行政区域内造价工程师的注册、执业活动实施监督管理。

3. 执业

注册造价工程师应当在本人承担的工程造价成果文件上签字并盖章。修改经注册造价工程师签字盖章的工程造价成果文件,应当由签字盖章的注册造价工程师本人进行。注册造价工程师本人因特殊情况不能进行修改的,应当由其他注册造价工程师修改,并签字盖章;修改工程造价成果文件的注册造价工程师对修改部分承担相应的法律责任。

📖 知识拓展

造价工程师是注册执业资格,造价工程师的执业必须依托所注册的工作单位,为了保护其所注册单位的合法权益并加强对造价工程师执业行为的监督和管理,我国规定,造价工程师只能在一个单位注册和执业。

注册造价工程师的执业范围:

(1)建设项目建议书、可行性研究投资估算的编制和审核,项目经济评价,工程概算、预算、结算,竣工结(决)算的编制和审核;

(2)工程量清单、标底(或者控制价)、投标报价的编制和审核,工程合同价款的签订及变更、调整,工程款支付与工程索赔费用的计算;

(3)建设项目管理过程中设计方案的优化、限额设计等工程造价分析与控制,工程保险理赔的核查;

(4)工程经济纠纷的鉴定。

4. 继续教育

继续教育应贯穿于造价工程师的整个执业过程,是注册造价工程师持续执业资格的必备条件之一。注册造价工程师有义务接受并按要求完成继续教育。注册造价工程师在每一注册有效期内应接受必修课和选修课各为 60 学时的继续教育。继续教育达到合格标准的,颁发继续教育合格证明。注册造价工程师继续教育由中国建设工程造价管理协会负责组织、管理、监督和检查。

5. 法律责任

(1)对擅自从事工程造价业务的处罚。未经注册,以注册造价工程师的名义从事工程造价业务活动的,所签署的工程造价成果文件无效,由县级以上地方人民政府建设行政主管部门或者其他有关专业部门给予警告,责令停止违法活动,并可处以1万元以上、3万元以下的罚款。

(2)对注册违规的处罚。隐瞒有关情况或者提供虚假材料申请造价工程师注册的,不予受理或者不予注册,并给予警告,申请人在1年内不得再次申请造价工程师注册。聘用单位为申请人提供虚假注册材料的,由县级以上地方人民政府建设行政主管部门或者其他有关专业部门给予警告,并可处以1万元以上、3万元以下的罚款。以欺骗、贿赂等不正当手段取得造价工程师注册的,由注册机关撤销其注册,3年内不得再次申请注册,并由县级以上地方人民政府建设主管部门处以罚款。其中,没有违法所得的,处以1万元以下罚款;有违法所得的,处以违法所得3倍以下且不超过3万元的罚款。未按照规定办理变更注册仍继续执业的,由县级以上地方人民政府建设主管部门或者有关专业部门责令限期改正;逾期不改的,可处以5000元以下的罚款。

(3)对执业活动违规的处罚。注册造价工程师有下列行为之一的,由县级以上地方人民政府建设主管部门或者有关专业部门给予警告,责令改正。没有违法所得的,处以1万元以下罚款;有违法所得的,处以违法所得3倍以下且不超过3万元的罚款:

①不履行注册造价工程师义务;

②在执业过程中索贿、受贿或者谋取合同约定费用外的其他利益;

③在执业过程中实施商业贿赂;

④签署有虚假记载、误导性陈述的工程造价成果文件;

⑤以个人名义承接工程造价业务;

⑥允许他人以自己名义从事工程造价业务;

⑦同时在两个或者两个以上单位执业;

⑧涂改、倒卖、出租、出借或以其他形式非法转让注册证书或执业印章;

⑨法律、法规、规章禁止的其他行为。

(4)对未提供信用档案信息的处罚。注册造价工程师或者其聘用单位未按照要求提供造价工程师信用档案信息的,由县级以上地方人民政府建设主管部门或者其他有关专业部门责令限期改正;逾期不改的,可处以1000元以上、1万元以下的罚款。

🔖 **知识拓展**

《关于进一步推进工程造价管理改革的指导意见》[建标(2014)142号]中指出要进一步研究制定工程造价专业人才发展战略,提升专业人才素质。注重造价工程师考试和继续教育的实务操作和专业需求。加强与大专院校联系,指导工程造价专业学科建设,保证专业人才培养质量。

综合案例

由杭州××工程造价咨询有限公司分公司进行结算审核的某改造工程（属市政工程），经核查，该成果的总误差率达 11.62%（核增误差率 4.54%，核减误差率 7.08%）。同时，该项目审核人施××（造价员资格）不具备市政审核资格。李××（注册造价工程师）作为该项目的负责人和造价成果复核人，未切实履行相关职责，造成较大误差。根据《浙江省建设市场不良行为记录和公示办法》，决定对施××、李××全省通报批评，责令改正，记入注册执业人员个人不良行为记录档案，从发文之日起在全省公示一年。

本章小结

本章参考全国造价工程师执业资格考试培训教材《建设工程计价》（2014 年修订），结合最新的相关文件内容，着重叙述工程造价的两种含义及特点、工程造价的计价特征及工程造价管理的含义与基本内容、工程造价咨询业和工程造价从业人员的相关知识。

本章的教学目标是通过本章的学习，使学生能初步正确理解工程造价的两种含义；掌握工程造价的计价特征，理解工程造价管理的两种含义，了解工程造价管理不仅是指建设工程项目施工阶段的造价管理，而是全寿命期、全过程、全要素、全方位的造价管理。同时对工程造价咨询业有初步的认识，对工程造价从业人员，即造价员、造价工程师的全国考试、注册、从业制度有初步的了解。

习　题

一、单选题

1. 工程造价的第二种含义是从（　　　）的角度定义的。

A. 投资费用管理　　　　B. 市场交易　　　　C. 建筑安装工程　　　D. 建设项目投资者

2. 工程项目之间千差万别，在工期、造价、功能、结构、规模、地理位置、建设年份等方面都存在差异，这体现了工程造价（　　　）的特点。

A. 层次性　　　　　　B. 个别和差异性　　　C. 多次性　　　　　　D. 兼容性

3. 设计概算是指在初步设计阶段，根据设计意图，通过编制工程概算文件预先测算和确定的工程造价，主要受到（　　　）的控制。

A. 修正设计概算　　　B. 投资估算　　　　　C. 施工图预算　　　　D. 竣工决算

4. 建设工程造价的两种管理是指（　　　）。

A. 投资费用管理和造价咨询行业管理

B. 工程造价咨询行业管理和工程造价从业人员管理

C. 工程价格管理和造价从业人员管理

D. 投资费用管理和工程价格管理

5. 根据《工程造价咨询企业管理办法》，下列属于工程造价咨询企业业务范围的是（　　　）。

A. 工程竣工结算报告的审核　　　　　　　B. 工程项目经济评价报告的审批

C. 工程项目设计方案的比选　　　　　　　D. 工程造价经济纠纷的仲裁

6. 根据对造价工程师执业范围的规定,造价工程师(　　)。

A. 可以同时在两个单位执业　　　　　　　B. 只能在一个单位执业

C. 可以同时在三个单位执业　　　　　　　D. 可以同时在三个以上单位执业

7. 造价员实行(　　)从业管理制度。取得资格证书的人员,经过(　　)取得从业印章后,方能以造价员的名义从业。

A. 注册　　　　　　B. 申请　　　　　　C. 考核　　　　　　D. 登记

8. 造价工程师实行(　　)执业管理制度,取得执业资格的人员,经过(　　)方能以造价工程师的名义执业。

A. 注册　　　　　　B. 申请　　　　　　C. 考核　　　　　　D. 登记

二、多选题

1. 下列有关工程造价两种含义的说法中,(　　)是正确的。

A. 从投资者的角度而言,工程造价是指建设一项工程预期开支或实际开支的全部固定资产投资费用

B. 工程造价两种含义表明需求主体和供给主体追求的经济利益是相同的

C. 工程造价涵盖的范围只能是一个建设工程项目

D. 通常人们将工程造价的第二种含义认定为工程发承包价格

E. 第一种含义是站在承包商角度而言,第一种含义是站在投资者角度而言

2. 工程造价的计价特征有(　　)。

A. 大额性　　　　　　B. 单件性　　　　　　C. 静态性

D. 多次性　　　　　　E. 组合性

3. 工程造价具有多次性计价的特征,其中各阶段与造价对应关系正确的是(　　)。

A. 初步设计阶段——设计概算　　　　　　B. 项目决策阶段——投资估算

C. 招投标阶段——合同价　　　　　　　　D. 施工阶段——合同价

E. 施工图设计阶段——施工图预算

4. 建设工程全面造价管理包括(　　)造价管理。

A. 全寿命　　　　　　B. 全费用　　　　　　C. 全过程

D. 全要素　　　　　　E. 全方位

5. 工程造价咨询企业面向社会接受委托,可以承担的业务工作包括(　　)的编制和审核,对工程造价进行监控以及提供有关工程造价信息资料等。

A. 施工预算　　　　　　B. 投资估算　　　　　　C. 工程概算

D. 工程结算　　　　　　E. 竣工决算

6. 工程造价咨询企业执业范围包括(　　)。

A. 项目建议书及可行性研究投资估算的编制和审核

B. 项目概预算的编制与审核

C. 工程结算及竣工结(决)算报告的编制与审核

D. 工程造价经济纠纷的鉴定和仲裁的咨询

E. 工程设计方案的优化

7.造价员资格考试实行全国统一考试大纲,统一通用专业和考试科目。统一通用专业一般分为(　　)专业。

A.建筑工程　　　　B.电气工程　　　　C.安装工程

D.暖通工程　　　　E.市政工程

8.(　　)是造价员从事工程造价活动的资格证明和工作经历证明。

A.毕业证书　　　　B.单位证明　　　　C.安装工程

D.资格证书　　　　E.从业印章

三、简答题

1.工程造价的两种含义是什么?

2.工程造价有哪些特点?

3.工程造价的计价特征有哪些?

4.工程造价管理的含义是什么?

5.什么是全面造价管理?

6.工程造价有效控制的原则有哪些?

第 2 章
工程造价构成

本章主要内容

1. 我国现行建设项目投资及工程造价的构成；
2. 设备及工器具购置费的构成及计算；
3. 建筑安装工程费用构成；
4. 工程建设其他费用构成；
5. 预备费、建设期贷款利息的含义及计算。

本章学习要点

1. 掌握我国现行建设项目投资及工程造价的构成；
2. 掌握设备及工器具购置费的构成及计算；
3. 掌握建筑安装工程费用构成及计价程序；
4. 熟悉工程建设其他费用的构成；
5. 熟悉预备费、建设期贷款利息的含义及计算。

知识导入

如果要对一栋教学楼工程进行造价管理，首先我们必须知道它的工程造价到底是多少。通过第 1 章的学习，我们知道工程造价管理的基本内容之一就是合理确定工程造价，这是进行有效控制工程造价的基础。同时，工程造价具有兼容性的特点，因此构成工程造价的要素很多，包括的范围也很广泛。所以，如果要计算一栋教学楼的工程造价，要考虑哪些费用，如何去具体地计算每项费用，这是接下来我们要学习的内容。

2.1 概　述

2.1.1 我国现行建设项目投资构成

建设项目总投资是为完成工程项目建设并达到使用要求或生产条件，在建设期内预计或实际投入的全部费用总和。

生产性建设项目总投资包括建设投资、建设期利息和流动资金三部分。非生产性建设项目总投资包括建设投资和建设期利息两部分。其中建设投资和建设期利息之和对应于固定资产投资，固定资产投资与建设项目的工程造价在量上相等。

工程造价基本构成包括用于购买工程项目所包含各种设备的费用,用于建筑施工和安装施工所需支出的费用,用于委托工程勘察设计应支付的费用,用于购置土地所需的费用,也包括用于建设单位自身进行项目筹建和项目管理所花费的费用等。总之,工程造价是按照确定的建设内容、建设规模、建设标准、功能要求和使用要求等全部建成,在建设期预计或实际支出的建设费用。

2.1.2 我国现行建设项目工程造价的构成

工程造价的主要构成部分是建设投资,建设投资是为完成工程项目建设,在建设期内投入且形成现金流出的全部费用。

根据国家发改委和建设部发布的《建设项目经济评价方法与参数(第三版)》(发改投资[2006]1325 号)的规定,建设投资包括工程费用、工程建设其他费用和预备费三部分。工程费用是指建设期内直接用于工程建造、设备购置及其安装的建设投资,可以分为建筑安装工程费和设备及工器具购置费;工程建设其他费用是指建设期发生的与土地使用权取得、整个工程项目建设以及未来生产经营有关的构成建设投资但不包括在工程费用中的费用;预备费是在建设期内为各种不可预见因素的变化而预留的可能增加的费用,包括基本预备费和价差预备费。

建设项目总投资的具体构成如图 2.1 所示。

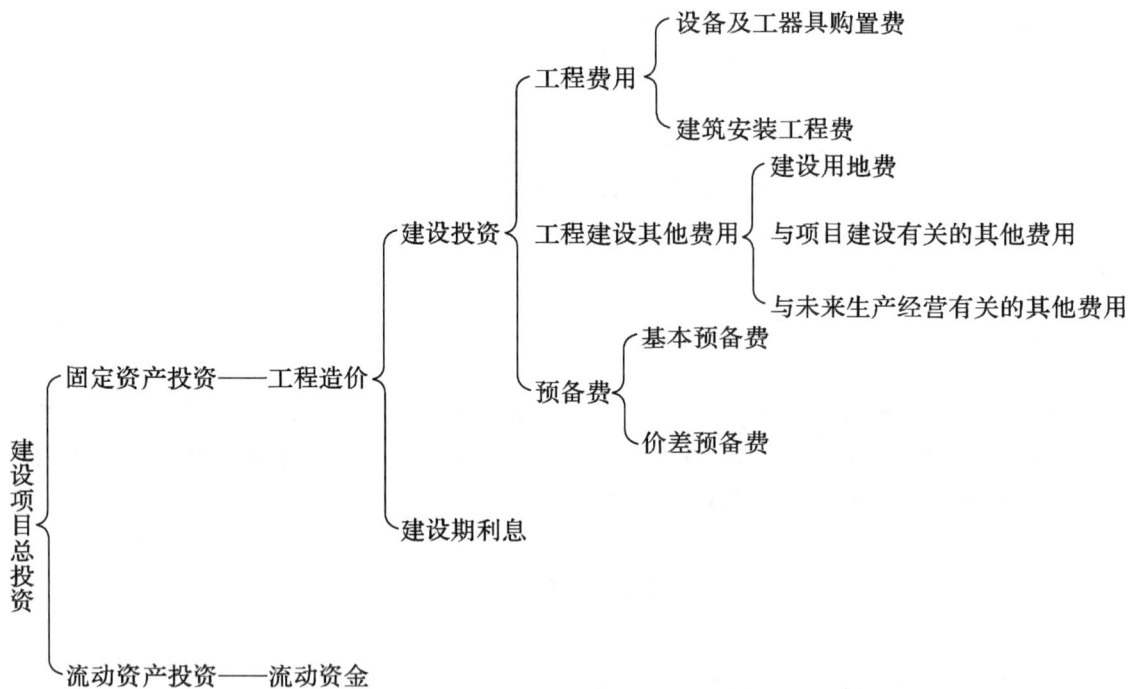

图 2.1 我国现行建设项目总投资及工程造价的构成

练一练:2-1

某建设项目投资构成中,设备购置费 800 万元,工器具及生产家具购置费 100 万元,建筑工程费 600 万元,安装工程费 400 万元,工程建设其他费用 300 万元,基本预备费 100 万元,涨价预备费 300 万元,建设期贷款 2000 万,应计利息 120 万元,流动资金 400 万元,则该项目的工程造价为( )万元。

    A. 4720   B. 2720   C. 3120   D. 5120

2.2 设备及工器具购置费

设备及工器具购置费用是由设备购置费用和工具、器具及生产家具购置费用组成的。

2.2.1 设备购置费的构成及计算

设备购置费是指为建设工程购置或自制的达到固定资产标准的设备、工具、器具的费用。它由设备原价和设备运杂费构成,即:

$$设备购置费 = 设备原价 + 设备运杂费 \tag{2.1}$$

式(2.1)中,设备原价指国产设备或进口设备的原价;设备运杂费指除设备原价之外的关于设备采购、运输、途中包装及仓库保管等方面支出费用的总和。

1. 国产设备原价的构成及计算

国产设备原价一般指的是设备制造厂的交货价或订货合同价。它一般根据生产厂或供应商的询价、报价、合同价确定,或采用一定的方法计算确定。国产设备原价分为国产标准设备原价和国产非标准设备原价。

(1)国产标准设备原价。

国产标准设备是指按照主管部门颁布的标准图纸和技术要求,由设备生产厂批量生产的符合国家质量检验标准的设备。国产标准设备原价有两种,即带有备件的原价和不带有备件的原价。在计算时,一般采用带有备件的原价。国产标准设备一般有完善的设备交易市场,因此可以通过查询相关交易市场价格或向设备生产厂家询价得到国产标准设备的原价。

(2)国产非标准设备原价。

国产非标准设备是指国家尚无定型标准,各设备生产厂不可能在工艺过程中采用批量生产,只能按订货要求并根据具体的设计图纸制造的设备。非标准设备由于个别订做、单价生产、无定型标准,所以无法获取市场交易价格,只能按其成本构成或相关技术参数估算其价格,如成本计算估价法、系列设备插入估价法、分部组合估价法、定额估价法等。成本计算估价法就是其中一种比较常用的估算非标准设备原价的方法。按成本计算估价法,非标准设备的原价主要由材料费、加工费、辅助材料费、专用工具费、废品损失费、外购配套件费、包装费、非标准设备设计费、利润和税金等构成。

2. 进口设备原价的构成及计算

进口设备的原价是指进口设备的抵岸价,即设备抵达买方边境、港口或车站,交纳完各种手续费、税费后形成的价格。抵岸价通常由进口设备到岸价(CIF)和进口从属费构成。

$$进口设备原价(抵岸价) = 进口设备到岸价(CIF) + 进口从属费 \tag{2.2}$$

进口设备的到岸价,即抵达买方边境港口或边境车站的价格。在国际贸易中,交易双方所使用的交货类别不同,则交货价的构成内容也有所差异。

进口从属费用包括银行财务费、外贸手续费、进口关税、消费税、进口环节增值税等,进口车辆还需缴纳车辆购置税。

(1)进口设备的交货价。

在国际贸易中,较为广泛使用的交货价主要有三种:

①FOB(free on board),意为装运港船上交货价,亦称为离岸价。FOB 是指当货物在指定的装运港越过船舷,卖方即完成交货任务。

知识拓展

FOB 价是我国目前进口设备采用最多的一种交货价。此种交货方式的风险转移以在指定的装运港货物越过船舷时为分界点,费用划分与风险转移的分界点一致。

卖方的基本义务有:办理出口清关手续,自负风险和费用,领取出口许可证及其他官方文件;在约定的日期或期限内,在合同规定的装运港按港口惯常的方式,把货物装上买方指定的船只,并及时通知买方;承担货物在装运港越过船舷之前的一切费用和风险;向买方提供商业发票和证明货物已交至船上的装运单据或具有同等效力的电子单证。

买方的基本义务有:负责租船订舱,按时派船到合同约定的装运港接运货物,支付运费,并将船期、船名及装船地点及时通知卖方;负担货物在装运港越过船舷后的各种费用以及货物灭失或损坏的一切风险;负责获取进口许可证或其他官方文件,以及办理货物入境手续;受领卖方提供的各种单证,按合同固定支付货款。

②CFR(cost and freight),意为成本加运费,或称为运费在内价。CFR 是指在装运港货物越过船舷卖方即完成交货,卖方必须支付将货物运至指定的目的港所需的运输费用,但交货后货物灭失或损坏的风险,以及由于各种事件造成的任何额外费用,即由卖方转移给买方。交货后的风险依然由卖方承担。

知识拓展

与 FOB 交货方式相比,CFR 的费用划分与风险转移的分界点是不一致的。

③CIF(cost insurance and freight),意为成本加保险费和运费,习惯称到岸价格。在 CIF 价中,卖方除负有与 CFR 相同的义务外,还应办理货物在运输途中最低险别的国际运输保险,并支付保险费。

(2)进口设备到岸价的构成及计算。

进口设备到岸价的计算公式如下:

进口设备到岸价(CIF)=离岸价(FOB)+ 国际运费 +运输保险费

$$=运费在内价(CFR)+国际运输保险费 \qquad (2.3)$$

①货价。货价一般指装运港船上交货价(FOB)。设备货价分为原币货价和人民币货价,原币货价一律折算为美元表示,人民币货价按原币货价乘以外汇市场美元兑换人民币汇率中间价确定。进口设备货价按有关生产厂商询价、报价、订货合同价计算。

②国际运费。国际运费即从装运港(站)到达我国目的港(站)的运费。我国进口设备大部分采用海洋运输,小部分采用铁路运输,个别采用航空运输。进口设备国际运费计算公式为:

$$国际运费(海、陆、空)=原币货币(FOB)\times运费率 \qquad (2.4)$$

$$国际运费(海、陆、空)=单位运价\times运量 \qquad (2.5)$$

其中,运费率或单位运价参照有关部门或进出口公司的规定执行。

③运输保险费。对外贸易货物运输保险是由保险人(保险公司)与被保险人(出口人或进口人)订立保险契约,在被保险人交付议定的保险费后,保险人根据保险契约的规定对货物在运输过程中发生的承保责任范围内的损失给予经济上的补偿。这属于财产保险,运输保险费的计算公式为:

$$运输保险费=[原币货币(FOB)+国外运费]÷(1-保险费率)×保险费率 \quad (2.6)$$

其中,保险费率按保险公司规定的进口货物保险费率计算。

(3)进口设备的从属费。

进口设备的从属费计算公式为:

$$进口从属费=银行财务费+外贸手续费+关税+进口环节增值税+车辆购置税 \quad (2.7)$$

①银行财务费。银行财务费一般是指在国际贸易结算中,中国银行为进出口商提供金融结算服务所收取的手续费,其计算公式为:

$$银行财务费=离岸价(FOB)×人民币外汇汇率×银行财务费率 \quad (2.8)$$

②外贸手续费。外贸手续费指按对外经济贸易部规定的外贸手续费率计取的费用,外贸手续费率一般取 1.5%,其计算公式为:

$$外贸手续费=到岸价(CIF)×人民币外汇汇率×外贸手续费率 \quad (2.9)$$

③关税。关税是由海关对进出国境或关境的货物和物品征收的一种税,其计算公式为:

$$关税=到岸价格(CIF)×人民币外汇汇率×进口关税税率 \quad (2.10)$$

知识拓展

到岸价格(CIF)作为关税的计征基数时,通常又可称为关税完税价格。关税完税价格是指为计算应纳关税税额而由海关审核确定的进出口货物的价格。进口关税税率按我国海关总署发布的进口关税税率计算。

④消费税。消费税仅对部分进口设备(如轿车、摩托车等)征收,一般计算公式为:

$$应纳消费税税额=[到岸价(CIF)×人民币外汇汇率+关税]÷(1-消费税税率)×消费税税率$$

$$(2.11)$$

其中,消费税税率根据规定的税率计算。

⑤进口环节增值税。增值税是我国政府对从事进口贸易的单位和个人,在进口商品报关进口后征收的税种。我国增值税条例规定,进口应税产品均按组成计税价格和增值税税率直接计算应纳税额,计算公式为:

$$进口环节增值税额=组成计税价格×增值税税率 \quad (2.12)$$

$$组成计税价格=关税完税价格+关税+消费税 \quad (2.13)$$

⑥车辆购置税。进口车辆需缴进口车辆购置税,进口车辆购置税的计算公式为:

$$进口车辆购置税=(关税完税价格+关税+消费税)×进口车辆购置税率 \quad (2.14)$$

由上可知,当进口设备采用装运港船上交货价(FOB)时,其抵岸价的计算公式为:

$$进口设备抵岸价=FOB+国际运费+运输保险费+银行财务费+外贸手续费+关税+$$
$$消费税+进口环节增值税+车辆购置税 \quad (2.15)$$

知识拓展

注意装运港船上交货价(FOB)、到岸价(CIF)、抵岸价(原价)三种价的名称、含义和区别。

练一练:2-2

某进口设备到岸价格为 6200 万元,关税税率为 22%,增值税税率 17%,无消费税,则该进口设备应缴纳的增值税为(　　)万元。

A.1664.08　　　B.1364.00　　　C.1054.00　　　D.1285.88

练一练:2-3

某工业建设项目,需要引进国外先进设备,其装运港船上交货价为人民币 1000 万元,国际运费 60 万元,运输保险费 3.8 万元,银行财务费率为 5‰,外贸手续费率为 1.5%,关税税率为 22%,增值税税率为 17%,无消费税和车辆购置税,则该进口设备的抵岸价为(　　)万元。

A.1538.468　　　B.1539.744　　　C.1539.425　　　D.1538.579

3.设备运杂费的构成及计算

(1)设备运杂费的构成。

设备运杂费是指国产设备自国内来源地、国外采购设备自到岸港运至工地仓库或指定堆放地点所发生的采购、运输、运输保险、保管、装卸等费用。设备运杂费通常由下列各项构成:

①运费和装卸费。国产设备由设备制造厂交货地点起至工地仓库(或施工组织设计指定的需要安装设备的堆放地点)止所发生的运费和装卸费。进口设备,则是指由我国到岸港口或边境车站起至工地仓库(或施工组织设计指定的需要安装设备的堆放地点)止所发生的运费和装卸费。

②包装费。在设备原价中没有包含的,为运输而进行的包装所支出的各种费用。

③供销部门的手续费。按有关部门规定的统一费率计算。

④采购与仓库保管费。采购与仓库保管费指采购、验收、保管和收发设备所发生的各种费用,包括设备采购、保管和管理人员的工资、工资附加费、办公费、差旅交通费、设备供应部门办公和仓库所占固定资产使用费、工具用具使用费、劳动保护费、检验试验费等。这些费用可按主管部门规定的采购与保管费率计算。

(2)设备运杂费的计算。

设备运杂费的计算公式为:

$$设备运杂费＝设备原价×设备运杂费率 \qquad (2.16)$$

其中,设备运杂费率按各部门及省、市有关规定计取。

2.2.2 工器具及生产家具购置费的构成及计算

工器具及生产家具购置费是指新建项目或扩建项目初步设计规定,保证初期正常生产所必须购置的没有达到固定资产标准的设备、仪器、工卡模具、器具、生产家具和备品备件等的费用,其计算公式为:

$$工器具及生产家具购置费＝设备购置费×定额费率 \qquad (2.17)$$

知识拓展

从以上费用构成内容可知,计算设备及工器具购置费的关键是求得设备原价。

练一练:2-4

设备的采购与仓库保管费是指采购、验收、保管和收发设备所发生的各种费用,包括(　　)。
A. 劳动保护费　　　　B. 工艺设备费　　　　C. 检验试验费
D. 管理人员工资　　　E. 仓库所占固定资产使用费

2.3 建筑安装工程费用

2.3.1 建筑安装工程费用的构成

建筑安装工程费是指为完成工程项目建造、生产性设备及配套工程安装所需要的费用,其内容包括建筑工程费用和安装工程费用。

1. 建筑工程费用内容

(1)各类房屋建筑工程和列入房屋建筑工程预算的供水、供暖、卫生、通风、煤气等设备费用及其装饰、油饰工程的费用,列入建筑工程预算的各种管道、电力、电信的敷设工程的费用。

(2)设备基础、支柱、工作台、烟囱、水塔、水池、灰塔等建筑工程以及各种炉窑的砌筑工程和金属结构工程的费用。

(3)为施工而进行的场地平整,工程和水文地质勘察,原有建筑物和障碍物的拆除以及施工临时用水、电、气、路和完工后的场地清理,环境绿化、美化等工作的费用。

(4)矿井开凿、井巷延伸、露天矿剥离,石油、天然气钻井,修建铁路、公路、桥梁、水库、堤坝、灌渠及防洪等工程的费用。

2. 安装工程费用内容

(1) 生产、动力、起重、运输、传动和医疗、实验等各种需要安装的机械设备的装配费用,与设备相连的工作台、梯子、栏杆等装设工程费用,附属于被安装设备的管线敷设工程费用,以及被安装设备的绝缘、防腐、保温、油漆等工作的材料费和安装费。

(2)为测定安装工程质量,对单台设备进行单机试运转、对系统设备进行系统联动无负荷试运转工作的调试费。

知识拓展

安装工程指的是大型机械设备的安装,包括大型中央空调、大型机械生产设备、起重设备、高低压配电设备等。

2.3.2 建筑安装工程费用构成

根据住房城乡建设部、财政部《建筑安装工程费用项目组成》(建标〔2013〕44号)的规定,我国现行建筑安装工程费的构成有按费用构成要素划分和按工程造价形成划分两种方式。

1.按费用构成要素划分

按费用构成要素划分,建筑安装工程费包括由人工费、材料费(包含工程设备)、施工机具使用费、企业管理费、利润、规费和税金组成,其具体构成如图 2.2 所示。

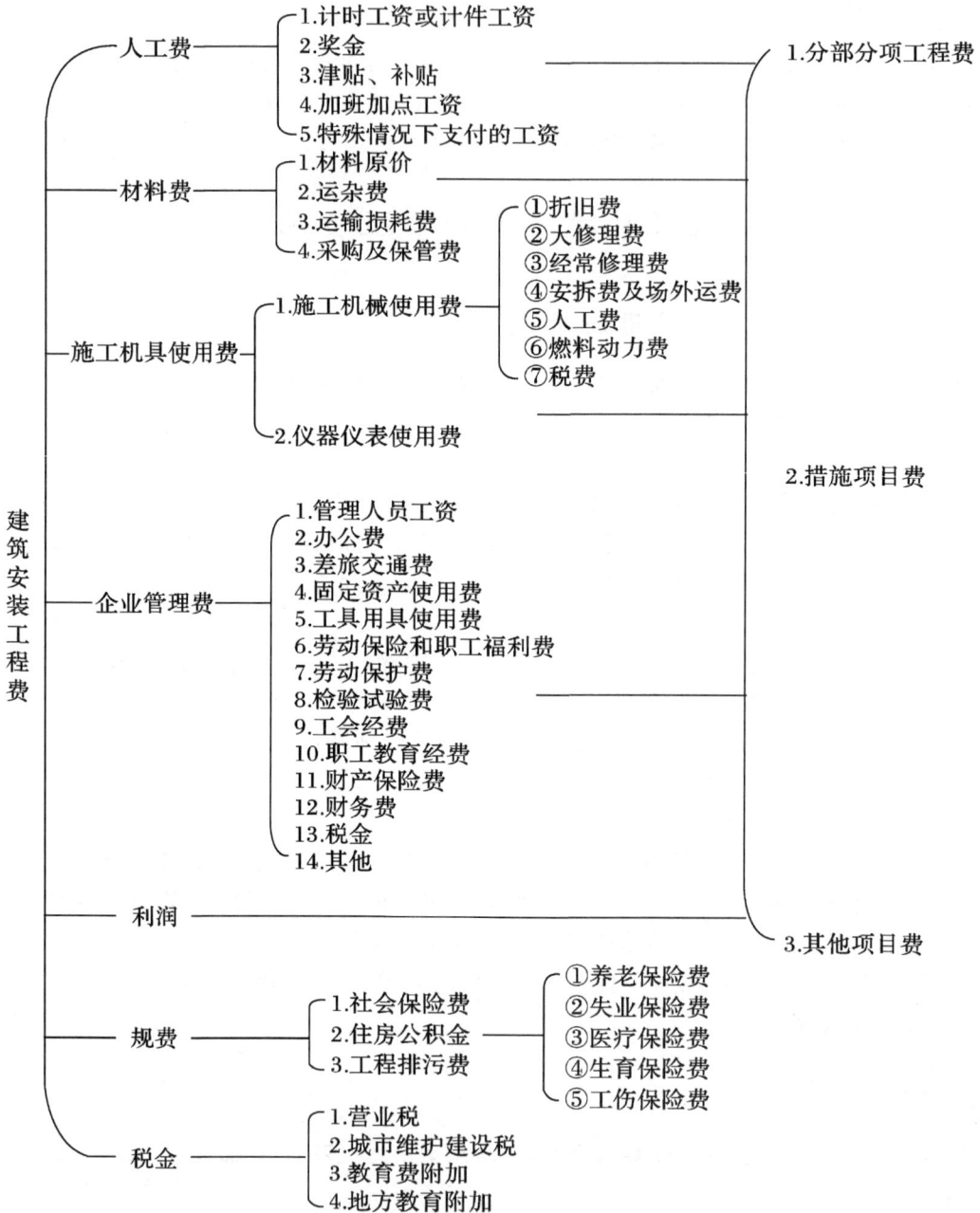

图 2.2　建筑安装工程费用项目组成(按费用构成要素划分)

(1)人工费。

人工费是指按工资总额构成规定,支付给从事建筑安装工程施工的生产工人和附属生产单位工人的各项费用,其计算公式如下:

$$人工费 = \sum(工日消耗量 \times 日工资单价) \tag{2.18}$$

①计时工资或计件工资。计时工资或计件工资是指按计时工资标准和工作时间或对已做工作按计件单价支付给个人的劳动报酬。

②奖金。奖金是指对超额劳动和增收节支支付给个人的劳动报酬,如节约奖、劳动竞赛奖等。

③津贴补贴。津贴补贴是指为了补偿职工特殊或额外的劳动消耗和因其他特殊原因支付给个人的津贴,以及为了保证职工工资水平不受物价影响支付给个人的物价补贴,如流动施工津贴、特殊地区施工津贴、高温(寒)作业临时津贴、高空津贴等。

④加班加点工资。加班加点工资是指按规定支付的在法定节假日工作的加班工资和在法定日工作时间外延时工作的加点工资。

⑤特殊情况下支付的工资。特殊情况下支付的工资是指根据国家法律、法规和政策规定,因病、工伤、产假、计划生育假、婚丧假、事假、探亲假、定期休假、停工学习、执行国家或社会义务等原因按计时工资标准或计时工资标准的一定比例支付的工资。

(2)材料费。

材料费是指施工过程中耗费的原材料、辅助材料、构配件、零件、半成品或成品、工程设备的费用。计算公式如下:

$$材料费 = \sum(材料消耗量 \times 材料单价) \tag{2.19}$$

知识拓展

材料费中所指的成品,比如门窗目前很少现场制作,多为成品购置。

①材料原价。材料原价是指材料、工程设备的出厂价格或商家供应价格。

②运杂费。运杂费是指材料、工程设备自来源地运至工地仓库或指定堆放地点所发生的全部费用。

③运输损耗费。运输损耗费是指材料在运输装卸过程中不可避免的损耗。

④采购及保管费。采购及保管费是指为组织采购、供应和保管材料、工程设备的过程中所需要的各项费用,包括采购费、仓储费、工地保管费、仓储损耗。

工程设备是指构成或计划构成永久工程一部分的机电设备、金属结构设备、仪器装置及其他类似的设备和装置。工程设备费的计算公式为:

$$工程设备费 = \sum(工程设备量 \times 工程设备单价) \tag{2.20}$$

知识拓展

此处的工程设备与施工设备不同。施工设备是指完成合同约定的各项工作所需的设备、器具和其他物品,而工程设备则是构成工程项目的永久性部分。

(3)施工机具使用费。

施工机具使用费是指施工作业所发生的施工机械、仪器仪表使用费或其租赁费。

①施工机械使用费。以施工机械台班耗用量乘以施工机械台班单价表示。

$$施工机械使用费 = \sum(施工机械台班消耗量 \times 机械台班单价) \tag{2.21}$$

施工机械台班单价应由下列七项费用组成：

A. 折旧费。折旧费是指施工机械在规定的使用年限内,陆续收回其原值的费用。

B. 大修理费。大修理费是指施工机械按规定的大修理间隔台班进行必要的大修理,以恢复其正常功能所需的费用。

C. 经常修理费。经常修理费是指施工机械除大修理以外的各级保养和临时故障排除所需的费用。主要包括为保障机械正常运转所需替换设备与随机配备工具附具的摊销和维护费用,机械运转中日常保养所需润滑与擦拭的材料费用及机械停滞期间的维护和保养费用等。

D. 安拆费及场外运费。安拆费及场外运费安拆费是指施工机械(大型机械除外)在现场进行安装与拆卸所需的人工、材料、机械和试运转费用以及机械辅助设施的折旧、搭设、拆除等费用;场外运费指施工机械整体或分体自停放地点运至施工现场或由一施工地点运至另一施工地点的运输、装卸、辅助材料及架线等费用。

E. 人工费。人工费是指机上司机(司炉)和其他操作人员的人工费。

知识拓展

此处的人工费要和支付给从事建筑安装工程施工的生产工人和附属生产单位工人的人工费区别开来。

F. 燃料动力费。燃料动力费是指施工机械在运转作业中所消耗的各种燃料及水、电等。

G. 税费。税费是指施工机械按照国家规定应缴纳的车船使用税、保险费及年检费等。

②仪器仪表使用费。仪器仪表使用费是指工程施工所需使用的仪器仪表的摊销及维修费用。

练一练: 2-5

根据《建筑安装工程费用项目组成》(建标〔2013〕44 号)文件的规定,下列有关费用表述中不正确的是(　　　)。

A. 高温作业临时津贴、特殊地区施工津贴属于人工费的构成内容

B. 材料费中的材料单价包括材料原价、运杂费、制作损耗费、采购及保管费

C. 材料费包括构成或计划构成永久工程一部分的工程设备费

D. 施工机具使用费包括仪器仪表使用费

(4)企业管理费。

企业管理费是指建筑安装企业组织施工生产和经营管理所需的费用。其内容主要包括:

①管理人员工资。管理人员工资是指按规定支付给管理人员的计时工资、奖金、津贴补贴、加班加点工资及特殊情况下支付的工资等。

②办公费。办公费是指企业管理办公用的文具、纸张、账表、印刷、邮电、书报、办公软件、现场监控、会议、水电、烧水和集体取暖降温(包括现场临时宿舍取暖降温)等费用。

③差旅交通费。差旅交通费是指职工因公出差、调动工作的差旅费、住勤补助费,市内交通费和误餐补助费,职工探亲路费,劳动力招募费,职工退休、退职一次性路费,工伤人员就医路费,工地转移费以及管理部门使用的交通工具的油料、燃料等费用。

④固定资产使用费。固定资产使用费是指管理和试验部门及附属生产单位使用的属于固定资产的房屋、设备、仪器等的折旧、大修、维修或租赁费。

⑤工具用具使用费。工具用具使用费是指企业施工生产和管理使用的不属于固定资产的工具、器具、家具、交通工具和检验、试验、测绘、消防用具等的购置、维修和摊销费。

⑥劳动保险和职工福利费。劳动保险和职工福利费是指由企业支付的职工退职金,按规定支付给离休干部的经费、集体福利费、夏季防暑降温补贴、冬季取暖补贴、上下班交通补贴等。

⑦劳动保护费。劳动保护费是企业按规定发放的劳动保护用品的支出。如工作服、手套、防暑降温饮料以及在有碍身体健康的环境中施工的保健费用等。

⑧检验试验费。检验试验费是指施工企业按照有关标准规定,对建筑以及材料、构件和建筑安装物进行一般鉴定、检查所发生的费用,包括自设试验室进行试验所耗用的材料等费用。检验试验费不包括新结构、新材料的试验费,对构件作破坏性试验及其他特殊要求检验试验的费用和建设单位委托检测机构进行检测的费用,对此类检测发生的费用,由建设单位在工程建设其他费用中列支。

⑨工会经费。工会经费是指企业按《工会法》规定的全部职工工资总额比例计提的工会经费。

⑩职工教育经费。职工教育经费是指按职工工资总额的规定比例计提,企业为职工进行专业技术和职业技能培训、专业技术人员继续教育、职工职业技能鉴定、职业资格认定以及根据需要对职工进行各类文化教育所发生的费用。

⑪财产保险费。财产保险费是指施工管理用的财产、车辆等的保险费用。

⑫财务费。财务费是指企业为施工生产筹集资金或提供预付款担保、履约担保、职工工资支付担保等所发生的各种费用。

⑬税金。税金是指企业按规定缴纳的房产税、车船使用税、土地使用税、印花税等。

⑭其他。其他费用包括技术转让费、技术开发费、投标费、业务招待费、绿化费、广告费、公证费、法律顾问费、审计费、咨询费、保险费等。

(5)利润。

利润是指施工企业完成所承包工程获得的盈利。

(6)规费。

规费是指按国家法律、法规规定,由省级政府和省级有关权力部门规定必须缴纳或计取的费用。主要包括:

①社会保险费。

A. 养老保险费。养老保险费是指企业按照规定标准为职工缴纳的基本养老保险费。

B. 失业保险费。失业保险费是指企业按照规定标准为职工缴纳的失业保险费。

C. 医疗保险费。医疗保险费是指企业按照规定标准为职工缴纳的基本医疗保险费。

D. 生育保险费。生育保险费是指企业按照规定标准为职工缴纳的生育保险费。

E. 工伤保险费。工伤保险费是指企业按照规定标准为职工缴纳的工伤保险费。

②住房公积金。住房公积金是指企业按规定标准为职工缴纳的住房公积金。

③工程排污费。工程排污费是指企业按规定缴纳的施工现场工程排污费。

其他应列而未列入的规费,按实际发生计取。

(7)税金。

税金是指国家税法规定的应计入建筑安装工程造价内的营业税、城市维护建设税、教育费附加以及地方教育附加。

知识拓展

2010年12月1日,国务院发布通知,统一内外资企业和个人城市维护建设税和教育费附加制度,这是中国统一内外资企业税制的又一重要举措,也意味着中国内外资企业税制的全面统一。对外商投资企业、外国企业及外籍个人征收城市维护建设税和教育费附加,意味着外资享受"超国民待遇"的时代正式终结。

2.按工程造价形成划分

为指导工程造价专业人员计算建筑安装工程造价,将建筑安装工程费用按工程造价形成顺序划分为分部分项工程费、措施项目费、其他项目费、规费和税金,其具体构成如图2.3所示。

(1)分部分项工程费。

(1)分部分项工程费是指各专业工程的分部分项工程应予列支的各项费用。

①专业工程。专业工程是指按现行国家计量规范划分的房屋建筑与装饰工程、仿古建筑工程、通用安装工程、市政工程、园林绿化工程、矿山工程、构筑物工程、城市轨道交通工程、爆破工程等各类工程。

②分部分项工程。分部分项工程指按现行国家计量规范对各专业工程划分的项目。如房屋建筑与装饰工程划分的土石方工程、地基处理与桩基工程、砌筑工程、钢筋及钢筋混凝土工程等分部工程,各分部工程可按照材料、规格、部位等不同划分为多个分项工程。

各类专业工程的分部分项工程划分见现行国家或行业计量规范。

(2)措施项目费。

措施项目费是指为完成建设工程施工,发生于该工程施工前和施工过程中的技术、生活、安全、环境保护等方面的费用。措施项目及其包含的内容应遵循各类专业工程的现行国家或行业计量规范。以《房屋建筑与装饰工程工程量计算规范》(GB50854—2013)中的规定为例,措施项目费的内容主要包括以下几项:

①安全文明施工费。

A.环境保护费。环境保护费是指施工现场为达到环保部门要求所需要的各项费用。

B.文明施工费。文明施工费是指施工现场文明施工所需要的各项费用。

C.安全施工费。安全施工费是指施工现场安全施工所需要的各项费用。

D.临时设施费。临时设施费是指施工企业为进行建设工程施工所必须搭设的生活和生产用的临时建筑物、构筑物和其他临时设施费用,包括临时设施的搭设、维修、拆除、清理费或摊销费等。

②夜间施工增加费。夜间施工增加费是指因夜间施工所发生的夜班补助费、夜间施工降

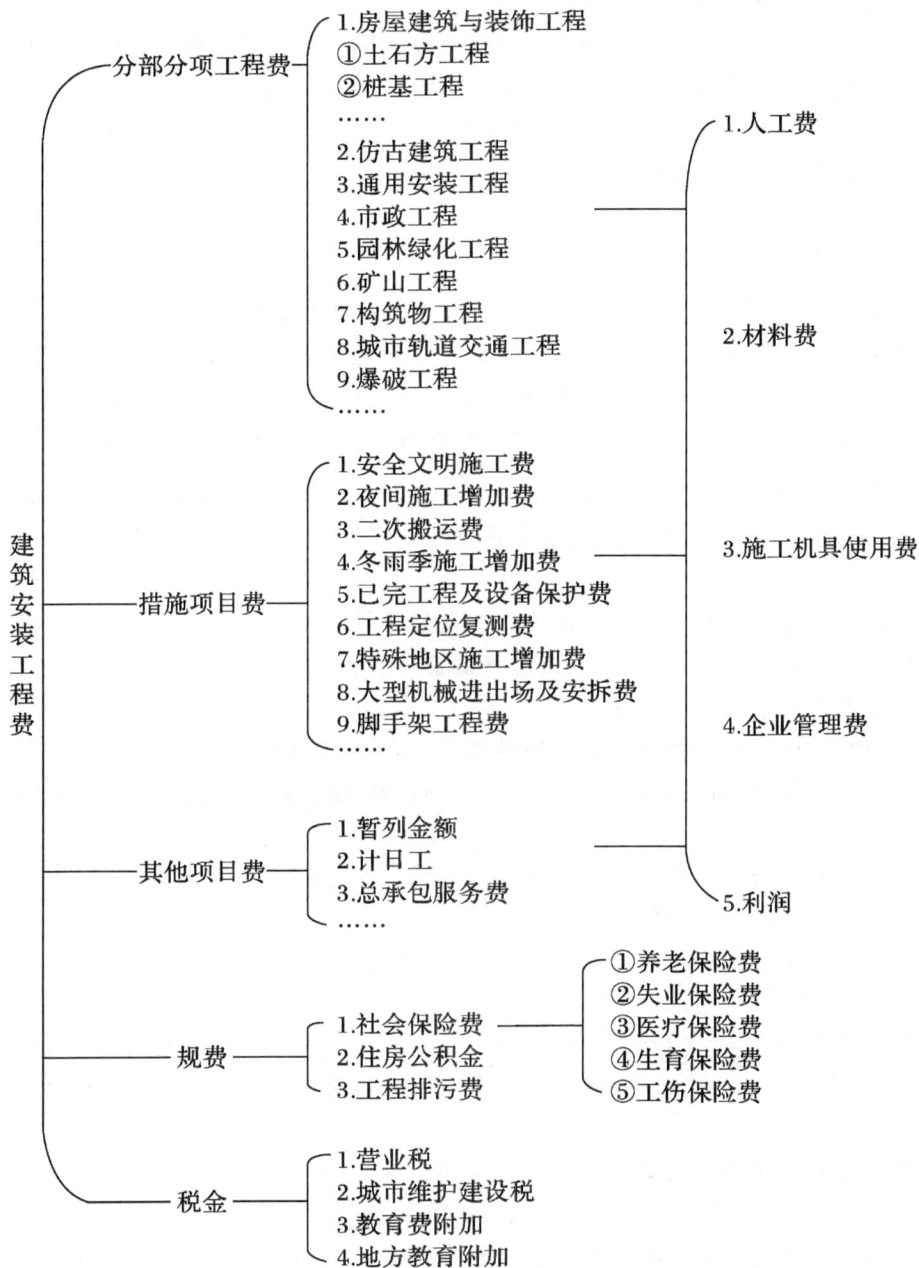

图 2.3 建筑安装工程费用项目组成（按工程造价形成划分）

效、夜间施工照明设备摊销及照明用电等费用。

③非夜间施工照明费。非夜间施工照明费是指为保证工程施工正常进行,在地下室等特殊施工部位施工时所采用的照明设备的安拆、维护及照明用电等费用。

④二次搬运费。二次搬运费是指因施工场地条件限制而发生的材料、构配件、半成品等一次运输不能到达堆放地点,必须进行二次或多次搬运所发生的费用。

⑤冬雨季施工增加费。冬雨季施工增加费是指在冬季或雨季施工需增加的临时设施、防

滑、排除雨雪、人工及施工机械效率降低等费用。

⑥大型机械设备进出场及安拆费。大型机械设备进出场及安拆费是指机械整体或分体自停放场地运至施工现场或由一个施工地点运至另一个施工地点,所发生的机械进出场运输及转移费用及机械在施工现场进行安装、拆卸所需的人工费、材料费、机械费、试运转费和安装所需的辅助设施的费用。它由安拆费和进出场费组成。

知识拓展

此项措施费要注意与施工机具使用费中的安拆费及场外运输费的区别。施工机具使用费中的施工机械主要指的是施工期间施工现场长期使用的小型机械及部分中型机械,如混凝土搅拌机、砂浆搅拌机、钢筋调直机等。大型机械设备是指移动有一定难度的特、大型(包括少数中型)机械,其安拆费及场外运费应单独计算,比如推土机、挖掘机、静力压桩机等。

⑦施工排水。施工排水是指为保证工程在正常条件下施工,所采取的排水措施所发生的费用,包括排水沟槽开挖、砌筑、维修、排水管道的铺设、维修,排水的费用以及专人值守的费用等。

⑧施工降水。施工降水是指为保证工程在正常条件下施工,所采取的降低地下水位的措施所发生的费用,包括成井、井管安装、排水管道安拆及摊销、降水设备的安拆及维护的费用,抽水的费用以及专人值守的费用等。

⑨地上、地下设施、建筑物的临时保护设施费。地上、地下设施、建筑物的临时保护设施费是指在工程施工过程中,对已建成的地上、地下设施和建筑物进行遮盖、封闭、隔离等必要保护措施所发生的费用。

⑩已完工程及设备保护费。已完工程及设备保护费是指竣工验收前,对已完工程及设备采取的必要保护措施所发生的费用。

⑪脚手架工程费。脚手架工程费是指施工需要的各种脚手架搭、拆、运输费用以及脚手架购置费的摊销(或租赁)费用。

⑫混凝土模板及支架(撑)费。混凝土模板及支架(撑)费是指混凝土施工过程中需要的各种模板制作、模板安装、拆除、整理堆放及场内外运输、清理模板黏结物及模内杂物、刷隔离剂等费用。

⑬垂直运输费。垂直运输费是指施工工程在合理工期内所需垂直运输机械的固定装置、基础制作、安装费及行走式垂直运输机械轨道的铺设、拆除、摊销等费用。

⑭超高施工增加费。超高施工增加费是指当单层建筑物檐口高度超过 20m,多层建筑物超过 6 层时,计取施工增加费用。

⑮其他。根据项目的专业特点或所在地区不同,可能会出现其他的措施项目费。如工程定额测定费和特殊地区施工增加费等。

(3)其他项目费。

其他项目费是指分部分项工程费用、措施项目费所包含的内容以外,因招标人的特殊要求而发生的与拟建工程有关的其他费用。

①暂列金额。暂列金额是指建设单位在工程量清单中暂定并包括在工程合同价款中的一笔款项。用于施工合同签订时尚未确定或者不可预见的所需材料、工程设备、服务的采购,施

工中可能发生的工程变更、合同约定调整因素出现时的工程价款调整以及发生的索赔、现场签证确认等的费用。

②暂估价。暂估价是指招标阶段直至签订合同协议时,招标人在招标文件中提供的用于支付必然要发生但暂时不能确定价格的材料以及需另行发包的专业工程金额。暂估价包括材料暂估价、工程设备暂估价和专业工程暂估价。

③计日工。计日工是指在施工过程中,施工企业完成建设单位提出的施工图纸以外的零星项目或工作所需的费用。

知识拓展

计日工是为了解决现场发生的零星工作的计价而设立的。所谓的零星工作,一般是指合同约定之外或者因变更而产生的、工程量清单中没有相应项目的额外工作,尤其是那些难以事先商定价格的额外工作。

④总承包服务费。总承包服务费是指总承包人为配合、协调建设单位进行的专业工程发包,对建设单位自行采购的材料、工程设备等进行保管以及施工现场管理、竣工资料汇总整理等服务所需的费用。

(4)规费。

定义同建筑安装工程费用项目组成(按费用构成要素划分)中的规费。

(5)税金。

定义同建筑安装工程费用项目组成(按费用构成要素划分)中的税金。

2.4 工程建设其他费用的构成

工程建设其他费用,是指建设单位从工程筹建起到工程竣工验收交付使用止的整个建设期间,除建筑安装工程费用和设备及工、器具购置费用以外的,为保证工程建设顺利完成和交付使用后能够正常发挥效用而发生的各项费用的总和。

工程建设其他费用,按其内容大体可分为三类:第一类指建设用地费;第二类指与项目建设有关的其他费用;第三类指与未来企业生产经营有关的其他费用。

2.4.1 建设用地费

建设用地费是指为获得工程项目建设土地的使用权而在建设期内发生的各项费用。它包括通过划拨方式取得土地使用权而支付的土地征用及迁移补偿费,或者通过土地使用权出让方式取得土地使用权而支付的土地使用权出让金。

1.建设用地取得的基本方式

建设用地的取得,实质是依法获取国有土地的使用权。根据《中华人民共和国房地产管理法》规定,获取国有土地使用权的基本方式有两种:一是出让方式,二是划拨方式。建设用地取得的其他方式还包括租赁和转让方式。

(1)划拨方式。

划拨是指县级以上人民政府依法批准,在土地使用者缴纳补偿、安置等费用后将该幅土地交付其使用,或者将土地使用权无偿交付给土地使用者使用的行为。

依法以划拨方式取得土地使用权的,除法律、行政法规另有规定外,没有使用期限的限制。

(2)出让方式。

出让是指国家将国有土地使用权在一定年限内出让给土地使用者,由土地使用者向国家支付土地使用权出让金的行为。

知识链接

土地使用权出让最高年限按用途的不同有所区分:居住用地70年;工业用地50年;教育、科技、文化、卫生、体育用地50年;商业、旅游、娱乐用地40年;综合或者其他用地50年。

通过出让方式获取国有土地使用权又可以分成两种具体方式:一是通过招标、拍卖、挂牌等竞争出让方式获取国有土地使用权;二是通过协议出让方式获取国有土地使用权。一般工程建设用地的使用权出让应该采用招标方式。

2.建设用地取得的费用

建设用地如通过行政划拨方式取得,则需承担征地补偿费用或对原用地单位或个人的拆迁补偿费用;若通过市场机制取得,则不仅要承担以上费用,还须向土地所有者支付有偿使用费,即土地出让金。

(1)征地补偿费用。

建设征用土地费主要包括:土地补偿费、青苗补偿费和地上的房屋、水井、树木等附着物补偿费、安置补助费、新菜地开发建设基金、耕地占用税、土地管理费等。

(2)拆迁补偿费用。

在城市规划区内国有土地上实施房屋拆迁,拆迁人应对被拆迁人给予补偿、安置。主要包括拆迁补偿费、搬迁及安置补助费等。

(3)出让金、土地转让金。

土地使用权出让金为用地单位向国家支付的土地所有权收益,出让金标准一般参考城市基准地价并结合其他因素制定。

2.4.2 与项目建设有关的其他费用

1.建设管理费

建设管理费是指建设单位为组织完成工程项目建设,在建设期内发货的各类管理性费用。其内容包括以下几方面:

(1)建设单位管理费。建设单位管理费是指建设单位发生的管理性质的开支,包括工作人员工资、工资性补贴、施工现场津贴、职工福利费、住房基金、劳动保护费、劳动保险费、办公费、差旅交通费、固定资产使用费、工具用具使用费、技术图书资料费、生产人员招募费、设计审查费、工程招标费、合同契约公证费、工程咨询费、法律顾问费、业务招待费、完工清理及竣工验收费等。

建设单位管理费按照工程费用之和(包括设备及工器具购置费和建筑安装工程费用)乘以建设单位管理费率计算,即

$$建设单位管理费 = 工程费用 \times 建设单位管理费率 \tag{2.22}$$

建设单位管理费率按照建设项目的不同性质、不同规模确定。有的建设项目按照建设工期和规定的金额计算建设单位管理费。不同的省、直辖市、地区对建设单位管理费的计取应根据各地的情况有所不同。

(2)工程监理费。工程监理费是指建设单位委托工程监理单位对工程实施监理工作所需费用。此项费用应根据国家发改委与建设部联合发布的《建设工程建设监理与相关服务收费管理规定》(发改价格[2007]670号)计算。

2.可行性研究费

可行性研究费是指在工程项目投资决策阶段,依据调研报告对有关建设方案、技术方案或生产经营方案进行的技术经济论证,以及编制、评审可行性研究报告所需的费用。此项费用应依据可行性研究委托合同计列,或参照《国家计委关于印发〈建设项目前期工作咨询收费暂行规定〉的通知》(计投资[1999]1283号)规定计算。

3.研究试验费

研究试验费是指为建设项目提供或验证设计参数、数据、资料等所进行的必要的研究试验以及设计规定在施工中必须进行试验、验证所需的费用。它包括自行或委托其他部门研究试验所需人工费、材料费、实验设备及仪器使用费等。这项费用按照设计单位根据本工程项目的需要提出的研究试验内容和要求计算。

📖 知识拓展

此处的研究试验费不包括应在建筑安装工程费中的企业管理费中列支的施工企业对建筑材料、构件和建筑物进行一般鉴定、检查所发生的检验试验费。

4.勘察设计费

勘察设计费是指对工程项目进行工程水文地质勘察、工程设计所发生的费用。它包括工程勘察费、初步设计费、施工图设计费、设计模型制作等费用。此项费用应按《关于发布〈工程勘察设计收费管理规定〉的通知》(计价格[2002]10号)规定计算。

5.环境影响评价费

环境影响评价费是指按照《中华人民共和国环境保护法》、《中华人民共和国环境影响评价法》等规定,在工程项目投资决策过程中,对其进行环境污染或影响评价所需的费用。它包括编制环境影响报告书、环境影响报告表以及对环境影响报告书、环境影响报告表进行评估等所需的费用。此项费用可参照《关于规范环境影响咨询收费有关问题的通知》(计价格[2002]125号)规定计算。

6.劳动安全卫生评价费

劳动安全卫生评价费是指按照劳动部《建设项目(工程)劳动安全卫生监察规定》和《建设项目(工程)劳动安全卫生预评价管理办法》的规定,为预测和分析建设项目存在的职业危险、危害因素的种类和危险危害程度,并提出先进、科学、合理可行的安全卫生技术和管理对策所需的费用。它包括编制建设项目劳动安全卫生预评价大纲和劳动安全卫生预评价报告书以及为编制上述文件所进行的工程分析和环境现状调查等所需的费用。

7.场地准备及临时设施费

建设项目场地准备费是指为使工程项目的建设场地达到开工条件,由建设单位组织进行的场地平整和对建设场地余留的有碍于施工建设的设施进行拆除清理的费用。

建设单位临时设施费是指建设单位为满足工程项目建设、生活、办公的需要而供到场地界区的、未列入工程费用的临时水、电、气、通信等其他工程费用和建设单位的现场临时建（构）筑物的搭设、维修、拆除、摊销或建设期间租赁费用，以及施工期间专用公路或桥梁的加固、养护、维修等费用。

📖 知识拓展

此项费用不包括已列入建筑安装工程费用中的施工单位临时设施费用。施工单位临时设施费是指施工企业为进行建设工程施工所必须搭设的生活和生产用的临时建筑物、构筑物或其他临时设施费用。施工单位临时设施费与环境保护费、文明施工费、安全施工费共同构成了建筑安装工程费用中的安全文明施工费。

8. 引进技术和进口设备其他费用

引进技术及进口设备其他费用，是指引进技术和设备发生的但未计入设备购置费中的费用，主要包括出国人员费用、国外工程技术人员来华费用、引进项目图纸资料翻译复制费、备品备件测绘费、银行担保及承诺费等。

9. 工程保险费

工程保险费是指为转移工程项目建设的意外风险，在建设期间根据需要对建筑工程、安装工程、机械设备和人身安全进行投保而发生的费用，包括建筑安装工程一切险、引进设备财产保险和人身意外伤害险等。

📖 知识拓展

建筑安装工程一切险属于工程保险，承保被保险工程项目在建造过程和安装过程中由于自然灾害、意外事故（不包括保险条款中规定的除外责任），以及机械事故等引起的一切损失，并负责对第三者损害的赔偿责任。

《建设工程施工合同（示范文本）》（GF—2013—0201）18.1规定：除专用合同条款另有约定外，发包人应投保建筑工程一切险或安装工程一切险；发包人委托承包人投保的，因投保产生的保险费和其他相关费用由发包人承担。

10. 特殊设备安全监督检验费

特殊设备安全监督检验费是指安全监察部门对在施工现场组装的锅炉及压力容器、压力管道、消防设备、燃气设备、电梯等特殊设备和设施进行安全检验而收取的费用。

11. 市政公用设施费

市政公用设施费是指使用市政公用设施的工程项目，按照项目所在地省级人民政府有关规定建设或缴纳的市政公用设施建设配套费用以及绿化工程补偿费用。

2.4.3 与未来企业生产经营有关的其他费用

1. 联合试运转费

联合试运转费是指新建或新增加生产能力的工程项目，在交付生产前按照设计规定的工程质量标准和技术要求，对整个生产线或装置进行负荷联合试运转所发生的费用净支出，即试运转支出大于试运转收入的亏损部分费用。

试运转支出包括：试运转所需的原料、燃料、油料及动力消耗、低值易耗品、其他物料消耗、工具用具使用费、机械使用费、保险金、施工单位参加联合试运转人员的工资以及专家指导费等；试运转收入包括：试运转期间的产品销售收入和其他收入。

联合试运转费不包括应由设备安装工程费项下开支的设备调试费及试车费，以及在试运转中暴露出来的因施工原因或设备缺陷等发生的处理费用。

🕴️ 知识拓展

此项费用应注意和建筑安装工程费用中的安装工程费构成内容的区别。建筑安装工程费用中的安装工程费包括对单台设备进行单机试运转、对系统设备进行系统联动无负荷试运转工作的调试费。

2.专利及专有技术使用费

专利及专有技术使用费是指使用别人的专利或专有技术而需要支付的费用，主要包括以下内容：

(1)国外设计及技术资料费、引进有效专利、专有技术使用费和技术保密费；

(2)国内有效专利、专有技术使用费；

(3)商标权、商誉和特许经营权费等。

3.生产准备及开办费

生产准备及开办费是指在建设期内，建设单位为保证项目正常生产(或营业、使用)而发生的人员培训费、提前进厂费以及投产使用初期必备的办公、生活家具用具及工器具等购置费用，包括以下内容：

(1)人员培训费及提前进厂费：包括自行组织培训或委托其他单位培训的人员工资、工资性补贴、职工福利费、差旅交通费、劳动保护费、学习资料费等。

(2)为保证初期正常生产、生活(或营业、使用)所必需的生产办公、生活家具用具购置费。

(3)为保证初期正常生产(或营业、使用)必需的第一套不够固定资产标准的生产工具、器具、用具购置费，但不包括备品备件费。

2.5 预备费和建设期利息

2.5.1 预备费

按我国现行规定，预备费包括基本预备费和价差预备费。

1.基本预备费

(1)基本预备费的内容。

基本预备费是指针对建设项目实施过程中可能发生的难以预料的支出而事先预留的费用，亦称工程建设不可预见费，主要指设计变更及施工过程中可能增加的工程量的费用。

基本预备费一般由以下四部分构成：

①在批准的初步设计范围内，技术设计、施工图设计及施工过程中所增加的工程费用，设

计变更、工程变更、材料代用、局部地基处理等增加的费用。

②一般自然灾害造成的损失和预防自然灾害所采取的措施费用。实行工程保险的工程项目,该费用应适当降低。

③竣工验收时为鉴定工程质量对隐蔽工程进行必要的挖掘和修复费用。

④超规超限设备运输增加的费用。

(2)基本预备费的计算。

基本预备费是按工程费用与工程建设其他费用之和为计取基础,乘以基本预备费费率进行计算,即

$$基本预备费=(工程费用+工程建设其他费用)×基本预备费费率 \qquad (2.23)$$

知识拓展

工程费用包括设备及工器具购置费和建筑安装工程费。

基本预备费费率的取值应执行国家及部门的有关规定。

2.价差预备费

(1)价差预备费的内容。

价差预备费是指为应对在建设期内利率、汇率或价格等因素的变化而预留的可能增加的费用,亦称价格变动不可预见费。其费用内容包括:人工、设备、材料、施工机械的价差费,建筑安装工程费及工程建设其他费用调整,利率、汇率调整等增加的费用。

(2)价差预备费的测算方法。

价差预备费一般根据国家规定的投资综合价格指数,按估算年份价格水平的投资额为基数,采用复利方法计算。计算公式为:

$$PF = \sum_{t=1}^{n} I_t \left[(1+f)^m (1+f)^{0.5} (1+f)^{t-1} - 1 \right] \qquad (2.24)$$

式中:PF——价差预备费;

N——建设期年份数;

I_t——建设期中第 t 年的投资计划额,包括工程费用、工程建设其他费用及基本预备费,即第 t 年的静态投资计划额;

F——年涨价率;

m——建设前期年限(从编制估算到开工建设,单位:年)。

练一练:2-6

某建设项目建安工程费6000万元,设备购置费5000万元,工程建设其他费3000万元,已知基本预备费率5%,项目建设前期年限为1年,建设期为3年,各年投资计划额为:第一年完成投资20%,第二年60%,第三年20%。年均投资价格上涨率为6%,求建设项目建设期间的涨价预备费。

2.5.2 建设期利息

建设期利息是指在建设期内发生的为工程项目筹措资金的融资费用及债务资金的利息。

(1)当贷款在年初一次性贷出且利率固定时,建设期利息按下式计算:

$$I = P(1+i)^n - P \qquad (2.25)$$

式中:P—— 一次性贷款数额;

$\quad i$—— 年利率;

$\quad n$—— 计息期;

$\quad I$—— 利息。

(2)当总贷款是分年均衡发放时,建设期利息的计算可按当年借款在年中支用考虑,即当年贷款按半年计息,上年贷款按全年计息。计算公式为:

$$q_j = (P_{j-1} + 1/2A_j) \cdot i \qquad (2.26)$$

式中:q_j—— 建设期第 j 年应计利息;

$\quad P_{j-1}$—— 建设期第($j-1$)年末累计贷款本金与利息之和;

$\quad A_j$—— 建设期第 j 年贷款金额;

$\quad i$—— 年利率。

练一练:2-7

某新建项目,建设期为 3 年,分年均衡进行贷款,第一年贷款为 400 万元,第二年 500 万元,第三年 400 万元,年利率为 12%,建设期内利息只计息不支付,计算建设期利息。

本章小结

本章参考全国造价工程师执业资格考试培训教材《建设工程计价》(2014 年修订),结合住建部、财政部《关于印发〈建筑安装工程费用项目组成〉的通知》(建标[2013]44 号)、《建设工程工程量清单计价规范》(GB50500—2013)的具体内容,全面叙述我国现行建设投资的构成。

本章的教学目标是通过本章的学习,使学生能初步掌握设备及工器具购置费的构成和相关计算;掌握建筑安装工程费按费用要素构成划分和按造价形成顺序划分的两种不同的费用构成;熟悉工程建设其他费的构成;熟悉预备费的含义和费用构成及相关计算;熟悉建设期利息的含义及相关计算。

习 题

一、单选题

1.建设工程项目的(　　)与建设工程项目的工程造价在量上相等。

A. 流动资产投资　　B. 固定资产投资　　C. 递延资产投资　　D. 总投资

2.(　　)是进口设备到岸价格。

A. FOB　　　　B. CFR　　　　C. FAS　　　　D. CIF

3.进口设备运杂费中运输费的运输区间是指(　　)。

A. 出口国供货地至进口国边境港口或车站

B. 出口国的边境港口或车站至进口国的边境港口或车站

C. 进口国的边境港口或车站至工地仓库

D. 出口国的边境港口或车站至工地仓库

4. 某项目购买一台国产设备,其购置费为 1800 万元,运杂费率为 12%,则该设备的原价为( )万元。

A. 1607.14   B. 2016.00   C. 2160.00   D. 1912.37

5. 根据《建筑安装工程费用项目组成》(建标〔2013〕44 号)文件的规定,下列属于分部分项工程费中材料费的是( )。

A. 塔式起重机基础的混凝土费用

B. 现场预制构件地胎膜的混凝土费用

C. 保护已完石材地面而铺设的大芯板费用

D. 独立柱基础混凝土垫层费用

6. 根据《建筑安装工程费用项目组成》(建标〔2013〕44 号)文件的规定,养老保险属于( )。

A. 企业管理费   B. 劳动保险   C. 规费   D. 财产保险费

7. 某项目建设期的静态投资额为 1200 万元,建设期 2 年,第 2 年计划投资 40%,年价格上涨率为 3%,则第 2 年的价差预备费为( )万元($m=1$)。

A. 21.76   B. 55.22   C. 36.81   D. 32.64

8. 某新建项目,建设期为 4 年,分年均衡进行贷款,第一年贷款 400 万元,第二年贷款 500 万元,第三年贷款 400 万元,贷款年利率为 10%,建设期只计息不支付,则建设期贷款利息为( )万元。

A. 150.57   B. 356.27   C. 269.27   D. 336.27

二、多选题

1. 根据我国现行的建设工程项目投资构成,建设工程项目总投资由( )两部分组成。

A. 固定资产投资   B. 流动资产投资   C. 无形资产投资

D. 递延资产投资   E. 其他资产投资

2. 外贸手续费的计费基础包括( )。

A. 装运港船上交货价   B. 国际运费   C. 银行财务费

D. 关税   E. 运输保险费

3. 根据《建筑安装工程费用项目组成》(建标〔2013〕44 号)文件的规定,安全文明施工费包括( )。

A. 环境保护费   B. 劳动保护费   C. 安全施工费

D. 文明施工费   E. 临时设施费

4. 根据《建筑安装工程费用项目组成》(建标〔2013〕44 号)文件的规定,属于企业管理费的有( )。

A. 工程设备费   B. 劳动保护费   C. 检验试验费

D. 工会经费   E. 财务费

5. 下列费用中,属于与项目建设有关的其他费用的有( )。

A. 建设单位管理费   B. 工程监理费   C. 建设单位临时设施费

D. 施工单位临时设施费   E. 市政公用设施费

6.获取国有土地使用权的方式一般包括（　　）。

A.出让方式　　　　B.协商方式　　　　C.邀请方式

D.划拨方式　　　　E.转让方式

7.根据《建筑安装工程费用项目组成》（建标〔2013〕44号）文件的规定，建筑安装工程费用不包括（　　）。

A.市政公用设施费　B.总承包服务费　C.安全文明施工费

D.建设管理费　　　E.分部分项工程费

8.根据《建筑安装工程费用项目组成》（建标〔2013〕44号）文件的规定，税金包括（　　）。

A.营业税　　　　　B.车船使用税　　　C.城市维护建设税

D.教育费附加　　　E.地方教育附加

三、简答题

1.我国现行建设项目投资构成包括哪些内容？

2.按照费用构成要素划分，建筑安装工程费包括哪些内容？

3.按照工程造价形成顺序划分，建筑安装工程费包括哪些内容？

4.简述工程建设其他费的构成内容。

第3章

工程造价计价依据

▌本章主要内容

1. 工程定额；
2. 工程量清单；
3. 工程造价信息。

▌本章学习要点

1. 掌握《建设工程工程量清单规范》(GB50500—2013)中的相关内容；
2. 熟悉工程定额的概念和分类；
3. 了解工程造价信息。

知识导入

通过前两章的学习，我们知道对一个工程项目来说，整个建设期间，建设工程造价在不同阶段有不同的表现形式，包括投资估算、设计概算、修正设计概算、施工图预算等。建设工程造价表现形式不同，所需的计价依据也不同。那么，在不同的阶段确定相应的工程造价时，所需的计价依据有哪些呢？除了定额计价模式，我国为什么要引入工程量清单、采用工程量清单计价模式呢？

3.1 概 述

工程造价计价是指计算和确定建设工程项目的工程造价，简称工程计价。工程造价计价具体是指工程造价人员在项目实施的各个阶段，根据各阶段不同的要求，遵循计价原则和程序，采用科学的计价方法，对投资项目最可能实现的合理价格作出科学的计算，从而确定投资项目的工程造价，编制工程造价的经济文件。

工程计价依据则是指在工程计价活动中，所要依据的与计价内容、计价方法和价格标准相关的工程计量计价标准、工程计价定额及工程造价信息等，主要包括计价活动的相关规章规程、工程定额、工程量清单计价和计量规范以及相关造价信息。

3.1.1 工程造价计价的基本原理

工程造价计价的主要思路是将建设项目细分至最基本的构造单元，采取一定的计价方法，进行分部组合汇总，计算出相应的工程造价。

第3章 工程造价计价依据

工程计价的基本原理就在于项目的分解与组合。

知识拓展

通过第1章图1.1的学习,可知建设项目可以分解为一个或几个单项工程,任何一个单项工程都是由一个或几个单位工程所组成。单位工程可按照结构部位、施工特点或施工任务分解为分部工程。从工程计价的角度,还需要把分部工程划分为更为简单细小的分项工程。还可以根据需要将分项工程进一步划分或组合为定额项目或清单项目。这样就可以得到基本构造单元。例如,挖土方、砌筑砖墙都可以作为计价时的基本构造单元。

工程计价的基本原理可以用公式的形式表达如下:

$$分部分项工程费 = \sum [基本构造单元工程量(定额项目或清单项目) \times 相应单价]$$

$$(3.1)$$

从上式可以看出,影响分部分项工程费的主要因素有两个,即基本构造要素的工程量和单位价格。

在进行工程计价时,工程量可以通过工程量计算规则和设计图纸等基础资料计算得到,它可以反映工程项目的规模和内容。

知识拓展

目前工程量根据计价模式的不同,计算规则主要依据国家颁布的计量规范,如《房屋建筑与装饰工程量计算规范》(GB50854—2013)或者各省、直辖市、自治区颁布的本地区定额。

工程单价则包括工料单价和综合单价。

(1)工料单价。工料单价也称直接工程费单价,包括人工、材料、机械台班费用,是各种人工消耗量、各种材料消耗量、各类机械台班消耗量与其相应单价的乘积。

(2)综合单价。综合单价包括人工费、材料费、施工机具使用费、企业管理费、利润和风险因素。综合单价根据国家、地区、行业定额或企业定额消耗量和相应生产要素的市场价格来确定。

知识拓展

根据《建设工程工程量清单计价规范》(GB50500—2013)的规定,采用工程量清单计价的工程,求出分部分项工程费后,还需按照一定的计价程序,计算措施项目费、其他项目费、规费和税金,最后汇总,得到相应的工程造价。

3.1.2 工程造价计价依据的分类

工程造价计价依据主要包括计价活动的相关规章规程、工程量清单计价和计量规范、工程定额和相关造价信息。

1.计价活动的相关规章规程

现行计价活动相关的规章规程主要包括建筑工程发包与承包计价管理办法、建设项目投资估算编审规程、建设项目设计概算编审规程、建设项目施工图预算编审规程、建设工程招标控制价编审规程、建设项目工程结算编审规程、建设项目全过程造价咨询规程、建设工程咨询

• 45 •

成果文件质量标准、建设工程造价鉴定规程等。

2. 工程量清单计价和计量规范

工程量清单计价和计量规范由《建设工程工程量清单计价规范》(GB50500)、《房屋建筑与装饰工程量计算规范》(GB50854)、《仿古建筑工程量计算规范》(GB50855)、《通用安装工程量计算规范》(GB50856)、《市政工程量计算规范》(GB50857)、《园林绿化工程量计算规范》(GB50858)、《矿山工程量计算规范》(GB50859)、《构筑物工程量计算规范》(GB50860)、《城市轨道交通工程量计算规范》(GB50861)、《爆破工程量计算规范》(GB50862)等组成。

3. 工程定额

工程定额主要是指国家、省、有关专业部门制定的各种定额,包括工程消耗量定额和工程计价定额等。

4. 工程造价信息

工程造价信息主要包括价格信息、工程造价指数和已完工程信息等。

现行工程计价依据体系如表3.1所示。

表 3.1 现行工程计价依据体系一览表

序号	分类	计价依据名称	计价依据编号	施行日期
1	相关法律法规、规章规程	《中华人民共和国建筑法》	中华人民共和国主席令第 91 号	1998.3.1
		《全国人民代表大会常务委员会关于修改〈中华人民共和国建筑法〉的决定》	中华人民共和国主席令第 46 号	2011.7.1
		《中华人民共和国招标投标法》	中华人民共和国主席令第 21 号	2000.1.1
		《中华人民共和国招标投标法实施条例》	中华人民共和国国务院令第 631 号	2012.2.1
		《建筑工程施工发包与承包计价管理办法》	住建部第 16 号令	2014.2.1
		《建筑安装工程项目费用组成》	建标[2013]44 号文	2013.7.1
		《建设项目投资估算编审规程》	CECA/GC1—2007	2007.4.1
		《建设项目设计概算编审规程》	CECA/GC2—2007	2007.4.1
		《建设项目工程结算编审规程》	CECA/GC3—2010	2010.10.1
		《建设项目全过程造价咨询规程》	CECA/GC4—2009	2009.8.1
		《建设项目施工图预算编审规程》	CECA/GC5—2010	2010.3.1
		《建设工程招标控制价编审规程》	CECA/GC6—2011	2011.10.1
		《建设工程造价咨询成果文件质量标准》	CECA/GC7—2012	2012.7.1
		《建设工程造价鉴定规程》	CECA/GC8—2012	2012.12.1
2	标准类	《建设工程工程量清单计价规范》	GB50500—2013	2013.7.1

续表 3.1

序号	分类	计价依据名称	计价依据编号	施行日期
3	定额类	《全国统一建筑工程基础定额》	GJD—101—95	1995.12.15
		《全国统一安装工程基础定额》	GJD 201—2006 ~ GJD 209—2006	2006.9.1
		《全国统一建筑装饰装修工程消耗量定额》	建标[2001]271号	2002.1.1
		《全国统一建筑安装工程工期定额》	建标[2000]38号	2000.2.1
		各省、直辖市、自治区颁布的计价定额		
		各行业部门颁布的计价定额		

知识拓展

从我国目前现状来看,工程定额主要用于在项目建设前期各阶段对于建设投资的预测和估计,在工程建设交易阶段,工程定额通常只能作为建设产品价格形成的辅助依据,工程量清单计价依据主要适用于合同价格形成以及后续的合同价格管理阶段。计价活动的相关规章规程则根据其具体内容可能适用于不同阶段的计价活动。造价信息是计价活动所必需的依据。

3.2 工程定额体系

3.2.1 概念

定额是一种规定的额度,或称数量标准。建设工程定额是指在正常的施工条件下,完成一定计量单位的合格产品所必须消耗的各种资源的数量标准。工程定额是动态的,反映的是当时的生产力发展水平。随着科学技术和管理水平的进步,生产过程中的资源消耗减少,相应地,定额所规定的资源消耗量降低,意味着定额水平的提高。如某省地区定额见表3.2。

表 3.2 某省地区定额示例

工作内容:1.调运砂浆、运砌砖;2.安放木砖、铁件　　　　　　　　　　　　　单位:10m³

定额编号		3—6	3—8
项 目		砖 墙	
		1砖	1/2砖
综 合 单 价(元)		2596.69	2828.28
其中	人工费(元)	583.94	746.91
	材料费(元)	1833.19	1861.52
	机械费(元)	18.55	15.46
	管理费(元)	91.61	116.29
	利润(元)	69.40	88.10

名　称	单位	单价(元)	数　量	
综合工日	工日	43.00	(13.88)	(17.62)
定额工日	工日	43.00	13.580	17.370
混合砂浆 M5 砌筑砂浆	m³	153.39	—	2.030
混合砂浆 M2.5 砌筑砂浆	m³	147.89	2.370	—
机砖 240×115×53	千块	280.00	5.280	5.520
水	m³	4.05	1.060	1.120
灰浆搅拌机	台班	61.82	0.300	0.250

练一练：3-1

根据表 3.2，试计算砌筑 1000m³ 的 1 砖厚墙体所需的综合单价费用和综合工日数。

3.2.2　定额的分类

工程定额是工程建设中各类定额的总称，它包括许多种类的定额，可以按照不同的原则和方法对它进行科学的分类。

1.按定额反映的生产要素消耗内容分类

(1)劳动消耗定额。劳动消耗定额，简称劳动定额(也称人工定额)，是指在正常的施工技术和组织条件下，完成规定计量单位合格的建筑安装产品所消耗的人工工日的数量标准。劳动定额的主要表现形式是时间定额，但同时也表现为产量定额。时间定额和产量定额互为倒数。

(2)材料消耗定额。材料消耗定额，简称材料定额，是指在正常的施工技术和组织条件下，完成规定计量单位合格的建筑安装产品所消耗的原材料、半成品、成品、构配件、燃料，以及水、电等动力资源的数量标准。

(3)机械消耗定额。机械消耗定额是以一台机械一个工作班为计量单位，所以又称为机械台班定额。机械消耗定额是指在正常的施工技术和组织条件下，完成规定计量单位合格的建筑安装产品所消耗的施工机械台班的数量标准。机械消耗定额的主要表现形式是机械时间定额和机械产量定额，其时间定额与产量定额互为倒数关系。

2.按定额的编制程序和用途分类

按定额的编制程序和用途划分，工程定额可分为施工定额、预算定额、概算定额、概算指标和投资估算指标。

(1)施工定额。

施工定额是完成一定计量单位的某一施工过程或基本工序所需消耗的人工、材料和机械台班数量标准。施工定额是施工企业(建筑安装企业)组织生产和加强管理在企业内部使用的一种定额，属于企业定额的性质。为了适应组织生产和管理的需要，施工定额的项目划分很细，是工程定额中分项最细、定额子目最多的一种定额，它以平均先进水平为基准编制，是工程定额中的基础性定额。

知识拓展

注意分项工程和施工工序的区别。例如,混凝土浇筑可以作为一个分项工程,它包含混凝土搅拌、混凝土浇筑、混凝土振捣、养护等多个工序。

(2)预算定额。

预算定额是在正常的施工条件下,完成一定计量单位合格分项工程和结构构件所需消耗的人工、材料、施工机械台班数量及其费用标准。预算定额是一种计价性定额。从编制程序上看,预算定额是以施工定额为基础综合扩大编制的,反映了社会平均水平,是编制施工图预算的依据,同时也是编制概算定额的基础。

(3)概算定额。

概算定额是完成单位合格扩大分项工程或扩大结构构件所需消耗的人工、材料和施工机械台班的数量及其费用标准,是一种计价性定额。概算定额是编制扩大初步设计概算、确定建设项目投资额的依据,一般是在预算定额的基础上综合扩大而形成的,每一综合分项概算定额都包含了数项预算定额。

(4)概算指标。

概算指标是以单位工程为对象,反映完成一个规定计量单位建筑产品的经济消耗指标。概算指标是概算定额的扩大与合并,以更为扩大的计量单位来编制的。概算指标的内容包括人工、机械台班、材料定额三个基本部分,同时还列出了各结构分部的工程量及单位建筑工程(以体积计或面积计)的造价,是一种计价性定额。

(5)投资估算指标。

投资估算指标是以建设项目、单项工程、单位工程为对象,反映建设总投资及其各项费用构成的经济指标。它是在项目决策阶段编制投资估算、计算投资需要量时使用的一种定额。投资估算指标往往根据历史的预、决算资料和价格变动等资料编制,但其编制基础仍然离不开预算定额和概算定额。

各种定额间关系的比较见表3.3。

表3.3 各种定额间关系的比较

分类	施工定额	预算定额	概算定额	概算指标	投资估算指标
对象	施工过程或基本工序	分项工程和结构构件	扩大的分项工程或扩大的结构构件	单位工程	建设项目单项工程单位工程
用途	编制施工预算	编制施工图预算	编制扩大初步设计概算	编制初步设计概算	编制投资估算
项目划分	最细	细	较粗	粗	很粗
定额水平	平均先进	平均			
定额性质	生产性定额	计价性定额			

3.按照专业划分

工程建设涉及众多的专业,不同的专业所含的内容也不同。因此就确定人工、材料和机械台班消耗数量标准的工程定额来说,也需按不同的专业分别进行编制和执行。

(1)建筑工程定额按专业对象分为建筑及装饰工程定额、房屋修缮工程定额、市政工程定额、铁路工程定额、公路工程定额、矿山井巷工程定额等。

(2)安装工程定额按专业对象分为电气设备安装工程定额、机械设备安装工程定额、热力设备安装工程定额、通信设备安装工程定额、化学工业设备安装工程定额、工业管道安装工程定额、工艺金属结构安装工程定额等。

4.按主编单位和管理权限分类

按主编单位和管理权限划分,工程定额可分为全国统一定额、行业统一定额、地区统一定额、企业定额、补充定额五种。

(1)全国统一定额。全国统一定额是由国家建设行政主管部门综合全国工程建设中技术和施工组织管理的情况编制,并在全国范围内普遍使用的定额。

知识拓展

《全国统一建筑工程基础定额》(GJD-101—95)是完成规定计算单位分项工程计价的人工、材料、施工机械台班消耗量标准,是统一全国建筑工程预算工程量计算规则、项目划分、计算单位的依据,是按照正常的施工条件,当前多数建筑企业的施工机械装备程度,合理的施工工期、施工工艺、劳动组织为基础编制的,反映的是社会平均消耗水平。

(2)行业统一定额。行业统一定额是考虑到各个行业部门专业工程技术特点,以及施工生产和管理水平而编制的,一般只在本行业和相同专业性质的范围内使用。

(3)地区统一定额。地区统一定额是指各省、自治区、直辖市编制颁发的定额。地区统一定额主要是考虑地区性特点对全国统一定额作适当调整而编制的。

(4)企业定额。企业定额是施工企业根据本企业的施工技术和管理水平,以及有关工程造价资料制定的,并供本企业使用的人工、材料和机械台班消耗量标准,只在本企业内部使用,是企业综合素质的一个标志。企业定额水平一般应略高于社会平均水平,才能满足生产技术发展、企业管理和市场竞争的需要。在工程量清单计价方式下,企业定额作为施工企业进行建设工程投标报价的计价依据,正在发挥着越来越大的作用。

知识拓展

施工企业的定额有两个层次,一是用于施工生产管理的施工定额,二是用于投标报价和工程结算的企业定额。从一定意义上讲,企业定额是企业的商业机密,是企业参与市场竞争的核心竞争力的具体体现。

(5)补充定额。补充定额是指随着设计、施工技术的发展,在现行定额不能满足需要的情况下,为了补充原有定额缺项所编制的定额。补充定额只能在指定的范围内使用,可以作为以后修订定额的基础。

上述各种定额虽然适用于不同的情况和用途,但是它们是一个相互联系的、有机的整体,应该在实际工作中配合使用。

3.2.3 工程定额的特点

工程定额具有如下特点:

1.科学性

工程定额反映工程建设过程中生产消费的客观规律,是与社会发展水平相适应的。定额管理在理论、方法和手段上应适应现代科学技术和信息社会化发展的需要。

2.系统性

工程定额的系统性表现在定额是一个独立有机整体,它结构复杂、层次分明、目标明确。

3.统一性

工程定额的统一性是指定额的影响力、执行范围、定额的制定、颁布和贯彻等,有统一的程序、统一的原则、统一的要求和统一的用途。

4.指导性

工程定额的指导性表现在以下两个方面:首先,定额作为国家各地区和行业颁布的指导性依据,可以规范建设市场的交易行为,在具体建筑产品定价过程中也起到参考作用,而政府投资项目定价和造价控制重要依据之一就是定额;其次,在现行的工程量清单计价方式下,定额体现的是交易双方自主定价的特点,承包商报价的主要依据是企业定额,但企业定额的编制和完善仍然离不开统一定额的指导。

5.稳定性和时效性

定额稳定的时间有长有短,一般在 4～10 年,定额的稳定性是维护定额的权威性所必需的,更是有效贯彻定额所必需的。但定额的稳定性又是相对的,随着科学技术水平的发展和生产工艺的改进,当定额与生产力发展不相适应时,就需要重新编制和修订原定额。

3.3 工程量清单

工程量清单是载明建设工程分部分项工程项目、措施项目、其他项目的名称和相应数量以及规费、税金项目等内容的明细清单。

招标人依据国家标准、招标文件、设计文件以及施工现场实际情况编制的,随招标文件发布供投标报价的工程量清单称为招标工程量清单。

📖 知识拓展

招标工程量清单是工程量清单计价的基础,是作为编制招标控制价、投标报价、计算或调整工程量、索赔的依据之一。

作为投标文件组成部分的、已标明价格并经承包人确认的工程量清单称为已标价工程量清单。

招标工程量清单应由具有编制能力的招标人或受其委托、具有相应资质的工程造价咨询人或招标代理人编制。采用工程量清单方式招标，招标工程量清单必须作为招标文件的组成部分，其准确性和完整性由招标人负责。

知识拓展

工程施工招标发包可采用多种方式，但采用工程量清单方式招标发包，招标人必须将工程量清单作为招标文件的组成部分，连同招标文件一并发（或售）给投标人。招标人对编制的招标工程量清单的准确性和完整性负责，投标人依据招标工程量清单进行投标报价。在《建设工程工程量清单计价规范》（GB50500—2013）中，此处规定为强制性要求，必须严格执行。

招标工程量清单应以单位（项）工程为单位编制，由分部分项工程量清单、措施项目清单、其他项目清单、规费项目和税金项目清单组成。

3.3.1　概述

工程量清单计价与计量规范由《建设工程工程量清单计价规范》（GB50500）、《房屋建筑与装饰工程工程量计算规范》（GB50854）、《仿古建筑工程工程量计算规范》（GB50855）、《通用安装工程工程量计算规范》（GB50856）、《园林绿化工程工程量计算规范》（GB50858）、《市政工程工程量计算规范》（GB50857）、《矿山工程工程量计算规范》（GB50859）、《构筑物工程工程量计算规范》（GB50860）、《城市轨道交通工程工程量计算规范》（GB50861）、《爆破工程工程量计算规范》（GB50862）组成。

《建设工程工程量清单计价规范》（GB50500—2013，以下简称《计价规范》）包括：总则、术语、一般规定、工程量清单编制、招标控制价、投标报价、合同价款约定、工程计量、合同价款调整、合同价款期中支付、竣工结算与支付、合同解除的价款结算与支付、合同价款争议的解决、工程造价鉴定、工程计价资料与档案、工程计价表格及11个附录。

知识拓展

根据《建设工程工程量清单计价规范》（GB50500—2013）的规定，《计价规范》适用于建设工程发承包及其实施阶段的计价活动。使用国有资金投资的建设工程发承包，必须采用工程量清单计价（强制性条文）；非国有资金投资的建设工程，宜采用工程量清单计价；不采用工程量清单计价的建设工程，应执行《计价规范》中除工程量清单等专门性规定外的其他规定。国有资金投资的项目包括全部使用国有资金（含国家融资资金）投资或国有资金投资为主的工程建设项目。

3.3.2　工程量清单的编制

工程量清单作为招标文件的组成部分，由分部分项工程项目清单、措施项目清单、其他项目清单、规费项目清单、税金项目清单组成。编制程序如图 3.1 所示。

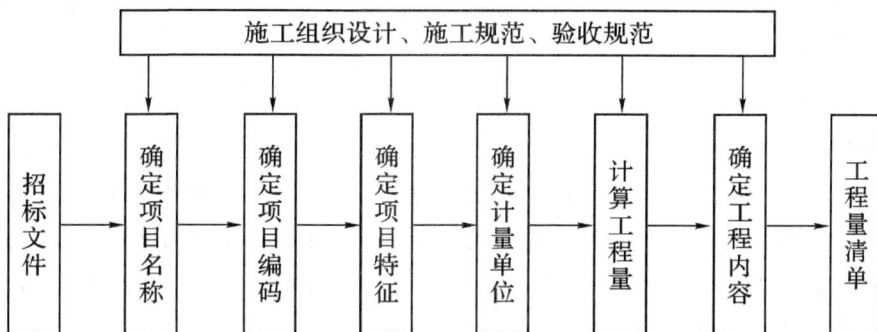

图 3.1 工程量清单编制程序

1.分部分项工程项目清单

分部工程是单位工程的组成部分,是按结构部位、路段长度及施工特点或施工任务将单项或单位工程划分为若干分部的工程;分项工程是分部工程的组成部分,是按不同施工方法、材料、工序及路段长度等将分部工程划分若干个分项或项目的工程。

知识拓展

例如,砌筑工程可以分为砖砌体、砌块砌体、石砌体、垫层等多个分部工程,砖砌体又可以分为砖基础、砖砌挖孔桩护壁、实心砖墙、多孔砖墙、空心砖墙、空斗墙、填充墙、实心等多个分项工程。

分部分项工程项目清单必须载明项目编码、项目名称、项目特征、计量单位和工程量。分部分项工程项目清单必须根据各专业工程计量规范规定的项目编码、项目名称、项目特征、计量单位和工程量计算规则进行编制,格式如表 3.4 所示。在分部分项工程量清单的编制过程中,由招标人负责前六项内容填列,金额部分在编制招标控制价或投标报价时填列。

表 3.4 分部分项工程和措施项目清单与计价表

工程名称: 标段: 第 页 共 页

序号	项目编码	项目名称	项目特征描述	计量单位	工程量	金额		
						综合单价	合价	其中
								暂估价

知识拓展

构成分部分项工程项目清单的项目编码、项目名称、项目特征、计量单位和工程量等五个要件在分部分项工程项目清单的组成中缺一不可,还必须根据相关工程现行国家计量规范规定的要求进行编制,在《建设工程工程量清单计价规范》(GB50500—2013)中,此处规定是强制性要求,必须严格执行。

(1)项目编码。

项目编码是分部分项工程和措施项目清单名称的阿拉伯数字标识。分部分项工程量清单项目编码以五级编码设置,用十二位阿拉伯数字表示。一、二、三、四级编码为全国统一,即一至九位应按计价规范附录的规定设置;第五级即十至十二位为清单项目编码,应根据拟建工程的工程量清单项目名称设置,不得有重号,这三位清单项目编码由招标人针对招标工程项目具体编制,并应自001起按顺序编制。

各级编码代表的含义如下:

①第一级表示专业工程代码(分二位)。房屋建筑与装饰工程为01,仿古建筑工程为02,通用安装工程为03,市政工程为04,园林绿化工程为05,矿山工程为06,构筑物工程为07,城市轨道交通工程为08,爆破工程为09。

②第二级表示附录分类顺序码(分二位)。

③第三级表示分部工程顺序码(分二位)。

④第四级表示分项工程项目名称顺序码(分三位)。

⑤第五级表示工程量清单项目名称顺序码(分三位)。

项目编码结构如图 3.2 所示(以房屋建筑与装饰工程为例)。

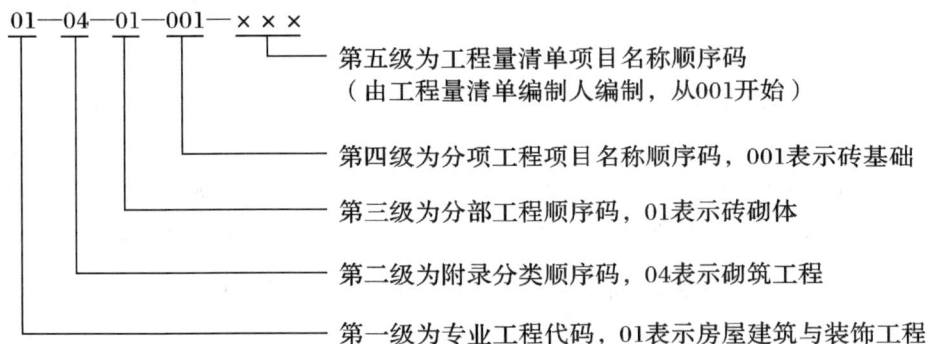

图 3.2　工程量清单项目编码结构图

练一练:3-2

试说明清单项目编码 010101001001 的含义。

(2)项目名称。

分部分项工程量清单的项目名称应按各专业工程计量规范附录的项目名称结合拟建工程的实际确定。附录表中的"项目名称"为分项工程项目名称,是形成分部分项工程量清单项目名称的基础。即在编制分部分项工程量清单时,以附录中的分项工程项目名称为基础,考虑该项目的规格、型号、材质等要求,结合拟建工程的实际情况,使其工程量清单项目名称具体化、细化,以反映影响工程造价的主要因素。清单项目名称应表达详细、准确,各专业工程计量规范中的分项工程项目名称如有缺陷,招标人可作补充,并报当地工程造价管理机构(省级)备案。

知识拓展

清单中的项目名称可以和计量规范中的项目名称完全一致,如:平整场地、挖沟槽土方、挖基坑土方、砖基础、实心砖墙、带型基础、圈梁、水泥砂浆楼地面、块料楼地面等。项目名称也可以附录中的分项工程项目名称为基础,根据具体情况进行重新命名,如块料楼地面可以命名为陶瓷锦砖楼地面、地板砖楼地面、花岗岩楼地面等。

(3)项目特征。

分部分项工程量清单中的项目特征是构成分部分项工程项目、措施项目自身价值的本质特征。项目特征的准确描述,是确定一个清单项目综合单价不可缺少的重要依据,是区分清单项目的依据,是履行合同义务的基础。分部分项工程量清单的项目特征应按各专业工程计量规范附录中规定的项目特征,结合技术规范、标准图集、施工图纸,按照工程结构、使用材质及规格或安装位置等,予以详细而准确的表述和说明。凡项目特征中未描述到的其他独有特征,由清单编制人视项目具体情况而定,以准确描述清单项目为准。

(4)计量单位。

计量单位应采用基本单位,除各专业另有特殊规定外均按以下单位计量:

①以重量计算的项目:吨或千克(t 或 kg);

②以体积计算的项目:立方米(m^3);

③以面积计算的项目:平方米(m^2);

④以长度计算的项目:米(m);

⑤以自然计量单位计算的项目:个、套、块、樘、组、台……

⑥没有具体数量的项目:宗、项……

各专业如有特殊计量单位的,另外加以说明。

知识拓展

当计量单位有两个或两个以上时,应结合拟建工程项目的实际情况,确定其中一个为计量单位。此外,同一工程项目的计量单位应一致。

计量单位的有效位数应遵守下列规定:

①以"t"为单位,应保留小数点后三位数字,第四位小数四舍五入。

②以"m"、"m^2"、"m^3"、"kg"为单位,应保留小数点后两位数字,第三位小数四舍五入。

③以"个"、"件"、"根"、"组"、"系统"等为单位,应取整数。

(5)工程数量的计算。

工程数量主要通过工程量计算规则计算得到。工程量计算规则是对清单项目工程量的计算规定。除另有说明外,所有清单项目的工程量应以实体工程量为准,并以完成后的净值计算;投标人投标报价时,应在单价中考虑施工中的各种损耗和需要增加的工程量。

知识拓展

清单工程量是以实体为主,做到可算且计算结果唯一,其工程均以工程实体的净值为准,不考虑施工工艺、施工方法所包含的工程量;而定额工程量要求对工程量的计算是按净值加规定预留及余量,余量与损耗投标人要考虑在报价中,而不是考虑在工程量中。

随着工程建设中新材料、新技术、新工艺等的不断涌现,计算规范附录所列的工程量清单项目不可能包含所有项目。在编制工程量清单时,当出现计量规范附录中未包括的清单项目时,编制人应作补充。

知识拓展

由于现行国家标准将计价与计量规范分设,所以,分部分项工程项目清单必须根据相关工程现行国家计量规范编制。以房屋建筑与装饰工程为例,下表为《房屋建筑与装饰工程计算规范》(GB50854—2013)附录 D 砌筑工程清单项目的基本格式,其他附录中的形式与其类似。

附录 D 砌筑工程

D.1 砖砌体。工程量清单项目设置、项目特征描述的内容、计量单位及工程量计算规则,应按表 D.1 规定执行。

表 D.1 砖砌体(编号:010401)

项目编码	项目名称	项目特征	计量单位	工程量计算规则	工作内容
010401001	砖基础	1. 砖品种、规格、强度等级 2. 基础类型 3. 砂浆强度等级 4. 防潮层材料种类	m^3	按设计图示尺寸以体积计算。 包括附墙垛基础宽出部分体积,扣除地梁(圈梁)、构造柱所占体积,不扣除基础大放脚 T 形接头处的重叠部分及嵌入基础内的钢筋、铁件、管道、基础砂浆防潮层和单个面积≤0.3m² 的孔洞所占体积,靠墙暖气沟的挑檐不增加。 基础长度:外墙按外墙中心线,内墙按内墙净长线计算。	1. 砂浆制作、运输 2. 砌砖 3. 防潮层铺设 4. 材料运输

续表 D. 1

项目编码	项目名称	项目特征	计量单位	工程量计算规则	工作内容
010401003	实心砖墙	1.砖品种、规格、强度等级 2.墙体类型 2.砂浆强度等级、配合比	m³	按设计图示尺寸以体积计算。 扣除门窗洞口、过人洞、空圈、嵌入墙内的钢筋混凝土柱、梁、圈梁、挑梁、过梁及凹进墙内的壁龛、管槽、暖气槽、消火栓箱所占体积,不扣除梁头、板头、檩头、垫木、木楞头、沿缘木、木砖、门窗走头、砖墙内加固钢筋、木筋、铁件、钢管及单个体积≤0.3m²的孔洞所占的体积。凸出墙面的腰线、挑檐、压顶、窗台线、虎头砖、门窗套的体积亦不增加。凸出墙面的砖垛并入墙体体积内计算。 1.墙长度:外墙按中心线、内墙按净长计算。 2.墙高度: (1)外墙:斜(坡)屋面无檐口天棚者算至屋面板底;有屋架且室内外均有天棚者算至屋架下弦底另加 200mm;无天棚者算至屋架下弦底另加 300mm;出檐宽度超过 600mm 时按实砌高度计算;与钢筋混凝土楼板隔层者算至板顶。平屋顶算至钢筋混凝土板底。 (2)内墙:位于屋架下弦者,算至屋架下弦底;无屋架者算至天棚底另加 100mm;有钢筋混凝土楼板隔层者算至楼板顶;有框架梁时算至梁底。 (3)女儿墙:从屋面板上表面算至女儿墙顶面(如有混凝土压顶时算至压顶下表面)。 (4)内、外山墙:按其平均高度计算。 3.框架间墙:不分内外墙,按墙体净尺寸以体积计算。 4.围墙:高度算至压顶上表面(如有混凝土压顶时算至压顶下表面),围墙柱并入围墙体积内。	1.砂浆制作、运输 2.砌砖 3.刮缝 4.砖压顶砌筑 5.材料运输
010401004	多孔砖墙				
010401005	空心砖墙				

2.措施项目清单

措施项目是指为完成工程项目施工,发生于该工程施工前和施工过程中的技术、生活、安全、环境保护等方面的项目。

措施项目清单必须根据相关工程现行国家计量规范的规定编制,并应根据拟建工程的实际情况列项。

按照《房屋建筑与装饰工程量计算规范》(GB50854)的规定,附录 S 中措施项目包括脚手架工程、混凝土模板及支架(撑)、垂直运输、超高施工、大型机械设备进出场及安拆、安全文明施工及其他措施项目等,具体见表 3.5。

表 3.5 措施项目一览表

序号	项目编码	项目名称
1	011701	脚手架工程
2	011702	混凝土模板及支架(撑)
3	011703	垂直运输
4	011704	超高施工
5	011705	大型机械设备进出场及安拆
6	011706	施工排水、降水
7	011707	安全文明施工及其他措施项目
7.1	011707001	安全文明施工(含环境保护、文明施工、安全施工、临时设施)
7.2	011707002	夜间施工
7.3	011707003	非夜间施工照明
7.4	011707004	二次搬运
7.5	011707005	冬雨季施工
7.6	011707006	地上、地下设施、建筑物的临时保护措施
7.7	011707007	已完工程及设备保护

措施项目清单的编制需要考虑多种因素,工程施工现场的情况、地质水文资料、工程特点、拟定的招标文件,与建设工程有关的标准、规范、技术资料、设计文件等,所以在编制措施项目清单时,应根据拟建工程的实际情况列出措施项目。若出现计量规范中未列的措施项目,可根据工程的具体情况对措施项目清单作补充。

在计量规范中,将措施项目划分为两类:一类是不能计算工程量的项目,如文明施工、安全防护、临时设施、夜间施工、非夜间施工照明等,就以"项"为计量单位进行编制,以"项"计价,称为"总价项目",总价措施项目清单与计价表如表 3.6 所示;另一类是可以计算工程量的项目,如脚手架工程、施工排水、降水、垂直运输等,就宜采用分部分项工程量清单的方式编制,列出项目编码、项目名称、项目特征、计量单位和工程量计算规则,并以"量"计价,称为"单价项目"。

表 3.6 总价措施项目清单与计价表

工程名称： 标段： 第 页 共 页

序号	项目编码	项目名称	计算基础	费率（%）	金额	调整费率(%)	调整后金额(元)	备注
		安全文明施工费						
		夜间施工增加费						
		非夜间施工照明费						
		二次搬运						
		……						
	合计							

注：(1)"计算基础"中安全文明施工费可为"定额基价""定额人工费"或"定额人工费＋定额机械费"，其他项目可为"定额人工费"或"定额人工费＋定额机械费"。

(2)按施工方案计算措施费，若无"计算基础"和"费率"的数值，也可只填"金额"数值，但应在备注栏说明施工方案出处或计算方法。

知识拓展

措施项目中的脚手架工程属于单价项目，下表为《房屋建筑与装饰工程工程量计算规范》(GB50854—2013)附录 S 中脚手架工程相关规定的示例。

表 S.1 脚手架工程(编码:011701)

项目编码	项目名称	项目特征	计量单位	工程量计算规则	工作内容
011701001	综合脚手架	1.建筑结构形式 2.檐口高度	m²	按建筑面积计算	1.场内、场外材料搬运 2.搭、拆脚手架、斜道、上料平台 3.安全网的铺设 4.选择附墙点与主体连接 5.测试电动装置、安全锁等 6.拆除脚手架后材料的堆放
011701002	外脚手架	1.搭设方式 2.搭设高度 3.脚手架材质		按所服务对象的垂直投影面积计算	1.场内、场外材料搬运 2.搭、拆脚手架、斜道、上料平台 3.安全网的铺设 4.拆除脚手架后材料的堆放
011701003	里脚手架				

3.其他项目清单

其他项目清单是指分部分项清单项目和措施项目清单所包含的内容之外,因招标人的特殊要求而发生的与拟建工程有关的其他费用和相应数量的清单,包括暂列金额、暂估价、计日工和总承包服务费。工程建设标准的高低、工程的复杂程度、工程的工期长短、工程的组成内容、发包人对工程管理的要求等都直接影响其他项目清单的具体内容,出现计价规范中未列的项目,应根据工程实际情况进行补充。其他项目清单宜按表3.7的格式编制。

表3.7 其他项目清单与计价汇总表

序号	项目名称	金额(元)	结算金额(元)	备注
1	暂列金额			
2	暂估价			
2.1	材料(工程设备)暂估价/结算价			
2.2	专业工程暂估价/结算价			
3	计日工			
4	总承包服务费			
5	索赔与现场签证			
合　　计				

注:材料(工程设备)暂估单价进入清单项目综合单价,此处不汇总。

(1)暂列金额。

暂列金额是指招标人在工程量清单中暂定并包括在合同价款中的一笔款项。它是用于工程合同签订时尚未确定或者不可预见的所需材料、工程设备、服务的采购,施工中可能发生的工程变更、合同约定调整因素出现时的合同价款调整以及发生的索赔、现场签证确认等的费用。

暂列金额应根据工程特点按有关计价规定估算。设立暂列金额并不能保证合同结算价格就不会出现超过合同价格的情况,是否超出合同价格完全取决于工程量清单编制人对暂列金额预测的准确性,以及工程建设过程中是否出现了其他事先未预测到的事件。

知识拓展

暂列金额的性质是包括在合同价之内,但并不直接属承包人所有,而是由发包人暂定并掌握使用的一笔款项。招投标阶段中,投标人只需要将工程量清单中所列的暂列金额纳入投标总价即可。

(2)暂估价。

暂估价是指招标人在工程量清单中提供的用于支付必然发生但暂时不能确定价格的材料、工程设备的单价以及专业工程的金额,包括材料暂估单价、工程设备暂估单价和专业工程暂估价。

专业工程的暂估价一般应是综合暂估价,同样包括人工费、材料费、施工机具使用费、企业管理费和利润,不包括规费和税金。

暂估价中的材料、工程设备暂估单价应根据工程造价信息或参照市场价格估算,并列出明细表;专业工程暂估价应分不同专业,按有关计价规定估算,列出明细表。

知识拓展

材料(工程设备)暂估单价表和专业工程暂估价表均由招标人填写,投标人应将材料、设备暂估单价计入工程量清单综合单价报价中,将专业工程暂估价计入投标总价中。

(3)计日工。

计日工是为了解决现场发生的零星工作的计价而设立的,是在施工过程中,承包人完成发包人提出的工程合同范围以外的零星项目或工作,按合同中约定的单价计价的一种方式。

计日工对完成零星工作所消耗的人工工时、材料数量、机械台班进行计量,并按照计日工表中填报的适用项目的单价进行计价支付。计日工适用的所谓零星项目或工作一般是指合同约定之外的或者因变更而产生的、工程量清单中没有相应项目的额外工作,尤其是那些难以事先商定价格的额外工作。

知识拓展

计日工表中的项目名称、暂定数量由招标人填写,投标时,单价由投标人自主报价,按暂定数量计算合价计入投标总价中。

(4)总承包服务费。

总承包服务费是指总承包人为配合协调发包人进行的专业工程发包,对发包人自行采购的材料、工程设备等进行保管以及施工现场管理、竣工资料汇总整理等服务所需的费用。招标人应当预计该项费用并按投标人的投标报价向投标人支付该项费用。

知识拓展

总承包服务费计价表中的项目名称、服务内容由招标人填写,投标时,总承包服务费的费率及金额由投标人自主报价,计入投标总价中。

4. 规费项目清单的编制

规费是指按国家法律、法规规定,由省级政府和省级有关行政管理部门规定施工企业必须缴纳的,应计入建筑安装工程造价的费用。

规费项目清单应按照下列内容列项:

(1)社会保险费。

①养老保险费:是指企业按照规定标准为职工缴纳的基本养老保险费。

②失业保险费:是指企业按照规定标准为职工缴纳的失业保险费。

③医疗保险费:是指企业按照规定标准为职工缴纳的基本医疗保险费。

④生育保险费:是指企业按照规定标准为职工缴纳的生育保险费。

⑤工伤保险费:是指企业按照规定标准为职工缴纳的工伤保险费。

(2)住房公积金。住房公积金是指企业按规定标准为职工缴纳的住房公积金。

(3)工程排污费。工程排污费是指按规定缴纳的施工现场工程排污费。

出现计价规范中未列的项目,应根据省级政府或省级有关部门的规定列项。

5.税金项目清单的编制

税金是指国家税法规定的应计入建筑安装工程造价内的营业税、城市维护建设税、教育费附加和地方教育附加。

(1)营业税。

营业税是指国家依据税法,对从事商业、交通运输业和各种服务业的单位和个人,按营业额征收的一种税。

(2)城市维护建设税。

城市维护建设税是指为加强城市维护建设,增加和扩大城市维护建设基金的来源,按营业税实交税额的一定比例征收,专用于城市维护建设的一种税。

(3)教育费附加。

教育费附加是指为加快发展地方教育事业,扩大地方教育经费来源,按实交营业税的一定比例征收,专用于改善地方中小学办学条件的一种费用。

(4)地方教育附加。

地方教育附加是指各省、自治区、直辖市根据国家有关规定,为实施"科教兴省"战略,增加地方教育的资金投入,促进各省、自治区、直辖市教育事业发展,开征的一项地方政府性基金。该收入主要用于各地方的教育经费的投入补充。

规费、税金项目计价表如表3.8所示。

表3.8 规费、税金项目计价表

工程名称: 标段: 第 页 共 页

序号	项目名称	计算基础	计算基数	计算费率(%)	金额(元)
1	规费				
1.1	社会保险费	定额人工费			
(1)	养老保险费	定额人工费			
(2)	失业保险费	定额人工费			
(3)	医疗保险费	定额人工费			
(4)	工伤保险费	定额人工费			
(5)	生育保险费	定额人工费			
1.2	住房公积金	定额人工费			
1.3	工程排污费	按工程所在地环境保护部门收取标准,按实计入			
2	税金	分部分项工程费+措施项目费+其他项目费+规费-按规定不计税的工程设备金额			
合 计					

3.3.3 工程量清单的基本格式

工程量清单的基本格式应由封面、扉页、工程计价总说明、分部分项工程项目清单、措施项目清单、其他项目清单、规费项目清单和税金项目清单组成。在此仅以招标工程量清单为例简要介绍封面、扉页和总说明,其他的清单编制见3.3.2中的内容。

1.招标工程量清单封面

招标人自行编制招标工程量清单封面如图3.3所示。

```
_____ 工程


          招标工程量清单


  招  标  人:  _____
                  (单位盖章)

  造价咨询人:  _____

                  (单位盖章)
```

图 3.3 招标工程量清单封面

2.招标工程量清单扉页

招标人自行编制招标工程量清单扉页如图3.4所示。

```
_____ 工程

          招标工程量清单

  招  标  人:_____       造价咨询人:_____
         (单位盖章)                (单位盖章)

  法定代表人                  法定代表人
  或其授权人:_____       或其授权人:_____
         (单位盖章)                (单位盖章)

  编  制  人:_____       复  核  人:_____
    (造价人员签字盖专用章)        (造价人员签字盖专用章)

  编 制 时 间:  年  月  日    复 核 时 间:  年  月  日
```

图 3.4 招标工程量清单扉页

知识拓展

编制招标工程量清单,招标人自行编制时,编制人员必须是在招标人单位注册的造价人员;招标人委托工程造价咨询人编制时,编制人员必须是在工程造价咨询人单位注册的造价人员。当编制人是造价工程师时,由其签字盖执业专用章;当编制人是造价员时,由其在编制人栏签字盖专用章,并应由注册造价工程师复核,在复核人栏签字盖执业专用章。

3. 总说明

总说明应按下列内容填写:

(1)工程概况:建设规模、工程特征、计划工期、施工现场实际情况、自然地理条件、环境保护要求等。

(2)工程招标和专业工程发包范围。

(3)工程量清单编制依据。

(4)工程量质量、材料、施工等的特殊要求。

(5)其他需要说明的问题。

知识拓展

招标工程量清单与计价表中列明的所有需要填写单价和合价的项目,投标人均应填写且只允许有一个报价。未填写单价和合价的项目,可视为此项费用已包含在已标价工程量清单其他项目的单价和合价之中。当竣工结算时,此项目不得重新组价予以调整。

3.4　工程造价信息

工程造价信息是指工程造价管理机构根据调查和测算发布的建设工程人工、材料、工程设备、施工机械台班的价格信息,以及各类工程的造价指数、指标。

3.4.1　工程造价信息的含义、特点和分类

1. 工程造价信息的含义

在工程造价领域中,工程造价信息是一切有关工程造价的特征、状态及其变动的消息的组合。在工程承发包市场和工程建设过程中,工程造价总是在不停地变动着、变化着,人们对这种变化是通过工程造价信息来认识和掌握的。

在工程承发包市场和工程建设中,无论是政府工程造价主管部门还是工程承发包双方,都需要通过接收工程造价信息并加工、传递、利用,来了解工程建设市场动态,以便决定政府的工程造价政策和工程承发包价格。工程造价信息作为一种社会资源,在工程建设中的地位日趋明显,特别是随着我国工程量清单计价制度的推进和逐步完善,工程价格从政府计划的指令性价格向市场定价转化,而在市场定价的过程中,信息起着举足轻重的作用。

2. 工程造价信息的特点

(1)区域性。

建筑材料大多重量大、体积大、产地远离建设地点,尽管不少建筑材料本身的价值或生产

价格不高,但所需要的运输费用却很高,这都在客观上要求尽可能就近使用建筑材料。因此,这类建筑信息的交换和流通往往限制在一定的区域内。

（2）多样性。

建设工程有多样性的特点,要使工程造价管理的信息资料满足不同特点项目的需求,在信息的内容和形式上应具有多样性的特点。

（3）专业性。

工程造价信息的专业性集中反映在建设工程的专业化上,例如水利、电力、铁道、公路等工程,所需的信息有它的专业特殊性。

（4）系统性。

工程造价信息是由若干具有特定内容和同类性质的,在一定时间和空间内形成的一连串信息。一切工程造价的管理活动和变化总是在一定条件下受各种因素的制约和影响。工程造价管理工作也同样是多种因素相互作用的结果,并且从多方面被反映出来。所以,从工程信息源发出来的信息都不是孤立、紊乱的,而是大量的、有系统性的。

（5）动态性。

工程造价信息需要经常不断地收集和补充新的内容,进行信息更新,真实反映工程造价的动态变化。

（6）季节性。

由于建筑生产受自然条件影响大,施工内容的安排必须充分考虑季节因素,使得工程造价的信息不能完全避免季节性的影响。

3. 工程造价信息的分类

为便于对信息的管理,需要将各种信息按一定的原则和方法进行区分和归集,并建立起一定的分类系统和排列顺序。具体分类如下:

（1）从管理组织的角度来分,可以分为系统化工程造价信息和非系统化工程造价信息;

（2）从形式划分,可以分为文件式工程造价信息和非文件式工程造价信息;

（3）按信息来源划分,可以分为横向的工程造价信息和纵向的工程造价信息;

（4）按反映经济层面划分,分为宏观工程造价信息和微观工程造价信息;

（5）按动态性划分,可分为过去的工程造价信息、现在的工程造价信息和未来的工程造价信息;

（6）按稳定程度划分,可以分为固定工程造价信息和流动工程造价信息。

3.4.2 工程造价信息的主要内容

从广义上说,所有对工程造价的计价和控制过程起作用的资料都可以称为是工程造价信息,例如各种定额资料、标准规范、政策文件等,但最能体现信息动态性变化特征的,并且在工程价格的市场机制中起着重要作用的工程造价信息,主要包括价格信息、工程造价指数和已完工程信息三类。

1. 价格信息

价格信息包括各种建筑材料、装修材料、安装材料、人工工资、施工机械等的最新市场价格。这些信息是比较初级的,一般没有经过系统的加工处理,也可以称其为数据。

（1）人工价格信息。人工价格信息又分为两类:建筑工程实物工程量人工价格信息和建筑工种人工成本信息。

（2）在材料价格信息的发布中，应披露材料类别、规格、单价、供货地区、供货单位以及发布日期等信息。

（3）机械价格信息。机械价格信息包括设备市场价格信息和设备租赁市场价格信息两部分。相对而言，后者对于工程计价更为重要。发布的机械价格信息应包括机械的种类、规格型号、供货厂商名称、租赁单价、发布日期等内容。

2. 工程造价指数

工程造价指数主要指根据原始价格信息加工整理得到的各种工程造价指数，包括各种单项价格指数、设备工器具价格指数、建筑安装工程造价指数、建设项目或单项工程造价指数等。

3. 已完工程信息

已完工程信息是指已完或在建工程的各种造价信息，它可以为拟建工程或在建工程造价提供依据，这种信息也可称为工程造价资料。

3.4.3 工程造价信息的动态管理

1. 工程造价信息管理的基本原则

工程造价的信息管理是指对信息的收集、加工整理、储存、传递与应用等一系列工作的总称。为了达到工程造价信息管理的目的，在工程造价信息管理中应遵循以下基本原则：

（1）标准化原则。在项目的实施过程中对信息的分类、流程进行规范，做到格式化和标准化。

（2）有效性原则。工程造价信息应针对不同层次管理者的要求进行适当加工，提供不同要求和程度的信息，保证信息对于决策者的有效性。

（3）定量化原则。工程造价信息不应是对项目实施过程中产生数据的简单记录，而应该是采用定量工具对相关数据进行分析和比较。

（4）时效性原则。考虑到工程造价计价与控制过程的时效性，工程造价信息也具有相应的时效性，这样可以保证信息能够及时服务于决策者。

（5）高效处理原则。对于工程造价的信息，要通过采用高性能的信息处理工具，缩短信息处理过程的时间。

2. 目前我国工程造价信息管理的现状

工程造价信息是一种具有共享性的社会资源，目前我国的工程造价信息管理主要以国家和地方政府主管部门为主，进行工程造价信息的搜集、处理和发布，随着我国建设市场的发展，一些工程咨询公司和工程造价软件公司也加入了工程造价信息管理的行列。

（1）全国工程造价信息系统的建立和完善。随着工程造价管理的不断发展，国家对工程造价的管理逐渐由直接管理转变为间接管理。国家通过建立工程造价信息网，定期发布价格信息及产业政策，为各地方主管部门、各咨询机构、其他造价编制和审定等单位提供基础数据。同时，通过工程造价信息网，采集各地、各企业的工程实际数据和价格信息。主管部门及时依据实际情况，制定新的政策法规，颁布新的价格指数等。各企业、地方主管部门可以通过该造价信息网，及时获得相关的信息。

（2）地区工程造价信息的建立和完善。各地区造价管理部门通过建立地区性造价信息系统，定期发布反映市场价格水平的价格信息和调整指数；依据本地区的经济、行业发展情况制定相应的政策措施。通过造价信息系统,地区主管部门可以及时发布价格信息、政策规定等。同时,通过选择本地区多个具有代表性的固定信息采集点或通过吸收各企业作为基本信息网员,收集本地区的价格信息、实际工程信息,作为本地区造价政策制定价格信息的数据和依据,使地区主管部门发布的信息更具有实用性、市场性、指导性。目前,全国各地区基本建立了工程造价信息网。

(3)随着工程量清单计价方法的推广和完善,使得企业对工程造价信息的需求更趋时效性。随着工程量清单计价的推广和完善,施工企业迫切需要建立自己的造价资料数据库,但由于大多数施工企业在规模和能力上都达不到这一要求,因此这些工作在很大程度上委托给工程造价咨询公司或工程造价软件公司去完成,这是我国《建设工程工程量清单计价规范》(GB50500)颁布实施后工程造价信息管理出现的新趋势。

3. 目前我国工程造价信息管理存在的问题

(1)对信息的采集、加工和传播缺乏统一规划、统一编码和系统分类,信息系统开发与资源拥有处于分散状态,无法达到信息资源共享和优势互补,更多的管理者满足于目前的表面信息,忽略信息的深加工。

(2)信息网建设有待完善。现有的工程造价网多为造价者或咨询公司所建,网站内容主要为定额颁布、价格信息、相关文件转发、招投标信息发布、企业或公司介绍等;网站只是将已有的造价信息在网站上显示出来,缺乏对这些信息的整理与分析;信息维护更新速度慢,不能满足信息市场的需要。

(3)定额计价方法下积累的信息资料与清单计价方法标准不符,不能完全实现和工程量清单计价方法的接轨。由于目前项目前期造价资料以定额计价方法为主,定额项目的划分与清单项目的划分口径不统一,信息的分类、采集、加工处理等的标准不一致,没有统一的范式和标准,数据格式与存取方式不一致,这些造成了前期造价资料不能直接应用于清单应用阶段,不能满足清单计价方法的要求,因此需要根据要求不断地进行调整。

4. 工程造价信息的管理

(1)发展造价信息咨询业,建立不同层次的造价信息动态管理体系。

(2)工程造价管理信息化。针对我国目前正在大力推广工程量清单计价制度的趋势,工程造价管理应适应建设市场的新形势,加快信息化建设,形成对工程造价信息的动态管理。

(3)工程造价信息化建设。加快有关工程造价软件和网络的发展,推进造价信息的标准化工作,培养工程造价管理信息化人才。

综合案例 3-1

已知某工程平面图如图 3.5 所示,土壤类别为三类土,外墙外侧 1:2 水泥砂浆勾缝,内外墙体为 MU15 烧结普通砖 240mm×115mm×53mm 和 M5 混合砂浆砌筑,计算高度均为3.3m,现浇钢筋土平屋面板厚 100mm,试编制平整场地和砌筑墙体工程量清单。表 3.9 为《房屋建筑与装饰工程工程量计算规范》(GB50854—2013)中工程量计算的相关规定。

表 3.9　工程量清单编制要求

项目编码	项目名称	项目特征	计量单位	工程量计算规则	工作内容
010101001	平整场地	1. 土壤类别 2. 弃土运距 3. 取土运距	m^2	按设计图示尺寸以建筑物首层建筑面积计算	1. 土方挖填 2. 场地找平 3. 运输
010401003	实心砖墙	1. 砖品种、规格、强度等级 2. 墙体类型 3. 砂浆强度等级、配合比	m^3	按设计图示尺寸以体积计算	1. 砂浆制作、运输 2. 砌砖 3. 刮缝 4. 砖压顶砌筑 5. 材料运输

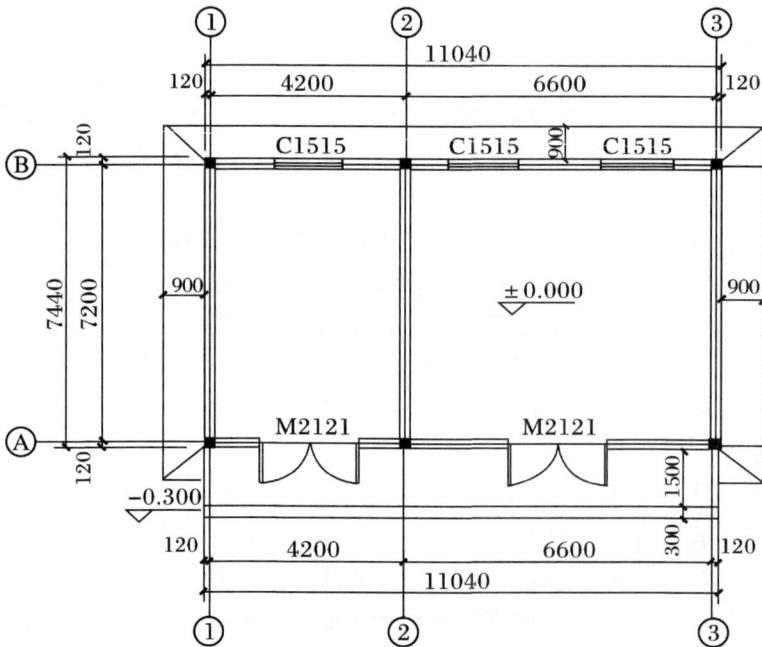

图 3.5　平面图

解:(一)清单工程量计算

(1)平整场地清单工程量 = 11.04 × 7.44 = 82.14(m^2);

(2)外墙清单工程量。

外墙中心线长度 = (4.2 + 6.6 + 7.2) × 2 = 36(m);

外墙高度:3.3(m);

门窗面积:1.5 × 1.5 × 3 + 2.1 × 2.1 × 2 = 15.57(m^2);

外墙清单工程量 = (36 × 3.3 - 15.57) × 0.24 = 24.78(m^3)。

(3)内墙清单工程量。

内墙净长线长度＝7.2－0.24＝6.96(m)；

内墙高度：3.3(m)；

内墙清单工程量＝6.96×3.3×0.24＝5.51(m³)。

(二)编制工程量清单

根据上述计算编制平整场地和实心砖墙工程清单如表3.10所示。

表3.10 平整场地和实心砖墙工程量清单

序号	项目编码	项目名称	项目特征	计量单位	工程量
1	010101001001	平整场地	1.三类土 2.弃土运距由投标人自行考虑,确定报价	m²	82.14
2	010401003001	实心清水砖墙	1.MU15烧结普通砖240mm×115mm×53mm 2.M5混合砂浆砌筑 3.直形清水外墙,墙厚240mm,墙高3.3m 4.外侧1:2水泥砂浆加浆勾缝	m³	24.78
3	010401003002	实心混水砖墙	1.MU15烧结普通砖240mm×115mm×53mm 2.M5混合砂浆砌筑 3.直形混水内墙,墙厚240mm,墙高3.3m	m³	5.51

综合案例 3-2

已知某工程为三层现浇混凝土框架结构的某商住楼,层高均为3.6m,无地下室,施工场地狭小。考虑到工期,可能会夜间加快施工。装修时地面粘贴米黄色600mm×600mm地砖,外墙为白色面砖,内墙面和天棚为白色乳胶漆,试对该办公楼在施工过程中可能发生的措施项目列项。

解:根据《建设工程工程量清单计价规范》(GB50500—2013)和《房屋建筑与装饰工程工程量计算规范》(GB50854—2013)以及本工程的招标文件和具体情况,措施项目列项见表3.11和表3.12。

表 3.11   单价措施项目清单与计价表

序号	项目编码	项目名称	项目特征描述	计量单位	工程量	金额		
						综合单价	合价	其中
								暂估价
1	011701001001	综合脚手架	1.现浇混凝土框架结构 2.檐口高度 11.15m	m²	660.88			
2	011702002001	矩形柱	1.C30 混凝土,柱周长 1.8m 以内 2.层高 3.6m	m²	51.96			
3	011702014001	有梁板	1.C30 混凝土,梁高 0.6m 以内 2.板厚 100mm 3.层高 3.6m	m²	101.94			
4	011703001001	垂直运输	1.现浇混凝土框架结构 2.檐口高度 11.15m	m²	660.88			
5	011705001001	大型机械进出场及安拆	1.履带式反铲挖掘机 2.挖掘机规格型号	台次	1			

表 3.12   总价措施项目清单与计价表

序号	项目编码	项目名称	计算基础	费率(%)	金额	调整费率(%)	调整后金额(元)	备注
1	011707001001	安全文明施工费	定额人工费					
2	011707002001	夜间施工增加费	定额人工费					
3	011707004001	二次搬运	定额人工费					
4	011707007001	已完工程及设备保护费	定额人工费					
合计								

本章小结

本章参考全国造价工程师执业资格考试培训教材《建设工程造计价》(2014 年修订),结合《建设工程工程量清单计价规范》(GB50500—2013)的具体内容,主要讲述了工程计价的基本原理、工程定额体系和工程量清单及工程造价信息等内容。

本章的教学目标是通过本章的学习,使学生能掌握《建设工程工程量清单计价规范》(GB50500—2013)的概念、内容;熟悉工程定额的概念和分类,了解工程造价信息的含义、特点、分类以及我国目前工程造价管理的现状和存在的问题等。

习 题

一、单选题

1.下列关于工程计价的说法中,正确的是( )。

A. 工程计价包括计算工程量和套定额两个环节

B. 建筑安装工程费 $= \sum$ (基本构造单元工程量×相应单价)

C. 工程计价包括工程单价的确定和总价的计算

D. 工程计价中的综合单价仅包括人工费、材料费、施工机具使用费

2.作为工程定额体系的重要组成部分,预算定额是( )。

A. 完成一定计量单位的某一施工过程所需消耗的人工、材料和机械台班数量标准

B. 完成一定计量单位合格分项工程和结构构件所需消耗的人工、材料、施工机械台班数量及其费用标准

C. 完成单位合格扩大分项工程所需消耗的人工、材料、施工机械台班数量及其费用标准

D. 完成一定规定计量单位建筑安装产品的费用消耗标准

3.如采用工程量清单方式招标,工程量清单必须作为招标文件的组成部分,则其准确性和完整性由( )负责。

A. 招投标管理机构　　 B. 招标人　　　　 C. 清单编制人　　　 D. 招标代理人

4.在工程量清单中,最能体现分部分项工程项目自身价值本质的是( )。

A. 项目名称　　　　 B. 工程数量　　　 C. 项目编码　　　　 D. 项目特征

5.在施工过程中,完成发包人提出的施工图纸以外的零星项目或工作,按合同中约定的综合单价计价的内容,称为( )。

A. 暂列金额　　　　 B. 暂估价　　　　 C. 计日工　　　　　 D. 其他项目

6.分部分项工程清单项目编码 040101001001,该项目为( )项目。

A. 通用安装工程　　 B. 建筑工程　　　 C. 爆破工程　　　　 D. 市政工程

7.招标人在工程量清单中提供的用于支付必然发生但暂不能确定价格的材料、工程设备单价及专业工程金额的是( )。

A. 暂列金额　　　　 B. 暂估价　　　　 C. 总承包服务费　 D. 价差预备费

8.工程量清单表中项目编码的第四级为( )。

A. 分部工程顺序码　　　　　　　　 B. 附录分类顺序码

C. 分项工程项目名称顺序码　　　　 D. 清单项目名称顺序码

二、多选题

1.按定额的编制程序和用途分类,建设工程定额包括( )。

A. 施工定额　　　　 B. 企业定额　　　 C. 预算定额

D. 补充定额　　　　 E. 投资估算指标

2. 工程计价时如采用的是综合单价,则综合单价中应包括(　　)。

A. 人工费、材料费、施工机具使用费

B. 管理费　　　　　　　　C. 税金

D. 风险费用　　　　　　　E. 利润

3. 工程量清单是载明建设工程的(　　)的名称和相应数量以及规费、税金项目等内容的明细清单。

A. 措施项目　　　　B. 其他项目　　　　C. 管理费项目

D. 利润项目　　　　E. 分部分项工程项目

4. 下列措施项目中,应按分部分项工程量清单方式编制的有(　　)。

A. 超高施工增加

B. 建筑物的临时保护措施

C. 施工排水、降水

D. 大型机械设备进出场及安拆

E. 已完工程及设备保护

5. 编制招标工程量清单时,在计日工表中,应由招标人填写的有(　　)。

A. 项目名称　　　　B. 服务内容　　　　C. 综合单价

D. 暂定数量　　　　E. 合价

6. 下列选项中,不应由投标人确定金额并计入其他项目清单与计价汇总表中的是(　　)。

A. 暂列金额　　　　B. 材料暂估单价　　C. 专业工程暂估价

D. 总承包服务费　　E. 计日工人工综合单价

7. 下列(　　)不属于总价措施项目。

A. 脚手架工程　　　　B. 安全文明施工　　C. 二次搬运

D. 混凝土模板及支架(撑)　　　　E. 超高施工

8. 能体现信息动态性变化特征的,并且在工程价格的市场机制中起着重要作用的工程造价信息主要包括(　　)。

A. 价格信息　　　　B. 拓展信息　　　　C. 工程造价指数

D. 已完工程信息　　E. 管理信息

三、简答题

1. 简述确定工程造价的依据。

2. 简述工程定额按照编制程序和用途分类的内容及它们之间的关系。

3. 简述工程量清单所包含的内容。

4. 简述分部分项工程量清单的编制内容。

5. 简述工程造价信息的主要内容。

四、案例题

已知某办公楼工程的室内楼地面做法及工程量见表 3.13,试编制工程量清单。

表 3.13　室内楼地面做法及工程量

序号	名称	楼地面做法	适用房间或部位	工程量
1	地面1	8 厚 300×300 防滑地砖（素水泥浆擦缝） 3 厚水泥胶结合层，防水涂料 2 道，厚度 2mm 25 厚 1∶4 干硬性水泥砂浆，面上撒素水泥 素水泥浆结合层一道 80 厚 C10 混凝土 素土夯实	卫生间	35.12m²
2	楼面1	20 厚 600×600 花岗岩（印度红） 30 厚 1∶4 干硬性水泥砂浆，面上撒素水泥 素水泥浆结合层一道 现浇钢筋混凝土楼面	大厅、走廊	48.72 m²
3	楼面2	8 厚 600×600 地砖铺实拍平，水泥浆擦缝 25 厚 1∶4 干硬性水泥砂浆，面上撒素水泥 素水泥浆结合层一道 现浇钢筋混凝土楼面	办公室	221.42m²

第4章

工程量清单计价

本章主要内容

1. 工程量清单计价的含义；
2. 工程量清单的应用过程；
3. 工程量清单综合单价的合价计算。

本章学习要点

1. 掌握工程量清单计价的含义和综合单价、合价的计算；
2. 熟悉工程量清单计价的过程和内容。

知识导入

工程造价计价模式是指根据计价依据计算工程造价的程序和方法，具体包括工程造价的构成、计价的程序、计价的方法以及单价和总价的确定等多项内容。现阶段，在我国工程造价领域，定额计价和工程量清单计价两种计价模式并存。进入 21 世纪后，我国的工程造价管理正在逐步向国际惯例靠拢，必然要求我国的计价模式进行较大的改革，目前改革中最紧迫的任务是使定额中量与价分离，使消耗量成为国家标准，使价格成为市场信息，对定额要实行管量不管价的原则，最终通过市场化的价格机制、通过竞争促使价格下降，迫使建筑安装施工企业采取一切手段提高自身竞争能力，使整个建筑市场有序、健康、快速发展。

4.1 概 述

我国的经济体制从计划经济到社会主义市场经济，其中价格体制的变化是主要表现。但建筑工程造价体制一直没有和市场经济合拍，总是滞后。以预算定额为依据的定额计价模式虽然在努力适应市场要求，但由于其政府定价的本质特性，在其固有的框架内很难有所突破。在市场经济体制的进程中，定额计价制度一直处在不断地改革之中。

1992 年全国标准定额工作会议提出了"控制量、指导价、竞争费"的计价指导原则，但仍是政府定价的思路。1997 年全国标准定额工作会议提出了"市场形成造价"的指导原则，但缺乏法律依据和具体的实施办法。2003 年全国标准定额工作会议提出"工程量清单"计价形式，会后不久，建设部和国家质量监督检验检疫总局联合推出国家标准《建设工程工程量清单计价规范》(GB50500—2003)。从工程造价体制改革的进程看，这次会议具有里程碑式的意义，突破了建国后五十多年一直沿用的定额计价模式，以新的模式来取代旧有计价方式，是工程造价领域的一次"革命"。随后,2008 年 7 月 9 日颁发了《建设工程工程量清单计价规范》(GB50500—2008),2013 年 12 月 25 日颁发了《建设工程工程量清单计价规范》(GB50500—2013),并于 2013 年 7 月 1 日实施,可以说这是我国工程造价领域得第四次革新。

我国工程造价管理改革最终目标是建立市场经济的计价模式,它的具体内容是"控制量,放开价,由企业自主报价,最终由市场形成价格"。工程量清单计价方法适应市场定价的改革目标,在招投标阶段,由招标者提供工程量清单,投标者报价,单价完全依据企业技术、管理水平的整体实力而定,能充分发挥工程建设市场主体的主动性和能动性,是一种与市场经济相适应的工程计价模式。

知识拓展

定额计价是传统的计价模式,是国家或地区颁布的统一估算指标、概算指标、预算定额以及相关费用定额对建筑产品价格进行计算和管理的计价方法。进行建筑安装工程的生产要素(人工、材料、机械)的消耗量、价格、有关费用标准都由政府主管部门(即造价管理部门)制定发布,计价只是执行价格规定的过程,不存在自主定价、价格竞争的过程。

4.1.1 工程量清单计价的含义

工程量清单计价是指按照工程量清单计价规范的规定,在各相应专业工程计量规范规定的工程量清单项目设置和工程量计算规则基础上,针对具体工程的施工图纸和施工组织设计计算出各个清单项目的工程量,根据规定的方法计算出综合单价,并汇总各清单合价得出工程总价。

工程量清单计价采用综合单价法。综合单价是指完成一个规定清单项目所需的人工费、材料和工程设备费、施工机具使用费和企业管理费、利润以及一定范围内的风险费用的总和。

知识拓展

不论分部分项工程项目、措施项目、其他项目,还是以单价或以总价形式表现的项目,其综合单价的组成内容都应是包括除规费、税金以外的所有金额。

风险费用是隐含于已标价工程量清单综合单价中,用于化解发、承包双方在合同中约定内容和范围内的市场价格波动风险的费用。

工程量清单计价规定了从招标控制价编制、投标报价编制、工程合同价款的约定、施工期间的工程计量与合同价款的支付、索赔与现场签证、合同价款的调整、竣工结算的办理和合同价款争议的解决以及工程总价鉴定等的全部内容,是工程建设发承包以及施工阶段全过程造价确定与控制的方法。

4.1.2 工程量清单计价费用构成

采用工程量清单计价,建设工程发承包阶段招标控制价和投标报价以及实施阶段的工程造价均由分部分项工程费、措施项目费、其他项目费、规费和税金组成。

各计算公式如下:

$$\text{分部分项工程费} = \sum (\text{分部分项工程量} \times \text{综合单价}) \qquad (4.1)$$

$$\text{措施项目费} = \sum \text{施工中采用的所有措施项目费用} \qquad (4.2)$$

$$\text{其他项目费} = \text{暂列金额} + \text{暂估价} + \text{计日工} + \text{总承包服务费} \qquad (4.3)$$

$$\text{单位工程报价} = \text{分部分项工程费} + \text{措施项目费} + \text{其他项目费} + \text{规费} + \text{税金} \quad (4.4)$$

$$\text{单项工程报价} = \sum \text{单位工程报价} \qquad (4.5)$$

$$\text{建设项目总报价} = \sum \text{单项工程报价} \qquad (4.6)$$

4.1.3 工程量清单计价的应用

工程量清单计价的过程可以描述为:在统一的工程量计算规则的基础上,设置工程量清单项目名称,根据具体工程的施工图纸计算出各个清单项目的工程量,再根据各种渠道所获得的工程造价信息和经验数据进行计算得到工程造价。

工程量清单编制完成后,就进入了工程量清单的应用阶段,也即工程量清单的计价主要体现在招投标阶段和施工阶段,即不同的阶段,工程量清单有不同的应用过程,如图4.1所示。

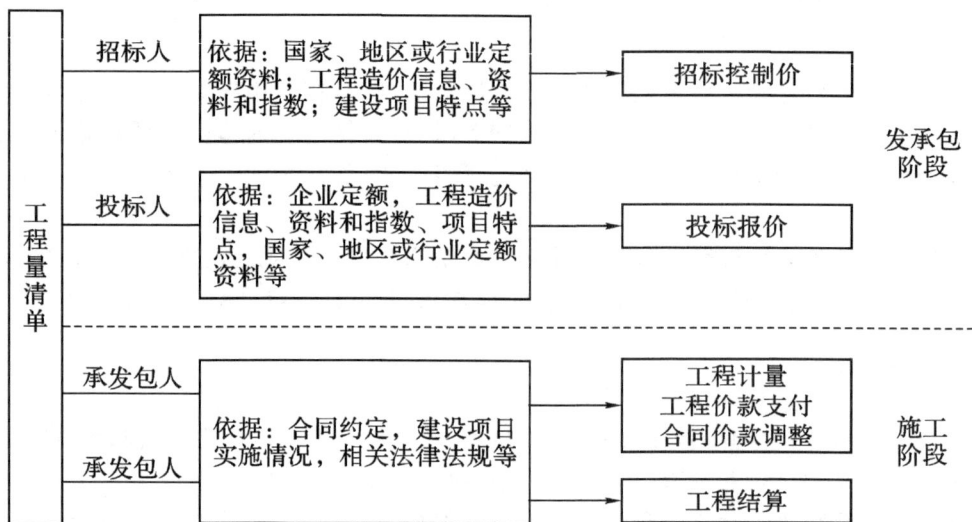

图 4.1 工程量清单计价的应用

4.1.4 工程量清单计价的作用

1.提供一个平等的竞争条件

采用施工图预算来投标报价,由于设计图纸的缺陷,不同施工企业的人员理解不一,计算出的工程量也不同,报价就更相去甚远,也容易产生纠纷。而工程量清单报价就为投标者提供了一个平等竞争的条件,相同的工程量,由企业根据自身的实力来填报不同的单价。投标人的这种自主报价,使得企业的优势体现到投标报价中,可在一定程度上规范建筑市场秩序,确保工程质量。

2.满足市场经济条件下竞争的需要

招投标过程就是竞争的过程,招标人提供工程量清单,投标人根据自身情况确定综合单价,利用单价与工程量逐项计算每个项目的合价,再分别填入工程量清单表内,计算出投标总价。单价成了决定性的因素,定高了不能中标,定低了又要承担过大的风险。单价的高低直接取决于企业管理水平和技术水平的高低,这种局面促成了企业整体实力的竞争,有利于我国建设市场的快速发展。

3.有利于提高工程计价效率,能真正实现快速报价

采用工程量清单计价方式,避免了传统计价方式下招标人与投标人在工程量计算上的重复工作,各投标人以招标人提供的工程量清单为统一平台,结合自身的管理水平和施工方案进行报价,促进了各投标人企业定额的完善和工程造价信息的积累和整理,体现了现代工程建设中快速报价的要求。

4.有利于工程款的拨付和工程造价的最终结算

中标后,业主要与中标单位签订施工合同,中标价就是合同价,投标清单上的单价就成了拨付工程款的依据。业主根据施工企业完成的工程量,可以很容易地确定进度款的拨付额。工程竣工后,根据设计变更、工程量增减等,业主也很容易确定工程的最终造价,可在某种程度上减少业主与施工单位之间的纠纷。

5.有利于业主对投资的控制

采用施工图预算形式,业主对因设计变更、工程量的增减所引起的工程造价变化不敏感,往往等到竣工结算时才知道这些变更对项目投资的影响有多大,但此时常常是为时已晚。而采用工程量清单报价的方式则可对投资变化一目了然,在要进行设计变更时,能马上知道它对工程造价的影响,业主就能根据投资情况来决定是否变更或进行方案比较,以决定最恰当的处理方法。

4.2 工程量清单计价的编制

目前,工程量清单计价作为一种市场价格的形成机制,在工程招投标阶段使用时,对招标人来说,需要在此阶段根据工程方案设计、初步设计或部分施工图设计完成后,按照各专业工程的计量规范计算并列出招标工程量清单,作为招标文件的组成部分发放给各投标单位。同时,招标人还需结合工程具体情况编制招标工程的最高投标限价,即招标控制价。

对投标人来说,需要在此阶段以招标人提供的招标工程量清单,根据自身的技术、财务、管理能力进行投标报价,而招标人根据具体的评标细则进行优选。

知识拓展

国有资金投资的建设工程招标,招标人必须编制招标控制价。投标人的投标报价高于招标控制价的应予废标。

4.2.1 工程量清单计价的费用计算

1.分部分项工程费

分部分项工程费是指各专业工程的分部分项工程应予列支的各项费用。计算公式如下:

$$分部分项工程费 = \sum (分部分项工程量 \times 相应分部分项综合单价) \qquad (4.7)$$

(1)工程量。

工程量必须按照相关工程现行国家计量规范规定的工程量计算规则计算。招标工程量清单中所列的工程量是一个预计工程量,是各投标人进行投标报价的共同基础。

(2)综合单价。

综合单价包括人工费、材料和工程设备费、施工机具使用费、企业管理费和利润,以及一定范围内的风险费用。

知识拓展

综合单价中应包括招标文件中划分的应由投标人承担的风险范围及费用。在施工过程中,当出现的风险内容及其范围(幅度)在合同约定的范围内,合同价款不作调整。分部分项工程应根据拟定的招标文件和招标工程量清单项目中的特征描述及有关要求来确定综合单价。

(3)企业管理费费率。

①以分部分项工程费为计算基础,企业管理费费率的计算公式为:

$$企业管理费费率(\%) = \frac{生产工人年平均管理费}{年有效施工天数 \times 人工单价} \times 人工费占分部分项工程费比例(\%)$$
$$(4.8)$$

②以人工费和机械费合计为计算基础,企业管理费费率的计算公式为:

$$企业管理费费率(\%) = \frac{生产工人年平均管理费}{年有效施工天数 \times (人工单价 + 每一工日机械使用费)} \times 100\%$$
$$(4.9)$$

③以人工费为计算基础,企业管理费费率的计算公式为:

$$企业管理费费率(\%) = \frac{生产工人年平均管理费}{年有效施工天数 \times 人工单价} \times 100\% \qquad (4.10)$$

上述公式适用于施工企业投标报价时自主确定管理费,是工程造价管理机构编制计价定额,确定企业管理费的参考依据。

工程造价管理机构在确定计价定额中的企业管理费时,应以定额人工费或(定额人工费+定额机械费)作为计算基数,其费率根据历年工程造价积累的资料,辅以调查数据确定,列入分部分项工程和措施项目中。

(4)利润率。

①施工企业根据企业自身需求并结合建筑市场实际自主确定,列入报价中。

②工程造价管理机构在确定计价定额中的利润时,应以定额人工费或(定额人工费+定额机械费)作为计算基数,其利润率根据历年工程造价积累的资料,并结合建筑市场实际确定。以单位(单项)工程测算,利润在税前建筑安装工程费的比重可按不低于5%且不高于7%的利润率计算。利润应列入分部分项工程和措施项目中。

2.措施项目费

措施项目费是指为完成建设工程施工,发生于该工程施工前和施工过程中的技术、生活、安全、环境保护等方面的费用。

按照计量规范的规定,措施项目可划分为以下两类:

（1）单价项目。

单价项目，即根据合同工程图纸（含设计变更）和相关工程现行国家计量规范规定的工程量计算规则进行计量，与已标价工程量清单相应综合单价进行价款计算的项目，如脚手架工程、施工排水、降水、垂直运输等措施项目。其措施项目费的计算公式为：

$$措施项目费 = \sum 措施项目工程量 \times 综合单价 \qquad (4.11)$$

📖 知识拓展

根据《建设工程工程量清单计价规范》（GB50500—2013）的规定，措施项目中的单价项目，应根据拟定的招标文件和招标工程量清单项目中的特征描述及有关要求来确定综合单价。

（2）总价项目。

总价项目，即此类项目在相关工程现行国家计量规范中无工程量计算规则，以总价（或计算基础乘费率）计算的项目，如安全文明施工、夜间施工等措施项目。

①安全文明施工费。其计算公式为：

$$安全文明施工费 = 计算基数 \times 安全文明施工费费率（\%） \qquad (4.12)$$

计算基数应为定额基价（定额分部分项工程费＋定额中可以计量的措施项目费）、定额人工费或（定额人工费＋定额机械费），其费率由工程造价管理机构根据各专业工程的特点综合确定。

②夜间施工增加费。其计算公式为：

$$夜间施工增加费 = 计算基数 \times 夜间施工增加费费率（\%） \qquad (4.13)$$

③二次搬运费。其计算公式为：

$$二次搬运费 = 计算基数 \times 二次搬运费费率（\%） \qquad (4.14)$$

④冬雨季施工增加费。其计算公式为：

$$冬雨季施工增加费 = 计算基数 \times 冬雨季施工增加费费率（\%） \qquad (4.15)$$

⑤已完工程及设备保护费。其计算公式为：

$$已完工程及设备保护费 = 计算基数 \times 已完工程及设备保护费费率（\%） \qquad (4.16)$$

上述②～⑤项措施项目的计费基数应为定额人工费或（定额人工费＋定额机械费），其费率由工程造价管理机构根据各专业工程特点和调查资料综合分析后确定。

📖 知识拓展

根据《建设工程工程量清单计价规范》（GB50500—2013）的规定，总价项目中的安全文明施工费必须按国家或省级、行业建设主管部门的规定计算，不得作为竞争性费用。此条为强制性条文，必须严格执行。招标人不得要求投标人对该项费用进行优惠，投标人也不得将该项费用参与市场竞争。

3.其他项目费

其他项目费的计算公式如下：

$$其他项目费 = 暂列金额 + 暂估价 + 计日工 + 总承包服务费 \qquad (4.17)$$

（1）暂列金额。

暂列金额由招标人根据工程特点、工期长短，按有关计价规定进行估算确定，一般可以按分部分项工程费的10％～15％为参考；投标人在投标报价时，应按清单中列出的金额填写，不得变动。

（2）暂估价。

暂估价中的材料单价应按照工程造价管理机构发布的工程造价信息或参考市场价格确定；专业工程暂估价应分不同专业，按有关计价规定估算；材料、工程设备单价投标人必须按暂估单价计入综合单价；专业工程暂估价必须按照其他项目清单中列出的金额填写，不得变动和更改。

（3）计日工。

计日工应由招标人根据工程特点，按照列出的计日工项目和有关计价依据计算；投标人应按其他项目清单中列出的项目和估算的数量，自主确定各项综合单价并计算费用。

（4）总承包服务费。

总承包服务费由招标人根据招标文件中列出的内容和向承包人提出的要求参照下列标准计算：招标人仅要求对分包的专业工程进行总承包管理和协调时，按分包的专业工程估算造价的1.5％计算；招标人要求对分包的专业工程进行总承包管理和协调并同时要求提供配合服务时，根据招标文件中列出的配合服务内容和提出的要求，按分包的专业工程估算造价的3％～5％计算；招标人自行供应材料的，按招标人供应材料价值的1％计算。投标人应根据招标人在招标文件中列出的分包专业工程内容和供应材料、设备情况，按照招标人提出协调、配合与服务要求和施工现场管理需要自主确定总承包服务费。

4. 规费

规费必须按国家或省级、行业建设主管部门的规定计算，不得作为竞争费用。

（1）社会保险费和住房公积金。

社会保险费和住房公积金应以定额人工费为计算基础，根据工程所在地省、自治区、直辖市或行业建设主管部门规定费率计算。其计算公式为：

$$社会保险费和住房公积金 = \sum（工程定额人工费 \times 社会保险费和住房公积金费率）$$

$$(4.18)$$

（2）工程排污费。

工程排污费等其他应列而未列入的规费应按工程所在地环境保护等部门规定的标准缴纳，按实计取列入。

5. 税金

税金必须按国家或省级、行业建设主管部门的规定计算，不得作为竞争费用。

税金的计算公式为：

$$税金 = 税前造价 \times 综合税率（\%）\qquad (4.19)$$

综合税率的确定要区分不同的地方，主要有：

①纳税地点在市区的企业，综合税率的计算公式为：

$$综合税率（\%）= \frac{1}{1-3\%-(3\%\times7\%)-(3\%\times3\%)-(3\%\times2\%)}-1 = 3.477\%$$

$$(4.20)$$

②纳税地点在县城、镇的企业,综合税率的计算公式为:

$$综合税率(\%)=\frac{1}{1-3\%-(3\%\times5\%)-(3\%\times3\%)-(3\%\times2\%)}-1=3.413\%$$

(4.21)

③纳税地点不在市区、县城、镇的企业,综合税率的计算公式为:

$$综合税率(\%)=\frac{1}{1-3\%-(3\%\times1\%)-(3\%\times3\%)-(3\%\times2\%)}-1=3.284\%$$

(4.22)

4.2.2 建筑安装工程计价程序

建筑安装工程计价程序如表4.1、表4.2所示。

表4.1 建设单位工程招标控制价计价程序

工程名称: 标段:

序号	内　容	计算方法	金额(元)
1	分部分项工程费	按计价规定计算	
1.1			
1.2			
1.3			
1.4			
1.5			
2	措施项目费	按计价规定计算	
2.1	其中:安全文明施工费	按规定标准计算	
3	其他项目费		
3.1	其中:暂列金额	按计价规定估算	
3.2	其中:专业工程暂估价	按计价规定估算	
3.3	其中:计日工	按计价规定估算	
3.4	其中:总承包服务费	按计价规定估算	
4	规费	按规定标准计算	
5	税金(扣除不列入计税范围的工程设备金额)	(1+2+3+4)×规定税率	
招标控制价合计=1+2+3+4+5			

表 4.2 施工企业工程投标报价计价程序

工程名称：   标段：

序号	内　容	计算方法	金　额（元）
1	分部分项工程费	自主报价	
1.1			
1.2			
1.3			
1.4			
1.5			
2	措施项目费	自主报价	
2.1	其中:安全文明施工费	按规定标准计算	
3	其他项目费		
3.1	其中:暂列金额	按招标文件提供金额计列	
3.2	其中:专业工程暂估价	按招标文件提供金额计列	
3.3	其中:计日工	自主报价	
3.4	其中:总承包服务费	自主报价	
4	规费	按规定标准计算	
5	税金(扣除不列入计税范围的工程设备金额)	(1＋2＋3＋4)×规定税率	
投标报价合计＝1＋2＋3＋4＋5			

综合案例 4-1

某住宅楼基础工程,三类土,基础为 C30 混凝土带型基础,垫层为 100mm 厚 C15 素混凝土,垫层底宽度为 1.6m,挖土深度为 2.0m,基础总长 320m。采用人工开挖。室外设计地坪以下基础的体积为 230m³,垫层体积为 51.2m³,试编制挖基础土方工程量清单并计算其综合单价。已知当地人工单价为 80 元/工日,8t 自卸汽车台班单价为 600 元/台班,施工用水 5 元/ m³。管理费按人工费和机械费之和的 15%,利润按人工费和机械费之和的 12% 计算。表 4.3 为《房屋建筑与装饰工程工程量计算规范》(GB50854—2013)中的相关规定。

表 4.3 土方工程

项目编码	项目名称	项目特征	计量单位	工程量计算规则	工作内容
010101002	挖一般土方	1. 土壤类别 2. 挖土深度 3. 弃土运距	m³	按设计图示尺寸以体积计算	1. 排地表水 2. 土方开挖 3. 围护(挡土板)及拆除 4. 基底钎探 5. 运输
010101003	挖沟槽土方			按设计图示尺寸以基础垫层底面积乘以挖土深度计算	
010101004	挖基坑土方				

注:沟槽、基坑、一般土方的划分为:底宽≤7m 且底长>3 倍底宽为沟槽;底长≤3 倍底宽且底面积≤150m² 为基坑;超出上述范围则为一般土方。

解:(1)工程量清单编制:应由招标人进行编制。

根据《房屋建筑与装饰工程工程量计算规范》(GB50854—2013)的规定,基础土方工程量为:

基础土方工程量＝1.6×2.0×320＝1024(m³)

挖沟槽土方工程量清单见表 4.4。

表 4.4 挖沟槽土方工程量清单

序号	项目编码	项目名称	项目特征	计量单位	工程量	综合单价	合价	暂估价
1	010101003001	挖沟槽土方	1. 三类土 2. 挖土深度 2.0m 3. 弃土运距由投标人自行考虑,确定报价	m³	1024			

表头:金额(元):综合单价、合价、其中(暂估价)

(2)投标人计价工程量的计算。

按照计量规范中规定的工作内容,结合本工程的具体情况,清单项目所报综合单价还应考虑运卸土方的费用。

①人工挖沟槽土方：根据施工组织要求，需在垫层底面增加工作面每边300mm，并从垫层底面放坡，坡度系数为0.43。

基础土方挖方总量$=(1.6+2.0\times0.3+0.43\times2.0)\times2.0\times320=1958.4(m^3)$

②人工装自卸汽车运卸土方。

基础回填土方量$=$基础土方挖方总量$-$基础体积$-$垫层体积

$$=1958.4-230-51.2$$
$$=1677.2(m^3)$$

剩余弃土量$=1958.4-1677.2=281.2(m^3)$，由人工装自卸汽车运卸，运距3km。

(3)综合单价的计算。

①人工挖沟槽土方。根据本地区定额，人工挖沟槽单位人工消耗量为0.2859工日/m^3，材料和机械消耗量为0。

人工费$=0.2859\times1958.4\times80=44792.52(元)$

②人工装自卸汽车运卸弃土3km。根据本地区定额，该项单位人工消耗量为0.138工日/m^3，综合机械台班消耗量为0.0145台班/m^3，施工用水消耗量0.0086 m^3/m^3。

人工费$=0.138\times281.2\times80=3104.45(元)$

材料费$=0.0086\times281.2\times5=12.09(元)$

机械费$=0.0145\times281.2\times600=2446.44(元)$

③人工费、材料费、机械费、管理费、利润计算。

人材机合计$=44792.52+3104.45+12.09+2446.44=50355.50(元)$

管理费$=(44792.52+3104.45+2446.44)\times15\%=7551.51(元)$

利润$=(44792.52+3104.45+2446.44)\times12\%=6041.21(元)$

总计$=50355.50+7551.51+6041.21=63948.22(元)$

④综合单价报价。

挖基础土方综合单价$=63948.22/1024=62.45(元/m^3)$

挖沟槽土方工程量清单计价表见表4.5。

表4.5 挖沟槽土方工程量清单计价表

序号	项目编码	项目名称	项目特征	计量单位	工程量	综合单价	合价	其中暂估价
1	010101003001	挖沟槽土方	1.三类土 2.挖土深度2.0m 3.弃土运距由投标人自行考虑，确定报价	m^3	1024	62.45	63948.22	0

综合案例 4-2

已知某框架结构办公楼一层楼面钢筋混凝土工程量清单及综合单价表如表 4.6 所示,措施项目费 14036.08 元,其他项目费 13856.32 元,规费 2886.26 元,税率为 3.48%,试编制一层楼面钢筋混凝土工程量清单并进行造价汇总。

表 4.6 工程量清单及综合单价表

序号	分部分项工程名称	单位	工程量	综合单价
1	现浇钢筋混凝土柱	m³	18.27	467.90
2	现浇钢筋混凝土有梁板	m³	17.31	405.57
3	现浇钢筋混凝土平板	m³	16.87	378.28
4	钢筋	t	10.44	4809.00

解:(1)工程量清单编制。钢筋混凝土工程量清单见表 4.7。

表 4.7 钢筋混凝土工程量清单

序号	项目编码	项目名称	项目特征	计量单位	工程量	综合单价	合价	其中 暂估价
1	010502001001	矩形柱	1. C30 现浇钢筋混凝土 2. 断面周长 1.8m 以内,层高 4.2m	m³	18.27			
2	010505001001	有梁板	1. C30 现浇钢筋混凝土 2. 梁高 0.6m 以内,层高 4.2m	m³	17.31			
3	010505003001	平板	1. C30 现浇钢筋混凝土 2. 板厚 100mm 以内,层高 4.2m	m³	16.87			
4	010515001001	钢筋	1. 现浇构件钢筋 2. Ⅲ级钢筋 φ10 以上	t	10.44			

（2）钢筋混凝土工程造价汇总。

①计算工程量清单中各分部分项工程的合价，见表4.8。

表4.8　分部分项工程合价计算表

序号	分部分项工程名称	单位	工程量 ①	综合单价 ②	合价 ③＝①×②
1	现浇钢筋混凝土柱	m³	18.27	467.90	8548.53
2	现浇钢筋混凝土有梁板	m³	17.31	405.57	7020.42
3	现浇钢筋混凝土平板	m³	16.87	378.28	6381.58
4	钢筋	t	10.44	4809.00	50205.96
分部分项工程费合计		元			72156.49

②钢筋混凝土工程造价汇总表，见表4.9。

表4.9　钢筋混凝土工程造价汇总表

序号	费用名称	金额
（1）	分部分项工程费	72156.49
（2）	措施项目费	14036.08
（3）	其他项目费	13856.32
（4）	规　费	2886.26
（5）	税金＝[（1）＋（2）＋（3）＋（4）]×3.48%	3582.14
	合　计	106517.29

▰ 本章小结

　　本章参考全国造价工程师执业资格考试培训教材《建设工程造计价》（2014年修订），结合《建设工程工程量清单计价规范》（GB50500—2013）和《建筑安装工程费用项目组成》（建标[2013]44号）的具体内容，主要讲述了工程计价的过程、工程量清单计价的编制等。

　　本章的教学目标是通过本章的学习，使学生能掌握《建设工程工程量清单计价规范》（GB50500—2013）中对计价编制的要求、计价费用的构成，并通过具体案例使学生能对招标人和投标人对工程量清单计价整个过程的应用有初步的了解。

习　　题

一、单选题

　　1. 在招投标阶段，如果采用工程量清单计价模式，由（　　　）提供工程量清单，投标者进行报价。

A. 招投标管理机构　　　B. 招标人　　　　　C. 建设行政主管部门　　　D. 投标人

2. 国有资金投资的建设工程招标,招标人必须编制(　　)。

A. 建设投资　　　　　B. 工程建设费用　　C. 工程暂估价　　　　　D. 招标控制价

3. 招标工程量清单中所列的工程量是一个(　　)的工程量,是各投标人进行投标报价的共同基础。

A. 准确　　　　　　　B. 预计　　　　　　C. 实际　　　　　　　　D. 期望

4. 投标报价时,对于清单中列出的暂列金额,投标人(　　)。

A. 可以变动　　　　　B. 可以进行修改　　C. 不可以变动和更改　　D. 可以进行调整

5. 住房公积金的计算基数是(　　)。

A. 定额人工费　　　　　　　　　　　B. 定额材料费

C. 定额机械费　　　　　　　　　　　D. 定额人工费＋定额机械费

二、多选题

1. 下列(　　)不得作为竞争性费用。

A. 安全文明施工费　　B. 住房公积金　　　C. 二次搬运费

D. 冬雨季施工增加费　E. 工程排污费

2. 工程量清单计价时应采用综合单价,则综合单价中应包括(　　)。

A. 人工费、材料费、施工机具使用费

B. 管理费　　　　　　C. 税金　　　　　　D. 风险费用　　　　　　E. 利润

3. 夜间施工增加费的计算基数是(　　)。

A. 定额人工费

B. 定额材料费

C. 定额人工费＋定额材料费＋定额机械费

D. 定额人工费＋定额材料费

E. 定额人工费＋定额机械费

4. 按照计量规范的规定,措施项目可划分为(　　)两类。

A. 一般项目　　　　　B. 总价项目

C. 组织项目　　　　　D. 单价项目　　　　E. 技术项目

5. 安全文明施工费的计算基数是(　　)。

A. 定额人工费

B. 定额人工费＋定额机械费

C. 定额人工费＋定额材料费

D. 定额分部分项工程费＋定额中可以计量的措施项目费

E. 定额材料费

三、简答题

1. 简述工程量清单计价的含义。

2. 简述工程量清单计价时的费用构成。

四、案例题

已知某基础土方工程,基础形式为砖大放脚带型基础,土壤类别为三类土,基础垫层宽为900mm,挖土深度为1.8m,基础总长1500m,弃土运距4km。

(1)按照《建设工程工程量清单计价规范》(GB50500—2013)的规定列出该工程挖土方的分项工程量清单。

(2)参考本省(直辖市、自治区)预算定额和市场价格、费用标准,计算该分项工程的综合单价(管理费率为18%,利润率为18%,计算基数均为人工费和机械费之和)。

第5章

建设工程投资决策阶段

本章主要内容

1.投资估算文件的内容,投资估算的精度要求以及编写步骤;

2.资金时间价值的含义及计算方法,投资估算的内容组成、编制依据及方法;

3.建设项目财务报表的编制,项目财务评价的各项指标的计算和判断原理;建设项目的不确定性分析。

本章学习要点

1.掌握投资估算的内容和估算方法;掌握建设项目财务评价指标的含义、指标的计算方法;能用计算出的指标对项目进行可行性评价;

2.熟悉财务评价基本报表的项目组成,各类数据的计算、分析、评价;

3.了解决策阶段影响造价的因素;了解建设项目的不确定性分析。

知识导入

一个建设项目要开始实施,经历的第一个阶段就是决策阶段,这个阶段决定了项目实施与否,以及要实施的话,将会建成什么样的项目,比如:项目的性质,规模多大,地点选在哪里,投资多少,如何进行,等等,而这些因素直接决定了项目实施后能否盈利,因此决策阶段在整个项目的实施阶段里占有极其重要的作用。那么如何才能在决策阶段作出正确的决定呢? 对项目的总投资进行正确的估算,并且从财务的角度对项目的可行性进行评价是必不可少的要求,因此,同学们通过对本章的学习,能够为今后对项目的可行性进行论证提供基础。

5.1 概 述

5.1.1 可行性研究的概念和作用

1.可行性研究的概念

可行性研究是在项目建议书被批准后投资决策前,在调查的基础上,通过市场分析、技术分析、财务分析和国民经济分析,对各种投资项目的技术可行性与经济合理性进行的综合评价,从而为项目决策提供科学的依据。

2.可行性研究的作用

可行性研究是保证项目建设以最小的投资耗费取得最佳的经济效果,是实现项目在技术上先进、经济上合理和建设上可行的科学方法。可行性研究的主要作用有以下几点：

(1)可行性研究是建设项目投资决策和编制设计任务书的依据。

(2)可行性研究是项目建设单位筹集资金的重要依据。

(3)可行性研究是建设单位与各有关部门签订各种协议和合同的依据。

(4)可行性研究是建设项目进行工程设计、施工、设备购置的重要依据。

(5)可行性研究是向当地政府、规划部门和环境保护部门申请有关建设许可文件的依据。

(6)可行性研究是国家各级计划综合部门对固定资产投资实行调控管理、编制发展计划、固定资产投资、技术改造投资的重要依据。

(7)可行性研究是项目考核和后评估的重要依据。

5.1.2 可行性研究的内容与编制

1.可行性研究报告的编制依据

对建设项目进行可行性研究,编制可行性研究报告的主要依据有:

(1)项目建议书(初步可行性研究报告)及其批复文件。

(2)国家和地方的经济和社会发展规划、行业部门发展规划、国家经济建设的方针等。

(3)国家有关法律、法规和政策。

(4)对于大中型骨干项目,必须具有国家批准的资源报告、国土开发整治规划、区域规划、江河流域规划、工业基地规划等有关文件。

(5)有关机构发布的工程建设方面的标准、规范和定额。

(6)合资、合作项目各方签订的协议书或意向书。

(7) 委托单位的委托合同。

(8)经国家统一颁布的有关项目评价的基本参数和指标。

(9)有关的基础数据,包括地理、气象、地质、环境等自然和社会经济等基础资料和数据。

2.可行性研究的内容

建设项目的可行性研究的内容,是论证项目可行性所包含的各个方面,具体有建设项目在技术、财务、经济、商业、管理、环境维护等方面的可行性。可行性研究的最后成果是编制一份可行性研究报告作为正式文件。这份文件既是报审决策的依据,也是向银行贷款的依据,同时,也是向政府主管部门申请经营执照以及同有关部门或单位合作谈判、签订协议的依据。可行性研究的主要内容要以一定的格式反映在报告中。

(1)总论。

主要说明建设项目提出的背景,项目投资的必要性和可能性,项目投资后的经济效果,以及开展此项目研究工作的依据和研究范围。

(2)产品的市场需求预测和建设规模。

市场需求及价格的调查分析和预测,产品进入市场的能力以及预期的市场渗透、竞争情况的研究,产品的市场营销战略和竞争对策研究等。

市场调查和市场预测需要了解的情况有:

①项目产品在国内外市场的供需情况;

②项目产品的竞争状况和价格变化趋势;

③影响市场的因素变化情况;

④产品的发展前景。

进行市场需求预测之后,根据预测的结果可以合理地安排建设规模,该建设规模一定是适应市场需求并能够实现较大的经济效益的规模。

(3)资源、原材料、燃料及公用设施情况。

主要包括基本原材料和投入物的当前及以后的来源及供应情况,以及价格趋势。

(4)建厂条件和厂址选择。

对建厂的地理位置和交通运输、原材料、能源、动力等基础资料以及工程地质、水文地质条件、废弃物处理、劳动力供应等社会经济自然条件的现状和发展趋势进行分析,同时深入细致地分析经济布局政策和财政法律等现状,进行多方案的比较,提出选择意见。

(5)项目设计方案。

确定项目的构成范围,主要单项工程的组成;主要技术工艺和设备选型方案的比较;引进技术、设备的来源(国内还是国外制造);公共辅助设施和场内外交通运输方式的比较和初选;项目总平面图和交通运输的设计;项目土建部分工程量估算等。

(6)环境保护与建设过程安全生产。

环境保护是采用行政的、法律的、经济的、科学技术等多方面措施,合理利用自然资源,防止污染和破坏环境,以求保持生态平衡、扩大有用自然资源的再生产,保障人类社会的发展。因此,在可行性研究中,要全面分析项目对环境的影响,提出治理对策;分析评价环保工程的资金投入数量、有无保证、是否落实等;在建设过程中有无特殊安全要求,如何保证安全生产,安全生产的措施和资金投入情况等。

(7)企业组织、劳动定员和人员培训。

确定企业的生产组织形式和人员管理系统,根据产品生产工艺流程和质量要求来组织相适应的生产程序和生产管理职能机构,保证合理地完成产品的加工制造、储存、运输、销售等各项工作,并根据对生产技术和管理水平的需要,确定所需的各类人员和进行培训。

(8)项目施工计划和进度要求。

建设项目实施中的每一个阶段都必须与时间表相关联。简单的项目实施可采用甘特图,复杂的项目实施则应采用网络进度图。

(9)投资估算和资金筹措。

投资估算包括建设项目从施工建设起到项目报废为止所需的全部投资费用,即项目在整个建设期内投入的全部资金。资金筹措应说明资金来源渠道、筹措方式、资金清偿方式等。

(10)项目的经济评价。

项目的经济评价包括财务效益评价和国民经济评价,进行财务基础数据估算,采用静态分析和动态分析,得出评价结论。

(11)综合评价与结论、建议。

综合分析以上全部内容,对各种数据、资料进行审核,得出结论性意见及合理化建议。

可以看出,建设项目可行性研究的内容可概括为三大部分。首先是市场研究,包括产品的市场调查和预测研究,这是项目可行性研究的前提和基础,其主要任务是要解决项目的"必要性"问题;第二是技术研究,即技术方案和建设条件研究,这是项目可行性研究的技术基础,它要解决项目在技术上的"可行性"问题;第三是效益研究,即经济效益的分析和评价,这是项目可行性研究的核心部分,主要解决项目在经济上的"合理性"问题。市场研究、技术研究和效益研究共同构成项目可行性研究的三大支柱。

5.2 项目投资估算

5.2.1 项目投资估算的含义和构成

1.投资估算的含义

建设项目投资估算是在项目决策阶段,对项目的建设规模、产品方案、工艺技术及设备方案、工程方案及项目实施进度等进行研究并基本确定的基础上,估算项目所需资金总额(包括建设投资和流动资金)并测算建设期分年资金使用计划。投资估算是拟建项目编制项目建议书、可行性研究报告的重要组成部分,是项目决策的重要依据之一。投资估算的成果文件称作投资估算书,也简称投资估算。

2.投资估算的构成

投资估算的内容,从费用构成来讲应包括该项目从筹建、设计、施工直至竣工投产所需的全部费用,分为建设投资、建设期利息和流动资金三部分。

建设投资估算内容按照费用的性质划分,包括工程费用、工程建设其他费用和预备费用,其中工程费用包括设备及工器具购置费和建筑及安装工程费。

建设期利息是指筹措债务资金时在建设期内发生并按照规定允许在投产后计入固定资产原值的利息,即资本化利息。

流动资金是指生产经营性项目投产后,用于购买原材料、燃料、支付工资及其他经营费用等所需的周转资金。

其中设备及工器具购置费、建筑及安装工程费、工程建设其他费以及基本预备费属于静态投资,涨价预备费、建设期贷款利息属于动态投资。

5.2.2 投资估算文件的组成内容

投资估算文件一般由封面、签署页、编制说明、投资估算分析、总投资估算表、单项工程估算表、主要技术经济指标等内容组成。

投资估算编制说明一般应阐述以下内容:

(1)工程概况。

(2)编制范围。说明建设项目总投资估算中所包含的和不包含的工程项目和费用;如由几个单位共同编制时,说明分工编制的情况。

(3)编制方法。

(4)编制依据。

(5)主要技术经济指标。如投资、用地和主要材料用量指标等。

(6)有关参数、率值选定的说明。

(7)特殊问题的说明。该部分主要包括采用新技术、新材料、新设备、新工艺时,必须说明的价格的确定;进口材料、设备、技术费用的构成与计算参数;采用巨型结构、异形结构的费用估算方法;环保(不限于)投资占总投资的比重;未包括项目或费用的必要说明等。

(8)采用限额设计的工程还应对投资限额和投资分解作进一步说明。

(9)采用方案比选的工程还应对方案比选的估算和经济指标作进一步说明。

5.2.3 投资估算的编制依据

投资估算的编制依据主要有:

(1)主要工程项目、辅助工程项目及其他各单项工程的建设内容及工程量。

(2)专门机构发布的建设工程造价及费用构成、估算指标、计算方法,以及其他有关估算文件。

(3)专门机构发布的建设工程其他费用计算办法和费用标准,以及政府部门发布的物价指数。

(4)已建同类工程项目的投资档案资料。

(5)影响工程项目投资的动态因素,如利率、汇率、税率等。

5.2.4 我国建设工程项目投资估算的阶段划分与精度要求

在我国,项目投资估算是在做初步设计之前的一项工作。在作初步设计之前,根据需要可邀请设计单位参与编制项目规划和项目建议书,并可委托设计单位承担项目的初步可行性研究、可行性研究的编制工作,同时应根据项目已明确的技术经济条件,编制和估算出精确度不同的投资估算额。

我国建设工程项目的投资估算分为以下几个阶段:

1.项目规划阶段的投资估算

建设工程项目规划阶段是指有关部门根据国民经济发展规划、地区发展规划和行业发展规划的要求,编制一个项目的建设规划。此阶段是按项目规划的要求和内容,粗略地估算项目所需要的投资额。投资估算允许误差大于±30%。

2.项目建议书阶段的投资估算

在项目建议书阶段,按项目建议书中的产品方案、项目建设规模、产品主要生产工艺、企业车间组成、初选建厂地点等,估算项目所需要的投资额。其对投资估算精度的要求为误差控制在±30%以内。此阶段项目投资估算是为了判断一个项目是否需要进行下一阶段的工作。

3.初步可行性研究阶段的投资估算

初步可行性研究阶段,是在掌握了更详细、更深入的资料条件下,估算项目所需的投资额。其对投资估算精度的要求为误差控制在±20%以内。此阶段项目投资估算是为了确定是否进行详细可行性研究。

4.详细可行性研究阶段的投资估算

详细可行性研究阶段的投资估算至关重要,因为这个阶段的投资估算经审查批准之后,便是工程设计任务书中规定的项目投资限额,并可据此列入项目年度基本建设计划。其对投资估算精度的要求为误差控制在±10%以内。

上述内容可总结如表5.1所示。

表 5.1　投资估算阶段划分及其对比表

工作阶段		工作性质	投资估算方法	投资估算误差率	投资估算作用
项目决策阶段	投资机会研究或项目建议书阶段	项目设想	生产能力指数法资金周转率法	±30%	鉴别投资方向,寻找投资机会提出项目投资建议
	初步可行性研究	项目初选	比例系数法指标估算法	±20%	广泛分析,筛选方案;确定项目初步可行;确定专题研究课题
	详细可行性研究	项目拟订	模拟概算法	±10%	多方案比较,提出结论性建议,确定项目投资的可行性

5.2.5　投资估算的编制步骤

　　投资估算是根据项目建议书或可行性研究报告中建设工程项目的总体构思和描述报告,利用以往积累的工程造价资料和各种经济信息,凭借估价人员的知识、技能和经验编制而成的。其编制步骤如图 5.1 所示。

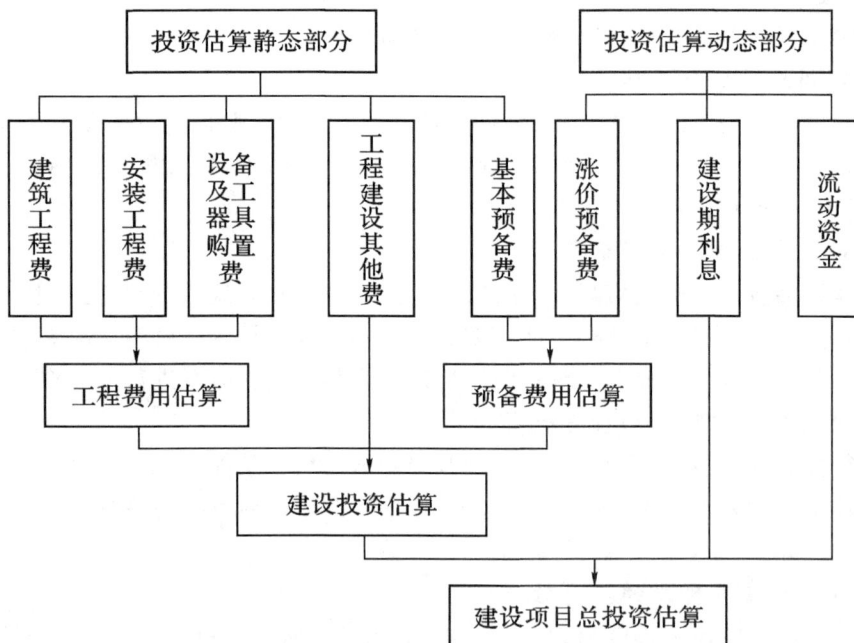

图 5.1　建设工程项目投资估算编制步骤

1. 估算建筑工程费用

根据总体构思和描述报告中的建筑方案和结构方案构思、建筑面积分配计划和单项工程描述,列出各单项工程的用途、结构和建筑面积;利用工程计价的技术经济指标和市场经济信息,估算出建设工程项目中的建筑工程费用。

2. 估算设备、工器具购置费用以及需安装设备的安装工程费用

根据可研报告中机电设备构思和设备购置及安装工程描述,列出设备购置清单;参照设备安装工程估算指标及市场经济信息,估算出设备、工器具购置费用以及需安装设备的安装工程费用。

3. 估算其他费用

根据建设中可能涉及的其他费用构思和前期工作的设想,按照国家、地方有关法规和政策,编制其他费用估算(包括预备费用和贷款利息)。

4. 估算流动资金

根据产品方案,参照类似项目流动资金占用率,估算流动资金。

5. 汇总出总投资

将建筑安装工程费用、设备、工器具购置费用、其他费用和流动资金汇总,估算出建设工程项目总投资。

5.2.6 投资估算的计算

1. 工程费及工程建设其他费的估算

(1)项目规划和建议书阶段的投资估算方法。

①单位生产能力估算法。

利用相近规模已建类似项目的单位生产能力投资乘以拟建项目的投资规模,得出拟建项目投资。其计算公式为:

$$C_2 = (\frac{C_1}{Q_1})Q_2 f \tag{5.1}$$

式中:C_2——拟建项目投资额;

C_1——已建类似项目的投资额;

Q_1——已建类似项目的生产能力;

Q_2——拟建项目的生产能力;

f——不同时期、不同地点的定额、单价、费用变更等的综合调整系数。

该方法将同类项目的固定资产投资额与其生产能力的关系简单地视为线性关系,与实际情况的差距较大。运用该方法时,应当注意拟建项目与同类项目的可比性,尽量减少误差。

由于在实际工作中通常找不到与拟建项目完全类似的项目,因此,通常是把项目按其下属的车间、设施和装置进行分解,分别套用类似车间、设施和装置的单位生产能力投资指标计算,然后加总求得项目总投资;或根据拟建项目的规模和建设条件,将投资进行适当调整后估算项目的投资额。

②生产能力指数估算法。

生产能力指数估算法是根据已建成的类似项目生产能力和投资额,来粗略估算拟建项目投资额的方法,是对单位生产能力估算法的改进。其计算公式为:

$$c_2 = c_1 (\frac{Q_2}{Q_1})^x f \tag{5.2}$$

式中：x——生产能力指数，其他符号含义同前。

在正常情况下，$0 \leqslant x \leqslant 1$。不同生产率水平的国家和不同性质的项目中，$x$ 的取值是不相同的。

A.若已建类似项目的生产规模与拟建项目生产规模相差不大，Q_1 与 Q_2 的比值在 0.5～2 之间，则指数 x 的取值近似为 1。

B.若已建类似项目的生产规模与拟建项目生产规模相差不大于 50 倍，且拟建项目生产规模的扩大仅靠增大设备规模来达到时，则 x 的取值约在 0.6～0.7 之间。

C.若已建类似项目的生产规模与拟建项目生产规模相差不大于 50 倍，若是靠增加相同规格设备的数量达到时，则 x 的取值约在 0.8～0.9 之间。

生产能力指数法比较简便，计算速度快，但精确度较低，可用于投资机会研究及项目建议书阶段的投资估算。但采用生产能力指数法时，要求类似项目的资料可靠，条件与拟建项目基本相同，否则误差就会增大；且本方法不适用于已建类似项目的规模和拟建项目的规模相差大于 50 倍的情况。

练一练：5-1

2007 年已建成年产 10 万吨的某钢厂，投资额为 4500 万元，2012 年拟建一年产 30 万吨的钢厂项目。2007 至 2012 年每年造价指数递增 5%，试估算该项目的投资额。（已知生产能力指数为 0.8）

知识拓展

生产能力指数法与单位生产能力估算法相比精确度略高，其误差可控制在 ±20% 以内，尽管估价误差仍较大，但它有独特的好处：这种估价方法不需要详细的工程设计资料，只知道工艺流程及规模就可以；其次对于总承包工程而言，可作为估价的旁证，在总承包工程报价时，承包商大都采用这种方法估价。但它要求类似工程的资料可靠，条件基本相同，否则误差就会增大。

③系数估算法。

系数估算法是以拟建项目的主体工程费或主要设备费为基数，以其他工程费与主体工程费的百分比为系数估算项目总投资的方法，常用的方法有设备系数法、主体专业系数法、朗格系数法等。

A.设备系数法。

以拟建项目的设备费为基数，根据已建成的同类项目的建筑安装工程费和其他工程费等与设备价值的百分比，求出拟建项目建筑安装工程费和其他工程费。其计算公式为：

$$C = E(1 + f_1 P_1 + f_2 P_2 + f_3 P_3 + \cdots) + I \tag{5.3}$$

式中：C——拟建项目投资额；

E——拟建项目设备费；

P_1、P_2、P_3……——已建项目中建筑安装工程费及其他工程费等与设备费的比例；

f_1、f_2、f_3……——由于时间因素引起的定额、价格、费用标准等变化的综合调整系数；

I——拟建项目的其他费用。

B. 主体专业系数法。

以拟建项目中投资比重较大,并与生产能力直接相关的工艺设备投资为基数,根据已建同类项目的有关统计资料,计算出拟建项目各专业工程与工艺设备投资的百分比,据以求出拟建项目各专业投资,然后汇总即为项目总投资。其计算公式为:

$$C = E(1 + f_1 P'_1 + f_2 P'_2 + f_3 P'_3 + \cdots) + I \qquad (5.4)$$

式中:P'_1、P'_2、$P'_3 \cdots$——已建项目中各专业工程费用与设备投资的比重;其他符号同前。

练一练:5-2

某新建生产型项目,经估算主要生产车间的投资为 3600 万元,已建类似项目资料如下:辅助及工用系统、行政及生活福利设施投资、其他投资占主要生产车间投资的比例分别为 0.6、0.3、0.2,经研究,新建项目与已建成项目相比,这三部分费用分别上涨 10%、5%、20%,试估算该项目的投资额。

(2)可行性研究阶段的估算方法。

可行性研究阶段主要采用指标估算法,该方法是把建设项目划分为建筑工程、设备安装工程、设备购置费及其他基本建设费等费用项目或单位工程,再根据各种具体的投资估算指标,进行各项费用项目或单位工程投资的估算,在此基础上,可汇总成每一单项工程的投资。另外,再估算工程建设其他费用及预备费,即求得建设项目总投资。估算指标是一种比概算指标更为扩大的单位工程指标或单项工程指标。

①建筑工程费的估算。

建筑工程费投资估算一般采用以下方法:

A. 单位建筑工程投资估算法。

单位建筑工程投资估算法,以单位建筑工程量的投资乘以建筑工程总量计算。一般工业与民用建筑以单位建筑面积(m²)的投资,工业窑炉砌筑以单位面积(m²)的投资,水库以水坝单位长度(m)的投资,铁路路基以单位长度(km)的投资,矿山掘进以单位长度(m)的投资,乘以相应的建筑工程总量计算建筑工程费。例如:建筑工程费=单位面积建筑工程费指标×建筑工程面积。

B. 单位实物工程量投资估算法。

单位实物工程量投资估算法,以单位实物工程量的投资乘以实物工程总量计算。土石方工程按每立方米投资,矿井巷道衬砌工程按每延长米投资,路面铺设工程按每平方米投资,乘以相应的实物工程总量计算建筑工程费。计算公式为:

$$建筑工程费=单位实物工程量建筑工程费指标×实物工程总量 \qquad (5.5)$$

②设备及工器具购置费估算。

它需分别估算各单项工程的设备和工器具购置费,需要主要设备的数量、出厂价格和相关运杂费资料。进口设备要注意按照有关规定和项目实际情况估算进口环节的有关税费,并注明需要的外汇额。主要设备以外的零星设备费可按占主要设备费的比例估算,工器具购置费一般也按占主要设备费的比例估算。具体估算方法见第2章相关内容。

③安装工程费估算。

需要安装的设备应估算安装工程费。

安装工程费通常按行业或专门机构发布的安装工程定额、取费标准和指标估算投资。具体计算可按安装费率、每吨设备安装费或者每单位安装实物工程量的费用估算,即:

$$安装工程费 = 设备原价 \times 安装费率 \qquad (5.6)$$

$$安装工程费 = 设备吨位 \times 每吨安装费 \qquad (5.7)$$

④工程建设其他费用估算。

其他费用种类较多,无论采取何种投资估算分类,一般其他费用都需要按照国家、地方或部门的有关规定逐项估算。要注意随着地区和项目性质的不同,费用科目可能会有所不同。在项目的初期阶段,也可按照工程费用的百分数综合估算。

2. 基本预备费估算

基本预备费的计算公式如下:

$$基本预备费 = (工程费用 + 工程建设其他费) \times 基本预备费率$$

$$= (设备及工器具购置费 + 建筑安装工程费 + 工程建设其他费) \times 基本预备费率$$

$$\qquad (5.8)$$

预备费率的取值一般按行业规定,并结合估算深度确定。通常对外汇和人民币分别取不同的预备费率。

3. 涨价预备费估算

一般以分年工程费用为基数,分别估算各年的涨价预备费再加和,求得总的涨价预备费。具体估算方法见第 2 章相关内容。

4. 建设期利息估算

建设工程项目在建设期内如能按期支付利息,应按单利计息;在建设期内如不支付利息,应按复利计息。对借款额在建设期各年年内按月、按季均衡发生的项目,为了简化计算,通常假设借款发生当年均在年中使用,按半年计息,其后年份按全年计息。对借款额在建设期各年年初发生的项目,则应按全年计息。具体估算方法见第 2 章相关内容。

5. 流动资金投资估算

流动资金是项目投产之后,为进行正常生产运营,用于支付工资、购买原材料等的周转性资金。流动资金估算一般是参照现有同类企业的状况采用分项详细估算法估算,个别情况或者小型项目可采用扩大指标估算法估算。

(1)分项详细估算法。

对流动资产和流动负债这两类因素分别进行估算,流动资产的构成要素一般包括存货、库存现金、应收账款和预付账款;流动负债的构成要素一般包括应付账款和预收账款。流动资金等于流动资产和流动负债的差额,计算公式为:

$$流动资金 = 流动资产 - 流动负债 \qquad (5.9)$$

$$流动资产 = 应收账款 + 预付账款 + 存货 + 现金 \qquad (5.10)$$

$$流动负债 = 应付账款 + 预收账款 \qquad (5.11)$$

$$流动资金本年增加额 = 本年流动资金 - 上年流动资金 \qquad (5.12)$$

估算的具体步骤是,首先计算各类流动资产和流动负债的年周转次数,然后再分项估算占用资金额。

①周转次数计算。周转次数是指流动资金的各个构成项目在一年内完成多少个生产过程。计算公式为:

$$周转次数 = \frac{360}{流动资金最低周转次数} \tag{5.13}$$

②应收账款估算。应收账款是指企业对外赊销商品、提供劳务尚未收回的资金。计算公式为：

$$应收账款 = \frac{年经营成本}{应收账款周转次数} \tag{5.14}$$

③预付账款估算。预付账款是指企业为购买各类材料、半成品或服务所预先支付的款项。计算公式为：

$$预付账款 = \frac{外购商品或服务年费用金额}{预付账款周转次数} \tag{5.15}$$

④存货估算。存货是企业为销售或者生产而储备的各种物质，主要有原材料、辅助材料、燃料、低值易耗品、维修备件、包装物、商品、在产品、自制半成品和产成品等。为简化计算，仅考虑外购原材料、燃料、其他材料、在产品、产成品，并分项进行计算。计算公式为：

$$存货 = 外购原材料、燃料 + 其他材料 + 在产品 + 产成品 \tag{5.16}$$

$$外购原材料、燃料 = \frac{年外购原材料、燃料费用}{分项周转次数} \tag{5.17}$$

$$其他材料 = \frac{年其他材料费用}{其他材料周转次数} \tag{5.18}$$

$$在产品 = \frac{年外购原材料、燃料 + 年工资及福利费 + 年修理费 + 年其他制造费用}{在产品周转次数} \tag{5.19}$$

$$产成品 = \frac{年经营成本 - 年其他营业费用}{产成品周转次数} \tag{5.20}$$

⑤现金需要量估算。项目流动资金中的现金是指货币资金，即企业生产运营活动中停留于货币形态的那部分资金，包括企业库存现金和银行存款。计算公式为：

$$现金 = \frac{年工资及福利费 + 年其他费用}{现金周转次数} \tag{5.21}$$

⑥流动负债估算。流动负债是指在一年或者超过一年的一个营业周期内，需要偿还的各种债务。在可行性研究中，流动负债的估算可以只考虑应付账款和预收账款两项。计算公式为：

$$应付账款 = \frac{外购原材料、燃料动力及其他材料年费用}{应付账款周转次数} \tag{5.22}$$

$$预收账款 = \frac{预收的营业收入年金额}{预收账款周转次数} \tag{5.23}$$

练一练：5-3

预计某年度应收账款 2000 万元，应付账款 1300 万元，预收账款 700 万元，预付账款 400 万元，存货 1000 万元，现金 300 万元，则该年度流动资金估算额为（   ）万元。

A. 700   B. 1100   C. 1700   D. 2100

（2）扩大指标估算法。

扩大指标估算法是根据现有同类企业的实际资料，求得各种流动资金率指标，亦可依据行业或部门给定的参考值或经验确定比率，然后将各类流动资金率乘以相对应的费用基数来估算流动资金。一般常用的基数有营业收入、经营成本、总成本费用和建设投资等。扩大指标估算法简便易行,但准确度不高,适用于项目建议书阶段的估算。扩大指标估算法计算流动资金的公式为:

$$年流动资金额＝年费用基数×各类流动资金率 \tag{5.24}$$

5.3 项目财务评价

财务分析是建设项目经济评价中的微观层次,它主要从微观投资主体的角度分析项目可以给投资主体带来的效益以及投资风险。作为市场经济微观主体的企业进行投资时,一般都进行项目财务分析。

5.3.1 财务评价的程序

1.熟悉建设项目的基本情况

熟悉建设项目的基本情况,包括投资目的、意义、要求、建设条件和投资环境,做好市场调研和预测、项目技术水平研究和设计方案等工作。

2.收集、整理和计算有关技术经济基础数据资料与参数

技术经济数据资料与参数是进行项目财务评价的基本依据,所以在进行财务评价之前,必须先预测和选定有关的技术经济数据与参数。所谓预测和选定技术经济数据与参数,就是收集、估计、预测和选定一系列技术经济数据与参数,主要包括:

(1)项目投入物和产出物的价格、费率、税率、汇率、计算期、生产负荷以及准收益率等。

(2)项目建设期间分年度投资支出额和项目投资总额。项目投资包括建设投资和流动资金需要量。

(3)项目资金来源方式、数额、利率、偿还时间,以及分年还本付息数额。

(4)项目生产期间的分年产品成本。

(5)项目生产期间的分年产品销售数量、营业收入、营业税金及附加和营业利润及其分配数额。

3.编制基本财务报表

财务评价所需财务报表包括:各类现金流量表(包括项目投资现金流量表、项目资本金现金流量表、投资各方现金流量表)、利润与利润分配表、财务计划现金流量表、资产负债表等。

4.计算与分析财务效益指标

财务效益指标包括反映项目盈利能力和项目偿债能力的指标。

5.提出财务评价结论

将计算出的有关指标值与国家有关基准值进行比对,或与经验标准、历史标准、目标标准等加以比较,从财务的角度提出项目是否可行的结论。

6.进行不确定性分析

不确定性分析包括盈亏平衡分析、敏感性分析,主要分析项目适应市场变化的能力和抗风险的能力。

5.3.2 财务基础数据的计算

1.资金时间价值的概念

资金的价值是随时间变化而变化的,表现为时间的函数,资金随时间的推移而增值,其增值的这部分资金就是原有资金的时间价值。

资金时间价值的实质是资金作为生产要素,在扩大再生产及其资金流通过程中,资金随时间的变化而产生增值。利润或利息是资金时间价值的绝对表现形式。换句话说,资金时间价值的相对表现形式就成为了"利润率"或"利息率",即在一定时期内所付利润或利息额与资金之比,简称为"利率"。

资金有时间价值,即使金额相同,因其发生在不同的时间,其价值也不相同。反之,不同时点绝对不等的资金在时间价值的作用下却可能具有相等的价值。这些不同时期、不同数额但其"价值等效"的资金称为等值,又叫等效值。常用的等值计算公式主要有终值、现值以及年金的计算公式。

2.资金时间价值的等值计算公式

(1)复利终值公式。

投资者期初一次性投入资金 P,按给定的投资报酬率 i,期末一次性回收资金 F,如果计息时限为 n,按复利计息,终值 F 为多少? 即已知 P、n、i,求 F。计算公式如下:

$$F = P \times (1+i)^n \tag{5.25}$$

式中,$(1+i)^n$ 为整付复本利系数,记为 $(F/P,i,n)$。

练一练:**5-4**

某公司借款 1000 万元,年复利率 $i=5\%$,试问 5 年末连本带利一次需偿还多少?

(2)复利现值公式。

在将来某一时点 n 需要一笔资金 F,按给定的利率 i 复利计息,折算至期初,则需要一次性存款或支付数额 P 为多少? 即已知 F、i、n,求 P。将复利终值公式加以变形,得到复利现值公式为:

$$P = F \times (1+i)^{-n} \tag{5.26}$$

式中,$(1+i)^{-n}$ 为整付现值系数,记为 $(P/F,i,n)$。

把未来时刻资金的时间价值换算为现在时刻的价值,称为折现或贴现。

练一练:**5-5**

如果企业在 5 年后需一笔资金为 100 万元,拟从银行中提取,银行存款年利 3%,则现在需存入银行多少钱?

(3)年金复利终值公式。

在经济评价中,连续在若干期每期等额支付的资金被称为年金。年金复利终值公式是研究在 n 个计息期内,每期期末等额投入资金 A,以年利率 i 复利计息,那最后期末累计起来的资金 F 到底是多少? 也就是已知 A、i、n,求 F。计算公式如下:

$$F = A \times \frac{\left[(1+i)^n - 1\right]}{i} \tag{5.27}$$

式中，$\dfrac{[(1+i)^n-1]}{i}$为年金复本利系数，记为$(F/A,i,n)$。

练一练：5-6

在"练一练：5-4"中，该公司将从银行贷款得来的 1 千万元资金分 5 年，每年以 200 万元投资某项目，已知该项目的投资回报率为 10%，则项目最终可以赚到多少钱？（此时我们将投入的资金以及利息回报都合算为一个整体）

（4）偿债基金公式。

为了在 n 年末能筹集一笔资金来偿还借款 F，按照年利率 i 复利计算，从现在起至 n 年每年末等额存储一笔资金 A 为多少？即已知 F、i、n，求 A。由年金复利终值公式推导得出，其计算公式如下：

$$A = F \times \dfrac{i}{[(1+i)^n-1]} \tag{5.28}$$

式中，$\dfrac{i}{[(1+i)^n-1]}$为基金年存系数，记为$(A/F,i,n)$

练一练：5-7

某夫妻准备在第 15 年后存够一笔用于孩子出国留学的资金 100 万元，该夫妻欲每年末将一笔等额资金存入银行，目前银行年利率为 3%，则每年末应存入银行的资金是多少？

（5）资金回收公式。

在年利率为 i，复利计息的情况下，为在第 n 年末将初始投资 P 全部收回，在这 n 年内，每年末应等额回收多少数额的资金 A？即已知 P、i、n，求 A。计算公式如下：

$$A = P \times \dfrac{i(1+i)^n}{[(1+i)^n-1]} \tag{5.29}$$

式中，$\dfrac{i(1+i)^n}{[(1+i)^n-1]}$为投资回收系数，记为$(A/P,i,n)$。

练一练：5-8

某人欲购买一套价格为 100 万元的住宅，现首付要求为 30%，其余部分采用商业贷款，贷款期限为 30 年，利率为 6%，问每年需偿还贷款多少？30 年累计偿还的利息之和为多少？

（6）年金现值公式。

在 n 年内，按年利率 i 复利计算，为了能在今后每年末能提取等额资金 A，现在必须投资资金 P 为多少？即已知 A、i、n 的条件下，求 P。由资金回收公式推导得出年金现值公式如下：

$$P = A \times \dfrac{[(1+i)^n-1]}{i(1+i)^n} \tag{5.30}$$

式中，$\dfrac{[(1+i)^n-1]}{i(1+i)^n}$为年金现值系数，记为$(P/A,i,n)$。

练一练:5-9

某公司想使用一办公楼,现有两种方案可供选择。方案一:永久租用办公楼一栋,每年年初支付租金20万,该公司运营年限预计为15年。方案二:一次性购买,支付180万元。目前银行存款利率为10%,问哪一种方案更优?

综上,将上述计算公式汇总,得到资金等值换算公示表如表5.2所示。

表 5.2 资金等值换算公示表

公式名称	已知	求解	公式	系数名称符号	现金流量图
终值公式	现值 P	终值 F	$F = P \times (1+i)^n$	$(F/P, i, n)$	
现值公式	终值 F	现值 P	$P = F \times (1+i)^{-n}$	$(P/F, i, n)$	
终值公式	年金 A	终值 F	$F = A \dfrac{(1+i)^n - 1}{i}$	$(F/A, i, n)$	
偿债基金公式	终值 F	年金 A	$A = F \dfrac{i}{(1+i)^n - 1}$	$(A/F, i, n)$	
现值公式	年金 A	现值 P	$P = A \dfrac{(1+i)^n - 1}{i(1+i)^n}$	$(P/A, i, n)$	
资本回收公式	现值 P	年金 A	$A = P \dfrac{i(1+i)^n}{(1+i)^n - 1}$	$(A/P, i, n)$	

六个基本公式可以联立记忆:

$$F = P \times (1+i)^n = A \frac{(1+i)^n - 1}{i}$$

通过此公式可以求出 F, P, A

注:每个公式必须对应相应的现金流量图。不能有任何不一样的地方,如果不一样,就一定要先折算为一样的才能应用这六个基本公式

3. 实际利率和名义利率

在经济分析中,复利计算通常以年为计息周期。但在实际经济活动中,计息周期有半年、季、月、周、日等多种。当利率的时间单位与计息期不一致时,就出现了名义利率和实际利率的概念。实际利率为计算利息时实际采用的有效利率;而名义利率为计息周期的利率乘以每年计息周期数。

设名义利率为 r，实际利率为 i，一年内计息次数为 m，则名义利率与实际利率的换算公式为：

$$i = \left(1 + \frac{r}{m}\right)^m - 1 \tag{5.31}$$

练一练:5-10

在"练一练:5-8"中，如果选用的计息周期不是 1 年，而是以月为计息周期。则实际的年利率为多少，每月应还款的金额为多少？

5.3.3 基本财务报表

建设项目财务评价基本报表及其评价指标表见表 5.3。

表 5.3　建设项目财务评价基本报表及其评价指标表

评价内容	基本报表		评价指标	
			静态指标	动态指标
融资前分析	盈利能力分析	项目投资现金流量表	项目静态投资回收期	项目投资财务内部收益率 项目投资财务净现值 项目动态投资回收期
融资后分析	盈利能力分析	项目资本金现金流量表		项目资本金财务内部收益率
		投资各方现金流量表		投资各方财务内部收益率
		利润与利润分配表	总投资收益率 项目资本金净利润率	
	偿债能力分析	借款还本付息计划表	偿债备付率 利息备付率	
		资产负债表	资产负债率 流动比率 速动比率	
	财务生存能力分析	财务计划现金流量表	累计盈余资金	
不确定性分析	盈亏平衡分析		盈亏平衡产量 盈亏平衡生产能力利用率	
	敏感性分析		灵敏度 不确定因素的临界值	

1.融资前财务分析

融资前项目投资现金流量分析,是从项目投资总获利能力角度,考察项目方案设计的合理性,以动态分析(折现现金流量分析)为主,静态分析(非折现现金流量分析)为辅。根据需要,可从所得税前和(或)所得税后两个角度进行考察,选择计算所得税前和(或)所得税后指标。

融资前动态分析主要考察整个计算期内现金流入和现金流出,编制项目投资现金流量表。项目投资现金流量表见表5.4。

表 5.4　项目投资现金流量表

序号	费用名称	建设期		投产期		达产期			
		1	2	3	4	5	6	……	n
1	现金流入								
1.1	营业收入								
1.2	补贴收入								
1.3	回收固定资产余值								
1.4	回收全部流动资金								
2	现金流出								
2.1	建设投资								
2.2	流动资金								
2.3	经营成本								
2.4	营业税及附加								
2.5	维持运营投资								
3	所得税前净现金流量(1-2)								
4	累计所得税前净现金流量								
5	调整所得税								
6	所得税后净现金流量(3-5)								
7	累计所得税后净现金流量								

融资前财务分析主要的等式关系如下:

(1)现金流入分析。

现金流入主要包括:营业收入、补贴收入、回收固定资产余值和回收流动资金费用。

工程造价管理

①营业收入。营业收入的计算公式为：

$$营业收入＝运营期年产品销售量×销售价格 \tag{5.32}$$

②回收固定资产余值。

回收固定资产余值是指投资项目的固定资产在终结点报废清理或中途变价转让处理时所回收的价值。固定资产通常在计算期最后一年回收，对于建设项目而言，可以按主要固定资产的原值乘以其净残值率来估在终结点上发生的回收固定资产余值。在生产经营期内提前回收的固定资产余值可根据其预计净残值估算。

营运期等于固定资产使用年限，则

$$固定资产余值＝固定资产残值 \tag{5.33}$$

营运期小于使用年限，则

$$固定资产余值＝（使用年限－营运期）×年折旧费＋残值$$

或

$$固定资产余值＝固定资产原值－生产期×年折旧费 \tag{5.34}$$

练一练：5-11

某新建项目经估算，建设投资额为 2000 万元，建设期利息 160 万元，项目形成无形资产 300 万元，折旧期 10 年，生产期 8 年，残值率 5％，则固定资产原值、残值、年折旧费、余值分别为多少？

知识拓展

项目所投入的资金最终都会资产，建设项目投入的资金可以形成固定资产、无形资产、其他资产以及流动资产，如图 5.2 所示，固定资产每年要计提折旧费，而无形资产与其他资产要计提摊销费。固定资产的原值应该是项目的总投资中除去形成无形资产、其他资产以及流动资产以外的其余部分的总和。

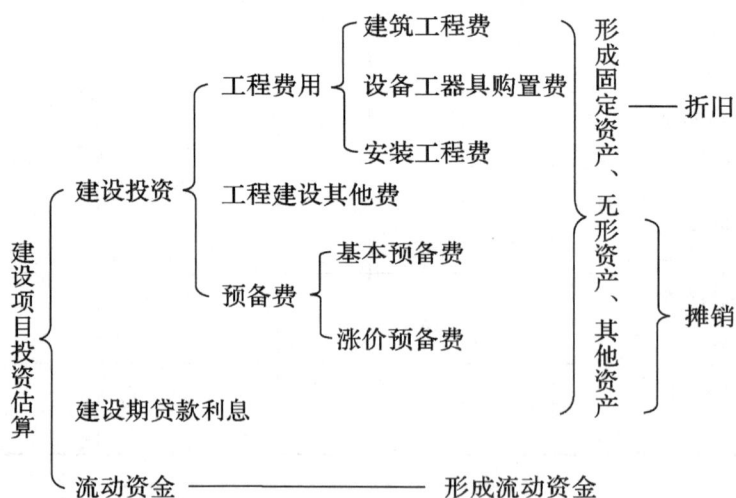

图 5.2　项目投资形成资产构成图

③回收流动资金。

流动资金的回收在计算期最后一年。回收额为项目正常生产年份流动资金的占用额。

（2）现金流出分析。

现金流出主要包括：建设投资、流动资金投资、经营成本、营业税及附加和调整所得税等费用。

①流动资金的投入。

流动资金的投入是流动资金需要量的差额。

练一练：5-12

某项目生产期6年，第一年需要流动资金200万元，第二年需要350万元，第三年起每年需要流动资金400万元。试完成下列流动资金的投入与回收情况表（见表5.5）。

表5.5　流动资金的投入与回收情况表

年份	1	2	3	4	5	6
流动资金投入						
流动资金回收						

②经营成本。经营成本的计算公式如下：

经营成本＝外购原材料、燃料及动力费＋人工工资及福利费＋修理费＋其他费用　(5.35)

③营业税及附加。营业税及附加的计算公式如下：

$$营业税及附加＝营业收入×营业税及附加税率 \quad (5.36)$$

④调整所得税。调整所得税的计算公式如下：

$$调整所得税＝年息税前利润(EBIT)×所得税率$$

$$＝(年营业收入－营业税及附加－息税前总成本)×所得税率 (5.37)$$

息税前总成本＝经营成本＋折旧费＋摊销费

知识拓展

对调整所得税的理解：

$$所得税＝利润总额×所得税率$$

$$利润总额＝营业收入－总成本费用－营业税金及附加$$

总成本费用中包括利息费用，因此所得税数据会受到融资方案的影响，那么就需要对所得税进行调整，即计算调整所得税，其计税基数为（利润总额＋利息），即为息税前利润。此部分内容会在融资后的财务分析中进行讲解。

因此，调整所得税＝息税前利润×所得税率。

2.融资后财务分析

融资后分析包括项目的盈利能力分析、偿债能力分析以及财务生存能力分析,进而判断项目方案在融资条件下的合理性。融资后分析是比选融资方案,进行融资决策和投资者最终决定出资的依据。实践中,在可行性研究报告完成之后,还需要进一步深化融资后分析,才能完成最终融资决策。

(1)借款还本付息计划表。

在大多数项目的财务分析中,通常只考虑利息支出。利息支出的估算包括长期借款利息、流动资金借款利息和短期借款利息三部分,其中长期借款利息通常是由于建设投资借款引起的,流动资金借款利息是由于流动资金的借款产生的利息,而短期借款是指运营期间由于资金的临时需要而发生的短期借款。

①建设投资借款还本付息估算。

建设投资借款的年度还本付息额计算,可采用等额还本付息,或等额还本、利息照付两种还款方法来计算。

A.等额还本付息。在还款期内,每年偿付的本金利息之和是相等的,但每年支付的本金数和利息数均不相等。

练一练:5-13

已知某项目建设期末贷款本利和累计为 1000 万元,按照贷款协议,采用等额还本付息的方法分 5 年还清,已知年利率为 6%,求该项目还款期每年的还本额、付息额和还本付息总额,并填制表 5.6。

表 5.6　某项目还本付息计划表

年份	1	2	3	4	5
年初借款余额					
利率					
年利息					
年还本额					
年还本付息总额					
年末借款余额					

B.等额还本、利息照付。这种方法是指在还款期内每年等额偿还本金,而利息按年初借款余额和利息率的乘积计算,利息不等,而且每年偿还的本利和也不等。

练一练:5-14

接上例"练一练:5-13",求在等额还本利息照付方式下每年的还本额、付息额和还本付息总额,并填制表 5.7。

表 5.7　某项目还本付息计划表

年份	1	2	3	4	5
年初借款余额					
利率					
年利息					
年还本额					
年还本付息总额					
年末借款余额					

②流动资金借款还本付息估算。

流动资金借款的还本付息方式与建设投资借款的还本付息方式不同,流动资金借款在生产经营期内只计算每年所支付的利息,本金通常是在项目寿命期最后一年一次性偿还。年流动资金借款利息的计算公式为:

$$年流动资金借款利息＝年初流动资金借款余额×流动资金借款年利率 \tag{5.38}$$

③短期借款还本付息估算。短期借款利息的计算与流动资金借款利息相同,短期借款本金的偿还按照随借随还的原则处理,即当年借款尽可能于下年偿还。短期借款的数额应在财务计划现金流量表中得到反映,其利息应计入总成本费用表的利息支出中。

(2)总成本费用表。

总成本费用表的计算公式如下:

$$总成本费用＝外购原材料、燃料及动力费＋人工工资及福利费＋折旧费＋$$
$$摊销费＋修理费＋利息支出＋其他费用 \tag{5.39}$$
$$经营成本＝外购原材料、燃料及动力费＋人工工资及福利费＋修理费＋其他费用 \tag{5.40}$$
$$总成本费用＝经营成本＋折旧费＋摊销费＋利息支出 \tag{5.41}$$

总成本费用表如表 5.8 所示。

表 5.8　总成本费用表

序号	费用名称	计算期					
		1	2	3	4	5	6
1	经营成本						
2	固定资产折旧费						
3	无形资产和其他资产摊销费						
4	利息支出						
4.1	建设贷款利息						
4.2	流动资金贷款利息						
4.3	短期借款利息						
5	总成本费用						

（3）利润与利润分配表。

通过利润与利润分配表的编制，可以计算出项目资本金净利润率和项目总投资收益率等静态盈利能力指标，并考核项目资本金的净利润率和总投资收益率是否高于同行业的水平。利润与利润分配表见表5.9。

表5.9　利润与利润分配表

序号	项目	计算公式	计算期			
			1	2	…	n
1	营业收入	销售量×销售价				
2	营业税金及附加	营业收入×销售税金及附加税率				
3	总成本费用	经营成本＋折旧＋摊销＋利息支出				
4	补贴收入					
5	利润总额	销售（营业）收入－营业税金及附加－总成本＋补贴收入				
6	弥补以前亏损					
7	应纳税所得额	利润总额－弥补以前年度亏损				
8	所得税	应纳税所得额（无弥补亏损时，为利润总额）×25%				
9	净利润	应纳税所得额（无弥补亏损时，为利润总额）－所得税				
10	期初未分配利润	可供投资者分配利润－应付投资者各方股利－用于还款未分配利润				
11	可供分配利润	净利润＋期初未分配利润－弥补以前亏损				
12	法定盈余公积金	净利润×10%				
13	可供投资者分配利润	可供分配利润－法定盈余公积金				
14	应付投资者各方股利	可供投资者分配利润×约定利率				
15	未分配利润	可供投资者分配利润－应付投资者各方股利				
15.1	用于还款未分配利润					
15.2	剩余利润	转下年度期初未分配利润				
16	息税前利润	利润总额＋当年利息支出				

知识拓展

①应纳所得税额。应纳所得税额为利润总额按国家规定进行调整后的数额。即:企业发生年度亏损时,可用下一年度税前利润弥补,下年度税前利润不足弥补的可在5年内延续弥补,5年内不足弥补的,用净利润弥补。

②还本付息的资金来源。根据国家现行财税制度的规定,贷款还本的资金来源主要包括可用于归还借款的利润(一般应是经过利润分配程序后的未分配利润)、固定资产折旧、无形资产与其他资产的摊销费和其他还款资金来源等。

5.3.4 财务评价指标的计算

财务评价的指标体系是最终反映项目财务可行性的数据体系。由于投资项目投资目标的多样性,因此财务评价的指标体系也不是唯一的,根据不同的评价深度和可获得资料的多少,以及项目本身所处条件的不同,可选用不同的指标,这些指标可以从不同层次、不同侧面来反映项目的经济效果,如图5.3所示。

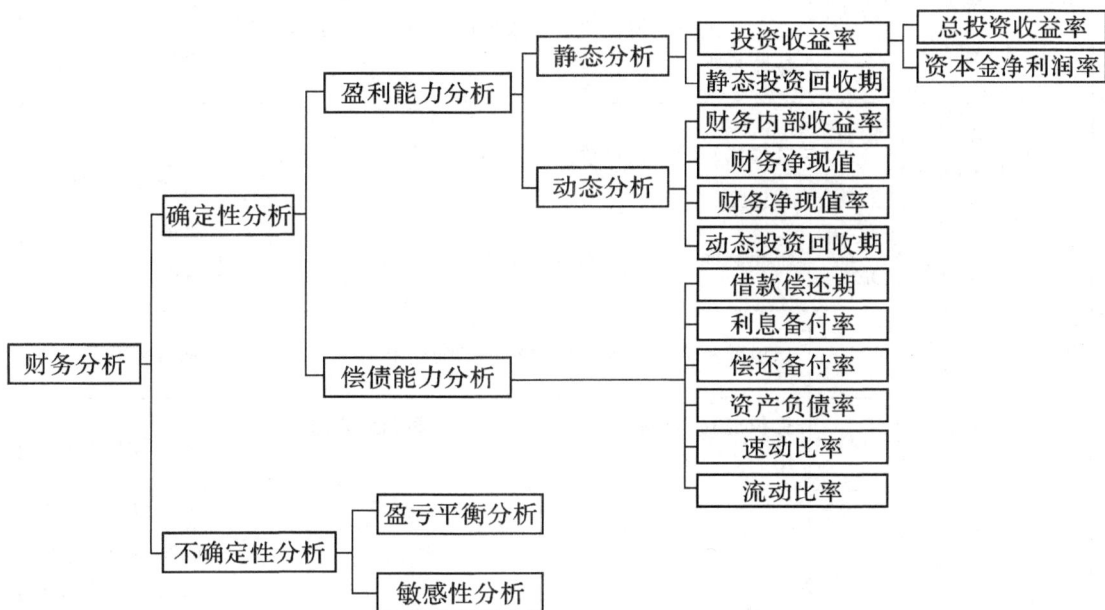

图 5.3 建设项目评价指标体系

财务评价指标体系与计算方法见表5.10。

1.总投资收益率

总投资收益率可根据利润与利润分配表中的有关数据计算求得。项目总投资为固定资产投资、建设期利息、流动资金之和。计算出的总投资收益率要与规定的行业标准收益率或行业的平均投资收益率进行比较,若大于或等于标准收益率或行业平均投资收益率,则认为项目在财务上可以被接受。

表 5.10　财务评价指标体系与计算方法

评价内容	评价指标	计算方法	评价标准
盈利能力评价	财务净现值($FNPV$)	$FNPV = \sum_{t=0}^{n} (CI - CO)_t (1+i_c)^{-t}$	大于等于零时，项目可行
	财务内部收益率($FIRR$)	$\sum_{t=0}^{n} (CI - CO)_t \times (1+FIRR)^{-t} = 0$	大于等于基准收益率时，项目可行
	静态投资回收期(P_t)	$P_t =$ 累计净现金流量开始出现正值的年份 -1 $+$ 上一年累计现金流量的绝对值 / 当年净现金流量	小于等于基准投资回收期时，项目可行
	动态投资回收期(P'_t)	$P'_t =$ 累计净现金流量现值开始出现正值的年份 -1 $+$ 上一年累计现金流量现值的绝对值 / 当年净现金流量现值	不大于项目寿命期，项目可行
	总投资收益率(ROI)	息税前利润 / 项目总投资 $\times 100\%$	高于同行业参考值
	项目资本金净利润率(ROE)	年净利润 / 项目资本金 $\times 100\%$	
清偿能力评价	利息备付率(ICR)	息税前利润 / 计入总成本费用的应付利息 $\times 100\%$	应当大于1
	偿债备付率($DSCR$)	息税前利润加折旧和摊销 / 还本金额和计入总成本费用的全部利息 $\times 100\%$	应当大于1
	资产负债率	资产负债率 = 负债总额 / 资产总额	比率越低，则偿债能力越强。但是其高低还反映了项目利用负债资金的程度，因此该指标水平应适中
	流动比率	流动比率 = 流动资产总额 / 流动负债总额	一般为 200% 较好
	速动比率	速动比率 = 速动资产总额 / 流动负债总额（速动资产 = 流动资产 - 存货）	一般为 100% 较好

注:CI——现金流入量;

CO——现金流出量;

$(CI-CO)_t$——第 t 年的净现金流量;

n——计算期;

i_c——基准收益率或设定的折现率;

$(1+i_c)^{-t}$——第 t 年的折现系数。

2.项目资本金净利润率

项目资本金是指项目的全部注册资本金。计算出的资本金净利润率要与行业的平均资本金净利润率或投资者的目标资本金净利润率进行比较,若前者大于或等于后者,则认为项目是可以考虑的。

3.静态投资回收期

静态投资回收期是指在不考虑资金时间价值因素条件下,用生产经营期回收投资的资金来源来抵偿全部初始投资所需要的时间,即用项目净现金流量抵偿全部初始投资所需的全部时间,一般用年来表示,其符号为 P_t。

计算出的投资回收期要与行业规定的标准投资回收期或行业平均投资回收期进行比较,如果小于或等于标准投资回收期或行业平均投资回收期,则认为项目是可以考虑接受的。

4.财务净现值($FNPV$)

财务净现值是指在项目计算期内,按照行业的基准收益率或设定的折现率计算的各年净现金流量现值的代数和,简称净现值,记作 $FNPV$。

财务净现值的计算结果可能有三种情况,即 $FNPV>0$、$FNPV<0$、$FNPV=0$。当 $FNPV>0$ 时,说明项目净效益大于用基准收益率计算的平均收益额,从财务角度考虑,项目是可以被接受的。当 $FNPV=0$ 时,说明拟建项目的净效益正好等于用基准收益率计算的平均收益额,这时判断项目是否可行,要看分析所选用的折现率。在财务评价中,若选用的折现率大于银行长期贷款利率,项目是可以被接受的;若选用的折现率等于或小于银行长期贷款利率,一般可判断项目不可行。当 $FNPV<0$ 时,说明拟建项目的净效益小于用基准收益率计算的平均收益额,一般认为项目不可行。

5.财务内部收益率($FIRR$)

财务内部收益率是使项目整个计算期内各年净现金流量现值累计等于零时的折现率,简称内部收益率,记作 $FIRR$。

财务内部收益率的计算是求解高次方程,为简化计算,在具体计算时可根据现金流量表中净现金流量用试差法进行,基本步骤如下:

(1)用估计的某一折现率对拟建项目整个计算期内各年财务净现金流量进行折现,并求出净现值。如果得到的财务净现值等于零,则选定的折现率即为财务内部收益率;如果得到的净现值为一正数,则再选一个更高的折现率再次试算,直至正数财务净现值接近零为止。

(2)在第一步的基础上,再继续提高折现率,直至计算出接近零的负数财务净现值为止。

(3)根据上两步计算所得的正、负财务净现值及其对应的折现率,运用试差法的公式计算财务内部收益率,计算公式为:

$$FIRR = i_1 + (i_2 - i_1) \cdot \frac{FNPV_1}{FNPV_1 - FNPV_2} \tag{5.42}$$

计算出的财务内部收益率要与行业的基准收益率或投资者的目标收益率进行比较,如果前者大于或等于后者,则说明项目的盈利能力超过行业平均水平或投资者的目标,因而是可以被接受的。反之,则不被接受。

6. 动态投资回收期

动态投资回收期是指在考虑资金时间价值的条件下,以项目净现金流量的现值抵偿原始投资现值所需要的全部时间,记作 P'_t。动态投资回收期也从建设期开始计算,以年为单位。

计算出的动态投资回收期要与项目寿命期进行比较,如果小于或等于项目寿命期,认为项目是可以被接受的。

7. 资产负债率

资产负债率是反映项目各年所面临的财务风险程度及偿债能力的指标。

作为提供贷款的机构,可以接受 100% 以下(包括 100%)的资产负债率,大于 100%,表明企业已资不抵债,以达到破产底线。

8. 流动比率

流动比率是反映项目各年偿付流动负债能力的指标。

计算出的流动比率越高,单位流动负债将有更多的流动资产作保障,短期偿债能力就越强。但是在不导致流动资产利用效率低下的情况下,流动比率保证在 200% 较好。

9. 速动比率

速动比率是反映项目快速偿付流动负债能力的指标。

速动比率越高,短期偿债能力越强。同样,速动比率过高也会影响资产利用效率,进而影响企业经济效益。因此,速动比率在接近 100% 较好。

练一练:5-15

某建设项目建设期为 1 年运营期 6 年,建设投资 2000 万元。正常年份年现金流入 800 万元,现金流出 300 万元。运营期第一年达到设计生产能力的 80%,项目基准收益率为 10%,基准投资回收期为 6 年。试完成表 5.11,并计算该项目的静态及动态投资回收期、财务净现值及内部收益率,并判断该项目的可行性。

表 5.11　某建设项目现金流量表

序号	寿命周期 项目名称	建设期	生产期						
			1	2	3	4	5	6	7
1	现金流入								
2	现金流出								
3	净现金流量								
4	累计净现金流量								
5	折现系数(10%)								
6	折现后净现金流量								
7	累计折现后净现金流量								

5.3.5 不确定性分析

不确定性分析就是根据拟建项目的具体情况，分析各种外部条件发生变化或者测算数据误差对方案经济效果的影响程度，以估计项目可能承担不确定性的风险及其承受能力，确定项目在经济上的可靠性，并采取相应的对策力争把风险减低到最小限度。

常用的不确定性分析方法有盈亏平衡分析和敏感性分析。

1.盈亏平衡分析

(1)盈亏平衡分析的含义。

盈亏平衡分析也称量本利分析，就是将项目投产后的产销量作为不确定因素，通过计算企业或项目的盈亏平衡点的产销量，据此分析判断不确定性因素对方案经济效果的影响程度，说明方案实施的风险大小及项目承担风险的能力。

盈亏平衡分析的目的就是寻找出不赔不赚的平衡点，即盈利与亏损的分界点。项目的盈亏平衡点越低，说明项目适应市场变化的能力越强，抗风险的能力越大，亏损的风险越小。

根据成本费用与产量的关系，总成本费用可以分成固定成本、可变成本和半可变成本。

①固定成本是不受产品产量及销售量影响的成本，即不随产品产量及销售量的增减发生变化的各项成本费用，如非生产人员工资、折旧费、无形资产及其他资产摊销费、办公费、管理费等。

②可变成本是随产品产量及销售量的增减而成正比例变化的各项成本，如原材料、燃料、动力消耗、包装费和生产人员工资等。

③半可变成本是随产量增长而增长，但不成正比例变化的成本，如消耗性材料费用。

长期借款利息应视为固定成本，流动资金借款和短期借款利息可能部分与产品产量相关，其利息可视为半可变半固定成本，为简化计算，也可视为固定成本。

(2)盈亏平衡分析的基本方法。

盈亏平衡分析的目的就是寻找出不赔不赚的平衡点，即盈利与亏损的分界点。在这一点，项目总收益等于项目总成本。其计算公式如下：

$$项目总收益=营业收入-营业税金及附加$$
$$=营业收入\times(1-营业税金及附加率)$$
$$=产品单价\times产量\times(1-营业税金及附加率) \tag{5.43}$$
$$总成本=可变成本+固定成本=单位产品可变成本\times产量+固定成本 \tag{5.44}$$
$$产品单价\times产量\times(1-营业税金及附加率)=单位产品可变成本\times产量+固定成本 \tag{5.45}$$
$$产量盈亏平衡点=固定成本\div(产品单价-产品单价\times销售税金及附加率-单位产品可变成本) \tag{5.46}$$
$$单价盈亏平衡点=(单位产品可变成本+固定成本)\div(产量-产量\times营业税金及附加率) \tag{5.47}$$

盈亏平衡分析示意图如图 5.4 所示。

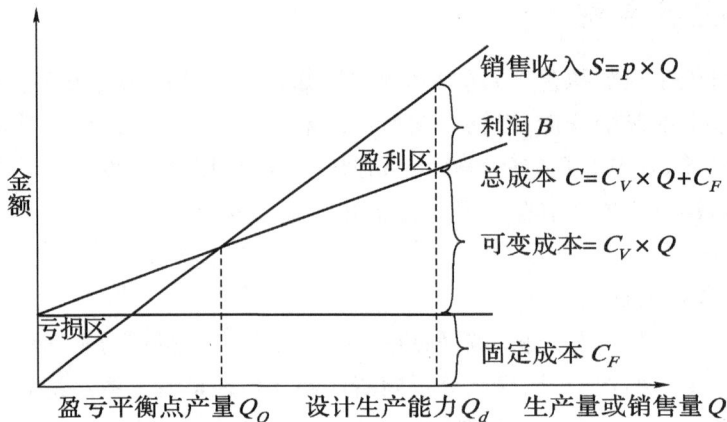

图 5.4　盈亏平衡分析示意图

2.敏感性分析

(1)敏感性分析的含义。

投资项目评价中的敏感性分析,就是在确定性分析的基础上,通过进一步分析、预测项目主要不确定因素的变化对项目评价指标(如财务内部收益率、财务净现值等)的影响,从中找出敏感因素,确定评价指标对该因素的敏感程度和项目对其变化的承受能力。如某个不确定性因素有较小的变动,而导致项目经济评价指标有较大的波动,则称项目方案对该不确定性因素敏感性强,相应的,这个因素被称为"敏感性因素"。

敏感性分析有单因素敏感性分析和多因素敏感性分析两种。单因素敏感性分析是敏感性分析的基本方法。多因素敏感性分析是假设两个或两个以上互相独立的不确定因素同时变化时,分析这些因素对经济评价指标的影响程度和敏感程度。在此只对单因素敏感性分析的步骤进行讲述。

(2)单因素敏感性分析的步骤。

①确定分析指标。

分析指标的确定,一般是根据项目的特点、不同的研究阶段、实际需求情况和指标的重要程度来选择,与进行分析的目标和任务有关。如果主要分析方案状态和参数变化对方案投资回收快慢的影响,则可选用投资回收期作为分析指标;如果主要分析产品价格波动对方案超额净收益的影响,则可选用财务净现值作为分析指标;如果主要分析投资大小对方案资金回收能力的影响,则可选用财务内部收益率指标等。

如果在机会研究阶段,主要是对项目的设想和鉴别,确定投资方向和投资机会。此时,各种经济数据不完整,可信程度低,深度要求不高,可选用静态的评价指标,常采用的指标是投资收益率和投资回收期。如果在初步可行性研究和可行性研究阶段,则需选用动态的评价指标,常用财务净现值、财务内部收益率,也可以辅之以投资回收期。

②选择需要分析的不确定性因素。

选择需要分析的不确定性因素时,主要考虑以下两条原则:第一,预计这些因素在其可能变动的范围内对经济评价指标的影响较大;第二,对在确定性经济分析中,采用该因素的数据的准确性把握不大。对于一般投资项目来说,通常从以下几方面选择项目敏感性分析中的影响因素：第一,收益方面,产销量、销售价格、汇率；第二,费用方面,成本、建设投资、流动资金占用、折现率、汇率等；第三,时间方面,项目建设期、生产期(投产期、正常生产期)。

③计算不确定因素对经济评价指标值的影响程度。

计算方法是在固定其他变量因素的条件下,依次分别按照事先预定的变化幅度来变动其中某个不确定因素,并计算出该变量因素的变动对经济评价指标的影响程度(变化率),找出这个变量因素变动幅度和经济评价指标变动幅度之间的关系,并绘制图表。

④确定敏感性因素。

根据不确定因素的变动幅度与经济评价指标变动率的意义对应关系,通过比较找出对经济评价指标影响最强的因素,即为项目方案的敏感性因素。

⑤综合分析项目方案的各类因素。

针对所确定的敏感性因素,应分析研究不确定性产生的根源,并且在项目具体实施当中,尽量避免这些不确定性的发生,有效控制项目方案的实施。

敏感性分析也有其局限性,它主要依靠分析人员凭借主观经验来分析判断,它不能说明不确定因素发生变动的可能性是大还是小,也就是没有考虑不确定因素在未来发生变动的概率,而这种概率是与项目的风险大小密切相关的。

本章小结

本章着重叙述建设项目投资估算的组成及估算方法,以及通过编制财务报表并计算财务评价的方法对项目的可行性进行评价的相关知识。

本章的教学目标是通过本章的学习,使学生能初步正确熟悉建设项目投资估算的含义、投资估算以及投资估算文件的组成内容及其编制步骤,掌握投资估算的计算方法,能正确理解资金时间价值的含义及掌握资金等值计算的方法,熟悉财务评价的程序以及财务报表的组成及编制方法,掌握项目评价的各项指标的计算和判断原理,并能用计算出的指标对项目进行可行性评价,了解建设项目不确定性评价的方法及原理。

习 题

一、单选题

1. 2006年已建成年产20万吨的某化工厂,2010年拟建年产100万吨相同产品的新项目,并采用增加相同规格设备数量的技术方案。若应用生产能力指数法估算拟建项目投资额,则生产能力指数取值的适宜范围是( )。

A. 0.4～0.5   B. 0.6～0.7   C. 0.8～0.9   D. ≈1

2. 某年产量10万吨化工产品已建项目的静态投资额为3300万元,现拟建类似项目的生产能力为20万吨/年。已知生产能力指数为0.6,因不同时期、不同地点的综合调整系数为1.15,则采用生产能力指数法估算的拟建项目静态投资额为( )万元。

A. 4349   B. 4554   C. 5002   D. 5752

3. 先求出已有同类企业主要设备投资占全部建设投资的比例系数,然后再估算出拟建项目的主要设备投资,最后按比例系数求出拟建项目的建设投资,这种估算方法称( )。

A. 设备系数法   B. 主体专业系数法   C. 朗格系数法   D. 比例估算法

4.某建设项目,建设期贷款本金总额为 1000 万元,建设期贷款利息总额为 200 万元。按照贷款协议,采用等额还本、利息照付的方式分 5 年还清。若年利率为 8%,则项目投产后的第 3 年应还本金和第 3 年应付利息分别是(   )。

A. 200 万元,97.6 万元   B. 200 万元,64.0 万元

C. 240 万元,57.6 万元   D. 240 万元,38.4 万元

5.下列有关财务指标的计算公式,正确的是(   )。

A. 资产负债率=资产总额/负债总额

B. 流动比率=流动资产总额/资产总额

C. 速动比率=(流动资产总额-存货)/流动负债总额

D. 总投资收益率=税后利润/投资总额

6.下列流动资金分项详细估算的计算式中,正确的是(   )。

A. 应收账款=年营业收入/应收账款周转次数

B. 预收账款=年经营成本/预收账款周转次数

C. 产成品=(年经营成本-年其他营业费用)/产成品周转次数

D. 预付账款=存货/预付账款周转次数

7.当某项目折现率为 6% 时,财务净现值为 200 万元;当折现率为 8% 时,财务净现值为 -100 万元。则该项目的财务内部收益率为(   )。

A. ≤6%   B. 6%~7%   C. 7%~8%   D. ≥8%

8.某建设项目的净现金流量如表 5.12 所示,则该项目的静态投资回收期为(   )年。

表 5.12 现金流量表(万元)

年份	1	2	3	4	5
净现金流量	-200	80	40	60	80

A. 3.33   B. 4.25   C. 4.33   D. 4.75

9.在建设投资中,(   )属于动态投资部分。

A. 基本预备费   B. 建设期利息   C. 设备运杂费   D. 铺底流动资金

10.项目投资估算精度要求在 ±20% 的阶段是(   )。

A. 机会研究   B. 初步可行性研究

C. 详细可行性研究   D. 项目建议书阶段

二、多选题

1.下列属于投资估算文件的组成内容的是(   )。

A. 工程概况   B. 编制范围   C. 主要技术经济指标

D. 有关参数、率值选定的说明   E. 施工方案

2.下列科目中,属于流动资产的有(   )。

A. 货币资金   B. 应收账款   C. 预付账款

D. 存货   E. 预收账款

3.在财务分析的项目投资现金流量表中,属于现金流出构成内容的有(   )。

A. 建设投资   B. 总成本费用   C. 流动资金

D. 所得税   E. 营业税金及附加

4. 在项目总成本费用估算中,下列费用项目中,属于经营成本的是( )。

A. 外购原材料、燃料及动力费   B. 修理费   C. 折旧费

D. 人工工资及福利费   E. 利息支出

5. 进行项目财务评价时,保证项目可行的条件有( )。

A. 财务净现值≥0   B. 静态投资回收期≥基准回收期

C. 财务内部收益率≥基准收益率   D. 动态投资回收期≤基准回收期

E. 动态投资回收期≤计算期

三、简答题

1. 某建设项目建设期为2年,运营期5年,建设期间第一年投入自有资金600万元,第二年贷款600万元。运营期正常年份年现金流入500万元,现金流出200万元。运营期第一年达到设计生产能力的80%,项目基准收益率为8%,基准投资回收期为6年。试完成表5.13,并计算该项目的静态及动态投资回收期、财务净现值及内部收益率,并判断该项目的可行性。

表 5.13 现金流量表

序号	寿命周期 项目名称	建设期		生产期				
		1	2	3	4	5	6	7
1	现金流入							
2	现金流出							
3	净现金流量							
4	累计净现金流量							
5	折现系数(8%)							
6	折现后净现金流量							
7	累计折现后净现金流量							

2. 某新建项目正常年份的设计生产能力为10万件某产品,年固定成本700万元,每件产品售价预计为600元,销售税金及附加税率为6%,单位产品可变成本估算额为400元,试求该项目产量盈亏平衡点以及单价盈亏平衡点,以及该项目正常生产年份的利润率。

第6章

建设工程设计阶段

本章主要内容

1. 设计阶段的划分及设计阶段影响工程造价的因素；
2. 设计方案的优选方法；
3. 设计概算的组成内容及编制方法；
4. 施工图预算的组成内容、编制方法以及审查内容。

本章学习要点

1. 熟悉设计阶段的划分及设计阶段影响工程造价的因素；
2. 熟悉设计方案优选的原则、设计概算的内容、施工图预算的内容；
3. 掌握设计方案优选方法、设计概算的编制方法、施工图预算的编制与审查的内容。

知识导入

通过对第5章的学习，同学们现在应该已经掌握了编制建设项目投资估算的方法，但是在项目的决策阶段，人们对拟建项目的策划难以详尽、具体，因而对建设工程投资的确定也不可能很精确。只有随着工程建设各个阶段工作的深化，掌握的资料愈多，人们对工程建设的认识就愈接近实际，建设工程投资的确定才能愈接近实际投资。我们都知道建安工程的实际投资取决于施工过程发生的成本，而施工依据的是设计阶段产生的图纸，因此，相对于投资估算来说，依据图纸所编制的设计概算以及施工图预算显然要准确得多，参考价值也更大。所以，工程概预算的编制水平是衡量造价员好坏的标准之一，学习并掌握编制设计概算及施工图预算的方法就是我们学习造价的重要组成部分。

6.1 概　述

6.1.1 工程设计及其阶段划分

一个工程设计阶段的划分一般要根据工程规模的大小、技术的复杂程度以及是否有设计经验来决定。正常情况下一般分为"三个阶段"、"两个阶段"、"一次完成设计"等三种情况。

凡是重大的工程项目，技术要求严格、工艺流程复杂、设计又往往缺乏经验的情况下，为了保证设计质量，设计过程一般分为三个阶段来完成，即初步设计、技术设计和施工图设计三个阶段。

技术成熟的中小型工程,为了简化设计步骤,缩短设计时间,可以分为两个阶段进行,即初步设计和施工图设计两个阶段。

技术既简单又成熟的小型工程或个别生产车间可以一次完成设计。

此外,对于一些大型化工联合企业,为了解决总体部署和开发问题,还要进行总体规划设计或总体设计。

总之,一个具体工程项目的设计阶段如何划分,要看上级的要求、工程项目的具体情况、设计力量的强弱和有无设计经验来抉择。

(1)初步设计是设计过程中的一个关键性阶段,也是整个设计构思基本形成的阶段。这个阶段主要研究拟建项目在技术上的可靠性和经济上的合理性,对设计的项目做出基本技术决定,并通过编制总概算确定总的建设费用和主要技术经济指标。

(2)技术设计是对初步设计中的重大技术问题进一步开展工作,在进行科研、试验、设备试制取得可靠数据资料的基础上,具体确定初步设计中所采用的工艺、土建结构等方面的主要技术问题,技术设计的详细程度应能满足确定设计方案中重大技术问题和有关实验、设备选制等方面的要求,这个阶段应该编制修正总概算。

(3)施工图设计是按照初步设计或技术设计所确定的设计原则、结构方案和控制性尺寸,根据建筑安装施工和非标准设备制造的需要,绘制施工详图,施工图设计的深度应能满足设备、材料的选择与确定、非标准设备的设计与加工制作、施工图预算的编制、建筑工程施工和安装的要求,并编制施工图预算。

三阶段设计阶段划分及相应造价文件如图 6.1 所示。

图 6.1 三阶段设计阶段划分及相应造价文件

6.1.2 设计阶段影响工程造价的因素

1.总平面设计

总平面设计是指总图运输设计和总平面配置。主要包括的内容有:厂址方案、占地面积和土地利用情况;总图运输、主要建筑物和构筑物及公用设施的配置;外部运输、水、电、气及其他外部协作条件等。

总平面设计中影响工程造价的因素有:

(1)占地面积。

占地面积的大小一方面影响征地费用的高低,另一方面也会影响管线布置成本及项目建成运营的运输成本。

(2)功能分区。

合理的功能分区既可以使建筑物的各项功能充分发挥,又可以使总平面布置紧凑、安全,避免大挖大填,减少土石方量和节约用地,降低工程造价。

知识拓展

衡量功能分区是否合理的指标,常用的有建筑密度和建筑容积率这两项指标。

建筑密度指在一定范围内,建筑物的基底面积总和与总用地面积的比例(%),是指建筑物的覆盖率,具体指项目用地范围内所有建筑的基底总面积与规划建设用地面积之比(%),它可以反映出一定用地范围内的空地率和建筑密集程度。其计算公式为:

$$建筑密度=建筑占地面积/规划用地面积$$

建筑容积率是指单位面积(公顷)的土地上承载的建筑总量,是城市规划和国土管理的一项重要技术经济指标。容积率数值越大,表示土地的开发强度越高;反之,开发强度越低。其计算公式为:

$$建筑容积率=建筑总面积/规划用地面积$$

在一般情况下,一块土地的容积率的大小与建筑环境呈负相关的关系,与土地的经济性呈正相关关系。对于发展商来说,容积率和建筑密度决定地价成本在房屋中占的比例,从获取利益的角度来说,开发商希望容积率和建筑密度越大越好;而对于住户来说,容积率和建筑密度直接涉及居住的舒适度,容积率越低,居住密度越小,居民的舒适度越高。

(3)运输方式的选择。

不同的运输方式,其运输效率及成本不同。从降低工程造价的角度来看,应尽可能选择无轨运输,以减少占地,节约投资。

2. 工艺设计

工艺设计部分要确定企业的技术水平。主要包括建设规模、标准和产品方案,工艺流程和主要设备的选型,主要原材料、燃料供应,"三废"治理及环保措施,此外还包括生产组织及生产过程中的劳动定员情况等。

3. 建筑设计

建筑设计部分,要在考虑施工过程的合理组织和施工条件的基础上,决定工程的立体平面设计和结构方案的工艺要求。在建筑设计阶段,影响工程造价的主要因素有:

(1)平面形状。

一般来说,建筑物平面形状越简单,它的单位面积造价就越低。因为不规则的建筑物将导致室外工程、排水工程、砌砖工程及屋面工程等复杂化,从而增加工程费用。一般情况下,建筑物周长与建筑面积比 $K_周$(即单位建筑面积所占外墙长度)越低,设计越经济。$K_周$ 按圆形、正方形、矩形、T 形、L 形的次序依次增大。

(2)流通空间。

建筑物的经济平面布置的主要目标之一是,在满足建筑物使用要求的前提下,将流通空间减少到最小。

(3)层高。

在建筑面积不变的情况下,建筑层高增加会引起各项费用的增加。据有关资料分析,住宅层高每降低 10cm,可降低造价 1.2%～1.5%。单层厂房层高每增加 1m,单位面积造价增加 1.8%～3.6%,年度采暖费用增加约 3%;多层厂房的层高每增加 0.6m,单位面积造价提高 8.3%左右。由此可见,随着层高的增加,单位建筑面积造价也在不断增加。

(4)建筑物层数。

建筑工程总造价是随着建筑物的层数增加而提高的。建筑物层数对造价的影响,因建筑类型、形式和结构不同而不同。如果增加一个楼层不影响建筑物的结构形式,单位建筑面积的造价可能会降低。随着住宅层数的增加,单方造价系数在逐渐降低,即层数越多越经济。

工业厂房层数的选择,应该重点考虑生产性质和生产工艺的要求。确定多层厂房的经济层数主要有两个因素:一是厂房展开面积的大小。展开面积越大,层数越可提高。二是厂房宽度和长度。宽度和长度越大,则经济层数越能增高,造价也随之相应降低。

(5)柱网布置。

柱网布置是确定柱子的行距(跨度)和间距(每行柱子中相邻两个柱子间的距离)的依据。柱网布置是否合理,对工程造价和厂房面积的利用效率都有较大的影响。

对于单跨厂房,当柱间距不变时,跨度越大,单位面积造价越低。对于多跨厂房,当跨度不变时,中跨数量越多越经济。

(6)建筑物的体积与面积。

随着建筑物体积和面积的增加,工程总造价会提高。对于工业建筑,在不影响生产能力的条件下,厂房、设备布置力求紧凑合理;要采用先进工艺和高效能的设备,节省厂房面积;要采用大跨度、大柱距的大厂房平面设计形式,提高平面利用系数。对于民用建筑,尽量减少结构面积比例,增加有效面积。住宅结构面积与建筑面积之比称为结构面积系数,这个系数越小,设计越经济。

(7)建筑结构。

建筑结构是指建筑工程中由基础、梁、板、柱、墙、屋架等构件所组成的起骨架作用的、能承受直接和间接"荷载"的体系。建筑结构按所用材料可分为砌体结构、钢筋混凝土结构、钢结构和木结构等。

建筑材料和建筑结构选择是否合理,不仅直接影响到工程质量、使用寿命、耐火抗震性能,而且对施工费用、工程造价有很大的影响。尤其是建筑材料,一般占直接费的 70%。降低材料费用,不仅可以降低直接费,而且也会导致间接费的降低,从而降低造价。

6.2 设计方案优选

6.2.1 运用综合评价法优选设计方案

在设计方案的选择中,采用方案竞选和设计招标方式选择设计方案时,通常采用多指标的综合评价法。

采用设计方案竞选方式的一般是规划方案和总体设计方案,通常由组织竞选单位聘请有关专家组成专家评审组。专家评审组按照技术先进、功能合理、安全适用、满足节能和环境要求、经济实用、美观的原则,并同时考虑设计进度的快慢、设计单位与建筑师的资历信誉等因素综合评定设计方案的优劣,择优确定中选方案。评定优劣时,通常以一个或两个主要指标为主,再综合考虑其他指标。

评标时,可根据主要指标再综合考虑其他指标选优的方法,也可采用打分的方法,并对各指标考虑"权"值,最后以加权得分高者为最优设计方案。

其计算公式为:

$$S = \sum_{i=1}^{n} W_i \cdot S_i \tag{6.1}$$

式中:S—— 设计方案总得分;

S_i—— 某方案在评价指标 i 上的得分;

W_i—— 评价指标 i 的权重;

n—— 评价指标数。

这种方法非常类似于价值工程中的加权评分法,它们的区别在于:加权评分法中不将成本作为一个评价指标,而将其单独拿出来计算价值系数;多指标综合评分法则不将成本单独剔除,如果需要,成本也是一个评价指标。

6.2.2 运用价值工程优化设计方案

1.价值工程原理

价值工程的目的是以研究对象的最低寿命周期成本可靠地实现使用者所需的功能,以获取最佳的综合效益。价值工程的目标是提高研究对象的价值,价值的表达式为:

$$价值 = \frac{功能}{成本} \quad 或 \quad V = \frac{F}{C} \tag{6.2}$$

式中:F—— 功能;

C—— 成本。

因此,提高价值的途径有以下五种:

(1)在提高功能水平的同时,降低成本。

(2)在保持成本不变的情况下,提高功能水平。

(3)在保持功能水平不变的情况下,降低成本。

(4)成本稍有增加,功能水平大幅度提高。

(5)功能水平稍有下降,成本大幅度下降。

价值工程应用的基本程序见表 6.1。

2.价值工程在多方案评价、比选中的应用

同一个工程项目,可以有不同的设计方案,不同的设计方案会产生功能和成本上的差异,这时可以运用价值工程的方法选择最优的设计方案。

表 6.1　价值工程应用基本程序

工作程序	价值工程的工作程序一般可分为准备、分析、创新、实施与评价四个阶段		
	工作阶段	工作步骤	对应问题
	一、准备阶段	对象选择 组成价值工程工作小组 制定工作计划	(1)价值工程的研究对象是什么？ (2)围绕价值工程对象需要做哪些准备工作？
	二、分析阶段	收集整理资料 功能定义 功能整理 功能评价	(3)价值工程对象的功能是什么？ (4)价值工程对象的成本是多少？ (5)价值工程对象的价值是多少？
	三、创新阶段	方案创造 方案评价 提案编写	(6)有无其他方法可以实现同样功能？ (7)新方案的成本是多少？ (8)新方案能满足要求吗？
	四、方案实施与 评价阶段	方案审批 方案实施 成果评价	(9)如何保证新方案的实施？ (10)价值工程活动的效果如何？

(1)基本原理。公式如下：

$$V_i = F_i / C_i \tag{6.3}$$

即：　　　　　　　　　　价值系数 ＝ 功能指数 / 成本指数

其中：　　　　　功能指数 ＝ 该方案功能得分 / 所有方案功能得分总和

成本指数 ＝ 该方案成本 / 所有方案成本之和

方案功能得分 ＝ $\sum$（该方案各功能得分 × 该功能的权重）

(2)程序。

对提出的若干可行方案进行评价、比选的基本过程如下：

①建立功能评价指标体系，并将每个方案对各项功能评价指标的满足程度打分；

②用功能评价指标权重乘以每个方案的功能评价得分并求和，作为每个方案的加权得分；

③以每个方案的加权得分，占所有方案加权得分合计的比值，作为每个方案的功能系数 F_i；

④以每个方案的成本，占所有方案成本合计的比值，作为每个方案的成本系数 C_i；

⑤用每个方案的功能系数与成本系数的比值，作为每个方案的价值系数 V_i；

⑥以价值系数最大的方案作为最优方案。

其中权重的计算方法如下：

A.环比评分法。

将最下面一项功能的重要性系数定为 1.0，将上下相邻两项功能的重要性两两对比进行打分。

练一练：6-**1**

将 F_1 与 F_2 进行对比，如果 F_1 的重要性是 F_2 的 0.7 倍，同样，F_2 与 F_3 对比为 0.5 倍，F_3 与 F_4 对比为 2 倍。用环比评分法求各功能重要性系数，并填表 6.2。

表 6.2　功能重要性系数计算表

功能区	功能重要性评价		
	暂定重要性系数	修正重要性系数	功能重要性系数
(1)	(2)	(3)	(4)
F_1			
F_2			
F_3			
F_4			
合　计			

B. 强制评分法。强制评分法，又称 FD 法，包括 0—1 评分法和 0—4 评分法两种方法。

a. 0—1 评分法。0—1 评分法是请对产品熟悉的人员参加功能的评价。评价对象（功能）i 与 j 两两相比，按照功能重要程度一一对比打分，重要的打 1 分，相对不重要的打 0 分，将结果列入评分表中。表中对角线上元素标"×"。为避免不重要的功能得零分，可将各功能累计得分加 1 分进行修正，用修正后的总分分别去除各功能累计得分，即得到功能重要性系数，即该评价对象的权重。

练一练：6-**2**

某工程施工过程中有两个备选的施工方案，经有关专家讨论，决定从 F_1 到 F_5 这五个方面对方案进行评价，并采用 0—1 打分法对各技术经济指标的重要程度进行评分，其结果如表 6.3 所示，试计算这五个指标的权重，并填表 6.4。

表 6.3　各项功能指标重要程度打分表

	F_1	F_2	F_3	F_4	F_5
F_1	×	0	1	0	1
F_2		×	1	0	1
F_3			×	0	1
F_4				×	1
F_5					×

表6.4 各项功能指标权重计算表

	F_1	F_2	F_3	F_4	F_5	得分	修正得分	权重
F_1	×	0	1	0	1			
F_2		×	1	0	1			
F_3			×	0	1			
F_4				×	1			
F_5					×			
合计								

b.0—4评分法。0—1评分法中的重要程度差别仅为1分,不能拉开档次。为弥补这一不足,将分档扩大为4级,其打分矩阵与0—1评分法相同。档次划分如下:

F_1 比 F_2 重要得多:F_1 得4分,F_2 得0分。

F_1 比 F_2 重要:F_1 得3分,F_2 得1分。

F_1 与 F_2 同等重要:F_1 得2分,F_2 得2分。

F_1 不如 F_2 重要:F_1 得1分,F_2 得3分。

F_1 远不如 F_2 重要:F_1 得0分,F_2 得4分。

练一练:6-3

某工程项目设计人员根据业主的使用要求,提出了三个设计方案。有关专家决定从五个方面(分别以 $F_1 \sim F_5$ 表示)对不同方案的功能进行评价,并对各功能的重要性分析如下:F_3 相对于 F_4 很重要,F_3 相对于 F_1 较重要,F_2 和 F_5 同样重要,F_4 和 F_5 同样重要。试用0—4评分法列表计算各功能的权重,并填表6.5。

表6.5 各功能权重系数表

功能	F_1	F_2	F_3	F_4	F_5	得分	权重
F_1							
F_2							
F_3							
F_4							
F_5							
合 计							

综合案例 6-1

某业主邀请若干厂家对某商务楼的设计方案进行评价,经专家讨论确定的主要评价指标分别为:功能适用性(F_1)、经济合理性(F_2)、结构可靠性(F_3)、外形美观性(F_4)与环境协调性(F_5)等五项评价指标,各功能之间的重要性关系为:F_3 比 F_4 重要得多,F_3 比 F_1 重要,F_1 和

F_2 同等重要,F_4 和 F_5 同等重要,经过筛选后,最终对 A、B、C 三个设计方案进行评价,三个设计方案评价指标的评价得分结果和估算总造价见表 6.6。

表 6.6 各方案评价指标的评价结果和估算总造价表

功能	方案 A	方案 B	方案 C
功能适用性(F_1)	9 分	8 分	10 分
经济合理性(F_2)	8 分	10 分	8 分
结构可靠性(F_3)	10 分	9 分	8 分
外形美观性(F_4)	7 分	8 分	9 分
与环境协调性(F_5)	8 分	9 分	8 分
估算总造价(万元)	6500	6600	6650

问题:

1. 用 0~4 评分法计算各功能的权重。

2. 用价值指数法选择最佳设计方案。

解: 1. 求权重系数。用 0—4 评分法计算的各功能权重见表 6.7。

表 6.7 各功能权重系数表

	F_1	F_2	F_3	F_4	F_5	得分	权重
F_1	×	2	1	3	3	9	0.225
F_2	2	×	1	3	3	9	0.225
F_3	3	3	×	4	4	14	0.350
F_4	1	1	0	×	2	4	0.100
F_5	1	1	0	2	×	4	0.100
合计						40	1.000

2.(1)求功能指数。功能指数表见表 6.8。

表 6.8 功能指数表

方案功能	功能权重	方案功能加权得分		
		A	B	C
F_1	0.225	$9 \times 0.225 = 2.025$	$8 \times 0.225 = 1.800$	$10 \times 0.225 = 2.250$
F_2	0.225	$8 \times 0.225 = 1.800$	$10 \times 0.225 = 2.250$	$8 \times 0.225 = 1.800$
F_3	0.350	$10 \times 0.350 = 3.500$	$9 \times 0.350 = 3.150$	$8 \times 0.350 = 2.800$
F_4	0.100	$7 \times 0.100 = 0.700$	$8 \times 0.1 = 0.800$	$9 \times 0.1 = 0.900$
F_5	0.100	$8 \times 0.100 = 0.800$	$9 \times 0.1 = 0.900$	$8 \times 0.1 = 0.800$
合计		8.825	8.900	8.550
功能指数		0.336	0.339	0.325

（2）求成本指数。成本指数表见表6.9。

表6.9 成本指数表

方案	A	B	C	合计
估算总造价(万元)	6500	6600	6650	19750
成本指数	0.329	0.334	0.337	1.000

（3）求价值指数。价格指数表见表6.10。

表6.10 价格指数表

方案	A	B	C
功能指数	0.336	0.339	0.325
成本指数	0.329	0.334	0.337
价值指数	1.021	1.015	0.964

（4）结论：方案 A 的价值指数最高，因此最佳设计方案为 A。

6.2.3 价值工程在方案改进中的应用

价值工程不仅仅只在工程设计方案的比选中应用，当设计方案选定之后，还可以运用价值工程理论对已经初步选定的方案进行"价值分析"，可以进一步优化方案，使设计方案更加完善。

1. 基本原理

$$V_i = F_i / C_i \tag{6.4}$$

式中：V_i——第 i 个评价对象的价值系数；

　　F_i——第 i 个评价对象的功能评价值；

　　C_i——第 i 个评价对象的成本系数。

价值工程要求方案满足必要的功能，清楚不必要的功能。在运用价值工程对方案的功能进行分析时，各功能的价值指数有以下三种情况：

（1）$V_i = 1$，说明该功能的重要性与其成本的比重大体相当，是合理的，无需再进行价值工程分析。

（2）$V_i < 1$，说明该功能不太重要，而目前成本比重偏高，可能存在过剩功能，应作为重点分析对象，寻找降低成本的途径。

（3）$V_i > 1$，出现这种结果的原因较多，其中较常见的是：该功能比较重要，但目前成本偏低，因此不能充分实现该重要功能，应适当增加成本，提高该功能的实现程度。

2.程序

在对设计、施工方案进行评价和确定重点改进对象的基本过程是：

(1)选择开展价值工程活动的对象；

(2)分析研究对象具有哪些功能以及各项功能之间的关系,确定功能评价系数；

(3)计算实现各项功能的现实成本,确定成本系数；

(4) 确定研究对象的目标成本,并将目标成本分摊到各项功能上(目标成本＝目标成本限额×功能指数)；

(5)将各项功能的目标成本与现实成本进行对比,即成本降低额＝目前成本－目标成本,功能改进排序为:按成本降低额＞0,由大到小排列。

功能评价值与价值系数计算表见表 6.11。

表 6.11　功能评价值与价值系数计算表

项目 序号	子项目	功能重要性系数 ①	功能评价值 ②＝目标成本×①	现实成本 ③	价值系数 ④＝②/③	改善幅度 ⑤＝③－②
1	A					
2	B					
3	C					
...	...					
合　计						

练一练:6-4

在确定某一设计方案后,拟针对所选的最优设计方案的土建工程的材料费为对象展开价值工程分析。各工程项目得分及目前成本见表 6.12。根据限额设计要求,目标成本额控制为 9000 万元,试完成表 6.13 并用价值工程分析的方法对方案进行改进。

表 6.12　各工程项目功能得分及目前成本

功能项目	功能得分	目前成本(万元)
A 基础工程	25	2640
B 主体工程	40	3725
C 屋面工程	12	1178
D 装饰工程	19	2736
合计	96	10279

表 6.13 功能指数、成本指数、价值指数和目标成本降低额计算表

功能项目	功能指数	目前成本	成本指数	价值指数	目标成本	降低额	改进顺序
A 基础工程							
B 主体工程							
C 屋面工程							
D 装饰工程							
合计							

6.3 设计概算

6.3.1 设计概算的内容

设计概算,是指设计单位在初步设计或扩大初步设计阶段,在投资估算的控制下由设计单位根据初步设计或者扩大初步设计的图纸及说明书、设备清单、概算定额或概算指标、各项费用取费标准、类似工程预(决)算文件等资料,用科学的方法计算和确定建筑安装工程全部建设费用的经济文件。

设计概算可分单位工程概算、单项工程综合概算和建设项目总概算三级。各级之间概算的相互关系如图 6.2 所示。

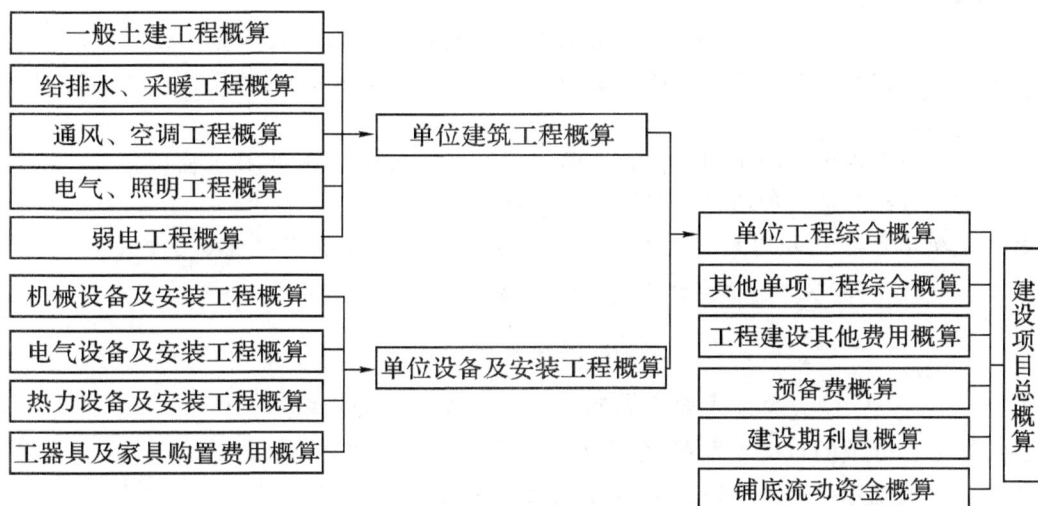

图 6.2 三级概算的内容及组成关系

1.单位工程概算

单位工程概算是确定各单位工程建设费用的文件,是编制单项工程综合概算的依据,是单项工程综合概算的组成部分。单位工程概算按其工程性质分为建筑工程概算和设备及安装工

程概算两大类。建筑工程概算包括:土建工程概算,给排水、采暖工程概算,通风、空调工程概算,电气、照明工程概算,弱电工程概算,特殊构筑物工程概算等。设备及安装工程概算包括:机械设备及安装工程概算,电气设备及安装工程概算,热力设备及安装工程概算,工具、器具及生产家具购置费概算等。

2.单项工程综合概算

单项工程综合概算是确定一个单项工程所需建设费用的文件,它是由单项工程中的各单位工程概算汇总编制而成的,是建设项目总概算的组成部分。

3.建设项目总概算

建设项目总概算是确定整个建设项目从筹建到竣工验收所需全部费用的文件,它是由各单项工程综合概算、工程建设其他费用概算、预备费、建设期贷款利息和固定资产投资方向调节税概算汇总编制而成的。

6.3.2 设计概算的编制方法

设计概算的编制取决于设计深度、资料完备程度和对概算精确程度的要求。当设计资料不足,只能提供建设地点、建设规模、单项工程组成、工艺流程和主要设备选型,以及建筑、结构方案等概略依据时,可以类似工程的预算或决算为基础,经分析、研究和调整系数后进行编制;如无类似工程的资料,则采用概算指标编制。当设计能提供详细设备清单、管道走向线路简图、建筑和结构型式及施工技术要求等资料时,则按概算定额和费用指标进行编制。

6.3.2.1 单位工程设计概算的编制

1.建筑工程费用概算

(1)概算定额法。

概算定额法,又称扩大单价法,是采用概算定额编制建筑工程概算的方法,类似于采用预算定额编制工程预算。概算定额法适用于初步设计达到一定深度、建筑结构比较明确的工程。

编制步骤如下:

①列出单位工程中分项工程或扩大分项工程的项目名称,并计算其工程量。

②确定各分部分项工程项目的概算定额单价。

概算定额单价 = 概算定额人工费 + 概算定额材料费 + 概算定额机械台班使用费

$$= \sum(概算定额中人工消耗量 \times 人工单价) +$$

$$\sum(概算定额中材料消耗量 \times 材料预算单价) +$$

$$\sum(概算定额中机械台班消耗量 \times 机械台班单价) \quad (6.5)$$

③计算分部分项的直接工程费,合计得到单位直接工程费总和。

④按照有关规定标准计算措施费,合计得到单位工程直接费。

⑤按照一定的取费标准和计算基础计算间接费和税金。计算公式如下:

$$间接费 = 直接费 \times 间接费率(\%) \quad (6.6)$$

$$利润 = (直接费 + 间接费) \times 利润率(\%) \quad (6.7)$$

$$税金 = (直接费 + 间接费 + 利润) \times 综合税率(\%) \quad (6.8)$$

⑥计算单位工程概算造价。计算公式如下:

$$单位工程概算造价 = 直接费 + 间接费 + 利润 + 税金 \quad (6.9)$$

⑦计算单位建筑工程经济技术指标。

练一练: **6-5**

现有一建筑面积为3000平方米的教学楼项目,请按表6.14中给出的定额单价和工程量编制出该办公楼土建工程的设计概算。已知该项目措施费为22.5万元,间接费率为5%,利润率为8%,综合税率为3.477%。

表6.14 某工程土建工程概算表 单位:元

序号	分部工程或费用名称	单位	工程量	单价	合价
1	土方工程	100m³	70	2500	
2	砌筑工程	10 m³	50	2300	
3	混凝土及钢筋混凝土工程	10 m³	330	3000	
4	门窗工程	100 m²	3.2	19000	
5	屋面工程	100 m²	40	4500	
6	装饰装修工程	100 m²	280	3400	
A	直接工程费小计	以上6项之和			
B	措施费				
C	直接费	A+B			
D	间接费	C×5%			
E	利润	(C+D) ×8%			
F	税金	(C+D+E) ×3.477%			
	概算造价	C+D+E+F			

(2)概算指标法。

当设计深度不够,不能准确地计算出工程量,而工程设计技术比较成熟又有类似工程概算指标可以利用时,可采用概算指标法,即用拟建建筑物的建筑面积乘以技术条件相同或基本相同的概算指标编制概算的方法。概算指标是一种以建筑面积或体积为单位,以整个建筑物为依据编制的计价文件。它通常以整个房屋每100m²建筑面积(或按每座构筑物)为单位,规定人工、材料和施工机械使用费用的消耗量,所以它比概算定额更综合、更扩大。采用概算指标编制概算比采用概算定额编制概算更加简化。它是一种既准确又省时的方法。

编制步骤如下:

①收集编制概算的原始资料,并根据设计图纸计算建筑面积。

②根据拟建工程项目的性质、规模、结构内容及层数等基本条件,选用相应的概算指标。

③计算工程直接费。

工程直接费通常可按下列公式进行计算:

$$工程直接费=每百平方米造价指标/100×建筑面积 \qquad (6.10)$$

④调整工程直接费。计算公式如下:

$$调整后工程直接费＝工程直接费×调整费率 \qquad (6.11)$$

⑤计算间接费、利润、其他费用、税金等。

概算指标调整方法为:采用概算指标编制概算时,因为设计内容常常不完全符合概算指标规定的结构特征,所以就不能简单机械地按类似的或最接近的概算指标套用计算,而必须根据差别的具体情况,按下列公式分别进行换算:

$$结构变化修正概算指标(元/m^2)＝J＋Q_1P_1－Q_2P_2 \qquad (6.12)$$

式中:J——原概算指标;

Q_1——概算指标中换入结构的工程量;

Q_2——概算指标中换出结构的工程量;

P_1——换入结构的人、料、机费用单价;

P_2——换出结构的人、料、机费用单价。

练一练:*6-6*

某住宅工程按概算指标计算出每平方米建筑面积的土建单位直接费为1900元/m²。因概算指标的基础埋深和墙体厚度与设计规定的不同,需要对概算单价进行修正。设计资料表明,外墙为1.5砖外墙,而概算指标中外墙为1砖墙。根据当地土建工程预算价格,外墙下条形砖基础的单价为380元/m³,1砖外墙单价为580元/m³,1.5砖外墙单价为565元/m³;概算指标中每100m²含条形基础3m³,1砖外墙为32m³,而新建工程中每100m²含条形基础4m³,1.5砖外墙为45m³。求修正后的单位直接费指标,并填表6.15。

表6.15 某工程概算指标修正表

序号	结构构件名称 一般土建工程	单位	数量	单价(元)	合价(元)
1	换出部分: 条形基础 A 砖外墙 A 合计	m³ m³			
2	换入部分: 条形基础 B 砖外墙 B 合计	m³ m³			
3	单位直接费修正指标				

(3)类似工程预算法。

类似工程预算法是利用技术条件与设计对象相类似的已完工程的造价资料编制拟建工程设计概算的方法。该方法适用于拟建工程初步设计与已完工程或在建工程的设计相类似且没有可用的概算指标的情况,但必须对建筑结构差异和价差进行调整。

编制步骤和方法如下:

①收集有关类似工程设计资料和预(决)算文件等原始资料。

②了解和掌握拟建工程初步设计方案。

③计算建筑面积。

④选定与拟建工程相类似的已(在)建工程预(决)算。

⑤根据类似工程预(决)算资料和拟建工程的建筑面积,计算工程概算造价和主要材料消耗量。

⑥调整拟建工程与类似工程预(决)算资料的差异部分,使其成为符合拟建工程要求的概算造价。

采用类似工程预(决)算编制概算,往往因拟建工程与类似工程之间在基本结构特征上存在着差异,而影响概算的准确性。因此,必须先求出各种不同影响因素的调整系数(或费用),并加以修正。

①建筑结构差异的调整。结构差异调整方法与概算指标法的调整方法相同。

②价差调整。具体调整方法如下:

采用类似工程预(决)算编制概算,经常因建设地点、时间等不同而引起人工费、材料和施工机械使用费以及间接费、利润和税金等费用不同,故常采用上述各费用所占类似工程预(决)算价值的比重系数,即综合调整系数进行调整。其计算公式如下:

单位工程概算价值＝类似工程预(决)算价值×综合调整(差价)系数 K (6.13)

$$K = a \times K_1 + b \times K_2 + c \times K_3 + d \times K_4 + e \times K_5 \quad (6.14)$$

式中,a—— 人工工资在类似预(决)算价值中所占的比重;

b—— 材料费在类似预(决)算价值中所占的比重;

c—— 施工机械使用费在类似预(决)算价值中所占的比重;

d—— 间接费及利润在类似预(决)算价值中所占的比重;

e—— 税金在类似预(决)算价值中所占的比重;

K_1—— 工资标准因地区、时间等不同而产生在价值上差别的调整(差价)系数;

K_2—— 材料预算价格因地区、时间等不同而产生在价值上差别的调整(差价)系数;

K_3—— 施工机械使用费因地区、时间等不同而产生在价值上差别的调整(差价)系数;

K_4—— 间接费及利润因地区、时间等不同而产生在价值上差别的调整(差价)系数;

K_5—— 税金因地区、时间等不同而产生在价值上差别的调整(差价)系数。

2.设备及安装工程概算的编制

设备及安装工程分为机械及安装工程和电气设备及安装工程两部分。设备及安装工程的概算造价,由设备购置费和安装工程费两部分组成。

(1)设备购置概算。

设备购置概算是确定购置设备所需的原价和运杂费而编制的文件。关于设备购置费计算的内容详见本书第2章的内容。

(2)设备安装工程概算的编制方法。

设备安装工程费包括用于设备、工器具、交通运输设备、生产家具等的组装和安装,以及配套工程安装而发生的全部费用。

①预算单价法。当初步设计有详细设备清单时,可直接按预算单价(预算定额单价)编制设备安装工程概算。根据计算的设备安装工程量,乘以安装工程预算单价,经汇总求得。用预

算单价法编制概算,计算比较具体,精确性较高。

②扩大单价法。当初步设计的设备清单不完备,或仅有成套设备的重量时,可采用主体设备、成套设备或工艺线的综合扩大安装单价编制概算。

③概算指标法。当初步设计的设备清单不完备,或安装预算单价及扩大综合单价不全,无法采用预算单价法和扩大单价法时,可采用概算指标编制概算。概算指标形式较多,概括起来主要可按以下几种指标进行计算:

A.按占设备价值的百分比(安装费率)的概算指标计算。其计算公式为:

$$设备安装费 = 设备原价 \times 设备安装费率 \qquad (6.15)$$

B.按每吨设备安装费的概算指标计算。其计算公式为:

$$设备安装费 = 设备总吨数 \times 每吨设备安装费(元/吨) \qquad (6.16)$$

C.按座、台、套、组、根或功率等为计量单位的概算指标计算。如工业炉,按每台安装费指标计算安装费;冷水箱,按每组安装费指标计算安装费;等等。

D.按设备安装工程每平方米建筑面积的概算指标计算。设备安装工程有时可按不同的专业内容(如通风、动力、管道等),采用每平方米建筑面积的安装费用概算指标计算安装费。

6.3.2.2 单项工程综合概算的编制

单项工程综合概算是以其所包含的建筑工程概算表和设备及安装工程概算表为基础汇总编制的。当建设工程项目只有一个单项工程时,单项工程综合概算(实为总概算)还应包括工程建设其他费用概算(含建设期利息、预备费和固定资产投资方向调节税)。

单项工程综合概算文件一般包括编制说明和综合概算表两部分。

1.编制说明

编制说明主要包括编制依据、编制方法、主要设备和材料的数量及其他有关问题。

2.综合概算表

综合概算表是根据单项工程所辖范围内的各单位工程概算等基础资料,按照国家规定的统一表格进行编制。

6.3.2.3 建设工程项目总概算的编制

总概算是以整个建设工程项目为对象,确定项目从立项开始到竣工交付使用整个过程的全部建设费用的文件。它由各单项工程综合概算、工程建设其他费用、建设期利息、预备费和经营性项目的铺底流动资金组成,并按主管部门规定的统一表格编制而成。

设计概算文件一般应包括以下六个部分。

1.封面、签署页及目录

2.编制说明

编制说明应包括下列内容:

(1)工程概况。主要简述建设项目性质、特点、生产规模、建设周期、建设地点等主要情况;对于引进项目要说明引进内容及与国内配套工程等主要情况。

(2)资金来源及投资方式。

(3)编制依据及编制原则。

(4)编制方法。说明设计概算是采用概算定额法,还是采用概算指标法等。

(5)投资分析。主要分析各项投资的比重、各专业投资的比重等经济指标。

(6)其他需要说明的问题。

3.总概算表

总概算表应反映静态投资和动态投资两个部分,静态投资是按设计概算编制期价格、费率、利率、汇率等因素确定的投资;动态投资则是指概算编制期到竣工验收前的工程和价格变化等多种因素所需的投资。总概算表如表6.16所示。

表6.16　总概算表

工程项目:×××

总概算价值:×××　　　　　　　　　　其中回收金额:×××

序号	概算表编号	工程或费用名称	概算价值(万元)						技术经济指标			占投资总额(%)	备注
			建筑工程费	安装工程费	设备购置费	家具器具及生产工器具购置费	其他费用	合计	单位	数量	单位价值(元)		
1	2	3	4	5	6	7	8	9	10	11	12	13	14
1 2		第一部分工程费用 一、主要生产工程项目 　×××厂房 　×××厂房 …… 小　计	× × ×	× × ×	× × ×	× × ×		× × ×	× × ×	× × ×	× × ×	× × ×	
3 4		二、辅助生产项目 机修车间 木工车间 …… 小　计	× × ×	× × ×	× × ×	× × ×		× × ×	× × ×	× × ×	× × ×	× × ×	
5 6		三、公用设施工程项目 变电所 锅炉房 …… 小　计	× × ×	× × ×	× × ×			× × ×	× × ×	× × ×	× × ×	× × ×	

续表 6.16

序号	概算表编号	工程或费用名称	概算价值(万元)							技术经济指标			占投资总额(%)	备注
			建筑工程费	安装工程费	设备购置费	家具购置费	工器具及生产家具购置费	其他费用	合计	单位	数量	单位价值(元)		
7 8		四、生活、福利、文化教育及服务项目 职工住宅 办公楼 …… 小　计	× × ×				× ×		× ×	× ×	× ×	× ×	× ×	7 8
		第一部分工程费用合计	×	×	×	×		×	×					
9 10		第二部分其他工程和费用项目 土地征购费 勘察设计费 …… 第二部分其他工程和费用合计						× × ×	× × ×					
		第一、二部分工程费用总计	×	×	×	×		×	×					
11 12 13 14 15 16 17		预备费 建设期利息 固定资产投资方向调节税 铺底流动资金 总概算价值 其中:回收金额 投资比例(%)	× ×	× ×	× ×	× ×		× × × × × × ×	× ×	× × × × × ×				

审核：　　　　校对：　　　　编制：　　　　　　　　年　　月　　日

4.工程建设其他费用概算表

工程建设其他费用概算按国家或地区或部委所规定的项目和标准确定，并按统一表式编制。

5.单项工程综合概算表

6.单位工程概算表

7.附录：补充估价表

6.4 施工图预算

6.4.1 概述

1.施工图预算的概念

施工图预算是施工图设计预算的简称,是指在施工图设计完成后,根据施工图设计图纸、现行预算定额、费用定额,以及地区设备、人工、材料、施工机械台班等预算价格,按照规定的程序和方法编制和确定建筑安装工程费用的文件。

不管是在定额计价模式下还是在工程量清单计价模式下,设计单位、建设单位、施工单位都需要通过编制施工图预算来计算和确定建筑安装工程费用,只是编制单位不同,编制的角度和目的不同;计价模式不同,编制的程序和方法不同。

下面主要讨论建设工程项目按照基本建设程序在进入招投标阶段之前,各相关单位要进行的施工图预算编制工作,即采用定额计价法,依据地区定额来计算和确定建筑安装工程费用。

知识拓展

设计单位编制施工图预算,是衡量建筑安装工程造价是否突破设计概算的重要措施;对于实行施工招标的工程,施工图预算是招标单位编制招标控制价或招标标底价的依据,也是投标单位投标报价的重要参考;对于不宜实行招标而采用施工图预算加调整价结算的工程,施工图预算可作为合同价款的基础或作为审查施工企业提出的施工图预算的依据。

2.施工图预算的内容

施工图预算包括单位工程预算、单项工程预算和建设项目总预算。

单位工程预算是根据施工图设计文件、现行预算定额、费用定额以及人工、材料、设备、机械台班等预算价格资料,采用一定方法编制单位工程的施工图预算,然后汇总所有各单位工程施工图预算,即成为单项工程施工图预算,再汇总各所有单项工程施工图预算,便是一个建设项目的总预算。

6.4.2 施工图预算的编制方法

施工图预算的编制方法可分为单价法和实物法。

1.单价法

由于目前大多省、市、地区颁布的预算定额或单位估价表中的定额项目单价已采用了综合单价的形式,即分项工程定额单价不仅包括人工费、材料费、机械费,还包括管理费和利润。因此,利用地区定额,采用单价法进行施工图预算的编制,和以往的工料单价法已有所不同。在工程量清单计价进一步贯彻实施的大环境下,单价法是指采用地区预算定额或单位估价表中的各分项工程预算单价乘以相应的各分项工程的工程量,求和后得到包括人工费、材料费、施工机械使用费、管理费、利润在内的分部分项工程费用,再按照规定的计算程序和计算办法,求得措施费、规费、税金等费用后,最后进行费用汇总得到该单位工程的施工图预算造价。其基本计算公式为：

$$分部分项工程费用 = \sum(分部分项工程量 \times 定额单价) \qquad (6.17)$$

单价法编制施工图预算的步骤如图 6.3 所示。

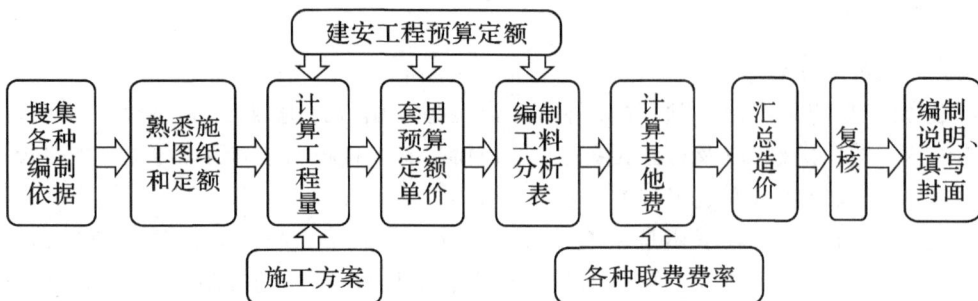

图 6.3　单价法施工图预算的编制程序

2. 实物法

用实物法编制单位工程施工图预算，就是根据施工图计算的各分项工程量分别乘以地区定额中人工、材料、施工机械台班的定额消耗量，分类汇总得出该单位工程所需的全部人工、材料、施工机械台班消耗数量，然后再乘以当时当地人工工日单价、各种材料单价、施工机械台班单价，求出相应的人工费、材料费、机械使用费，然后再按照规定的计算程序和计算办法，求得管理费、利润、措施费、规费、税金等费用后，最后进行费用汇总得到该单位工程的施工图预算造价。人工费、材料费、机械费的计算公式如下：

$$人工费 = \sum(工程量 \times 人工预算定额用量 \times 当时当地人工工资单价) \qquad (6.18)$$

$$材料费 = \sum(工程量 \times 材料预算定额用量 \times 当时当地材料预算价格) \qquad (6.19)$$

$$机械费 = \sum(工程量 \times 施工机械预算定额台班用量 \times 当时当地机械台班单价)$$

$$(6.20)$$

实物法编制施工图预算的步骤如图 6.4 所示。

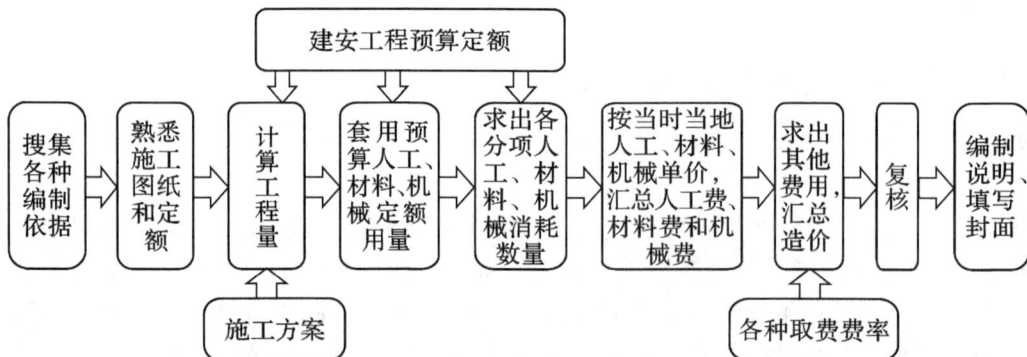

图 6.4　实物法施工图预算的编制程序

3.单价法与实物法的异同

单价法与实物法首尾部分的步骤是相同的,所不同的主要是中间的三个步骤,即:

(1)采用实物法计算工程量后,套用相应人工、材料、施工机械台班预算定额消耗量。

(2)求出各分项工程人工、材料、施工机械台班消耗数量并汇总成单位工程所需各类人工工日、材料和施工机械台班的消耗量。

(3)用当时当地的各类人工工日、材料和施工机械台班的实际单价分别乘以相应的人工工日、材料和施工机械台班总的消耗量,求出该分项工程的人工费、材料费和机械使用费。

知识拓展

在市场经济条件下,人工、材料和机械台班单位是随市场而变化的,而且它们是影响工程造价最活跃、最主要的因素。用实物法编制施工图预算,是采用工程所在地的当时人工、材料、机械台班价格,计算出人工费、材料费、施工机械使用费,虽然计算过程较单价法繁琐,但能较好地反映实际价格水平,工程造价的准确性高。因此,定额实物法是与市场经济体制相适应的预算编制方法。

练一练:6-7

某分项工程,工程量为 $20m^2$,单位用量及单价见表 6.17,试用单价法和实物法分别计算人工费、材料费和机械费的费用总和。

表 6.17 单位用量及单价

项目	人工		材料		机械	
	单位用量	单价	单位用量	单价	单位用量	单价
预算定额	2.5	20	0.7	50	0.3	100
当时当地水平	2.0	30	0.8	60	0.5	120

6.4.3 施工图预算的编制步骤

1.搜集各种编制依据资料

各种编制依据资料包括施工图纸、施工组织设计或施工方案、现行建筑安装工程预算定额、费用定额、预算工作手册和工程所在地区的材料、人工、机械台班预算价格与调价规定等。

2.熟悉施工图纸和定额

只有对施工图和预算定额有全面详细的了解,才能全面准确地计算出工程量,进而合理地编制出施工图预算造价。在预算之前,要全面分析工程各分部分项工程,充分了解施工组织设计和施工方案,注意影响费用的关键因素。

3.计算工程量

工程量的计算是整个预算过程中最重要、最繁重的一个环节,不仅影响预算的及时性,更影响预算造价的准确性。

4.套用预算定额单价

工程量计算完毕并核对无误后,用所得到的分部分项工程量套用地区定额或单位估价表中相应的定额单价,相乘后汇总即得到分项工程费用汇总,再将预算表各个分项工程的合价汇总就得到该分部工程的费用。

套用单价时需注意如下几点:

(1)分项工程量的名称、规格、计量单位必须与预算定额或单位估价表所列内容一致。

(2)当施工图纸的某些设计要求与定额单价的特征不完全符合时,必须根据定额使用说明对定额基价进行调整或换算。

(3)当施工图纸的某些设计要求与定额单价的特征相差甚远,既不能直接套用也不能换算、调整时,必须编制补充单位估价表或补充定额。

5.编制工料分析表

根据各分部分项工程的实物工程量和相应定额中的项目所列的用工工日及材料数量,计算出各分部分项工程所需的人工及材料数量,相加汇总便得出该单位工程的所需要的各类人工和材料的数量。

6.工料差价调整

市场人工单价、机械台班单价发生变化时,可依据本地区工程造价管理机构发布的指导价,在合同中约定调整办法。材料单价如招标文件或合同约定按照工程造价管理机构发布的市场指导价或另行协商的价格调整,可直接在综合单价子目中换算材料价格或统一将材料差价计入计价程序的差价栏内,其他不变。

7.求出其他费用,汇总造价

按照计价程序,计算措施费、企业管理费、规费、利润、税金,汇总得出单位工程施工图预算造价。

8.复核

单位工程预算编制后,有关人员对单位工程预算进行复核,以便及时发现差错,提高预算质量。

9.编制说明、填写封面

编制说明是编制者向审核者交代编制方面的有关情况,包括编制依据、工程性质、内容范围、设计图纸号、所用预算定额编制年份、有关部门的调价文件号、套用单价或补充单位估价表方面的情况及其他需要说明的问题。封面填写应写明工程名称、工程编号、工程量(建筑面积)、预算总造价及单方造价、编制单位名称及负责人和编制日期等。

知识拓展

表 6.18 为《河南省建设工程工程量清单综合单价(2008)》中所规定的工程造价费用组成表。

表 6.18　工程造价费用组成表

序号	费用项目	计算公式	备注
1	定额直接费:(1)定额人工费	综合单价分析	
2	(2)定额材料费	综合单价分析	
3	(3)定额机械费	综合单价分析	
4	定额直接费小计	综合单价分析	

序号	费用项目	计算公式	备注
5	综合工日	综合单价分析	
6	措施费:(1)技术措施费	综合单价分析	
7	(2)安全文明措施费	[5]×34元/工日×1.66×费率	不可竞争费
8	(3)二次搬运费	[5]×费率	
9	(4)夜间施工措施费	[5]×费率	
10	(5)冬雨施工措施费	[5]×费率	
11	(6)其他		
12	措施费小计	∑[6]~[11]	
13	调 整:(1)人工费差价		
14	(2)材料费差价		按合同约定
15	(3)机械费差价		
16	(4)其他		
17	调整小计	∑[13]~[16]	
18	直接费小计	[4]+[12]+[17]	
19	间接费:(1)企业管理费	企业管理费增加1	综合单价内 2.8元/综合工日
		企业管理费增加2	(人工费指导价−定额工日价)×[1.1]×6%
20	(2)规费:①工程排污费		按实际发生额计算
21	②社会保障费	[5]×9.08	不可竞争费
22	③住房公积金	[5]×1.70	不可竞争费
23	间接费小计	∑[19]~[22]	
24	工程成本	[18]+[23]	
25	利润	综合单价分析	
26	其他费用:(1)总承包服务费	业主分包专业造价×费率	按实际发生额计算
27	(2)优质优价奖励费		按合同约定
28	(3)检测费		按实际发生额计算
29	(4)其他		
30	其他费用小计	∑[26]~[29]	
31	税前造价合价	[24]+[25]+[30]	
32	税金	[31]×税率	
33	工程造价总价	[31]+[32]	

综合案例 6-2

某工程在进行基础工程时采用 C30(40)现浇碎石混凝土的独立基础,已知工程量为 500 m³,主要材料市场价格如表 6.19 所示(没有给出的视为与定额中价格一致)。

表 6.19 主要材料市场价格

序号	名称	规格、型号	单位	单价(元)
1	水泥	32.5 级	t	350
2	中、粗砂	干净、含水率为 0	m³	110
3	碎石	20~40mm	m³	70
4	草袋		m²	5

已知安全文明施工费费率为 15.28%,规费均需计取,税率为 3.477%,人工指导价为 72元/工日,假设无其他措施费用,根据《河南省建设工程工程量清单综合单价(2008)》,求该独立基础的施工图预算价。

解:第一步:根据题目将已知工程量套用预算定额,填写工程预算表,见表 6.20。

表 6.20 工程预算表

工程名称:独立基础   单位:元

编号	定额项目	单位	工程量	单价	合价	人工合价	材料合价	机械合价	管理费合价	利润合价	综合工日含量	综合工日合计
1	4-5 换 现浇混凝土独立基础	10m³	50	2664.41	133220.5	1816.75	101964.3	413.5	8450	4225	8.45	422.5
2	合计				133220.5	18167.5	101964.3	413.5	8450	4225		422.5

计算过程如下:

综合单价=人工费单价+材料费单价+机械费单价+管理费+利润

$$=363.35+[1691.75+(195.03-160.79)\times10.15]+8.27+169+84.5$$

$$=2664.41(元/10m³)$$

分项工程合价= $\sum$ [工程量(分项工程)×单位价格]

$$=500\times2664.406 元$$

$$=133220.5(元)$$

其中:

人工费合价=[工程量(分项工程)×人工单位价格]

$$=500 \times 363.35$$
$$=18167.5(元)$$

材料费合价$=[$工程量(分项工程)$\times$材料单位价格$]$
$$=500 \times [1691.75+(195.03-160.79) \times 10.15]$$
$$=500 \times 2039.286$$
$$=101964.3(元)$$

注:定额当中为 C15 混凝土,例题中采用的是 C30 混凝土,因此要将材料费中的 C15 替换为 C30 混凝土的单价。

机械费合价$=[$工程量(分项工程)$\times$机械单位价格$]$
$$=500 \text{ m}^3 \times 8.27/10 \text{ m}^3$$
$$=413.5 \text{ 元}$$

管理费合价$=[$工程量(分项工程)$\times$管理费单位价格$]$
$$=500 \text{ m}^3 \times 169 \text{ 元}/10 \text{ m}^3$$
$$=8450 \text{ 元}$$

利润合价$=[$工程量(分项工程)$\times$利润单位价格$]$
$$=500 \text{ m}^3 \times 84.5 \text{ 元}/10 \text{ m}^3$$
$$=4225 \text{ 元}$$

综合工日合计$=[$工程量(分项工程)$\times$定额中综合工日含量$]$
$$=500 \text{ m}^3 \times 8.45 \text{ 工日}/10 \text{ m}^3$$
$$=422.5 \text{ 工日}$$

施工措施费用表,见表 6.21。

表 6.21 施工措施费用表

工程名称:砌体工程 单位:元

序号	名称	单位	工程量	单价	合价
1	措施费 1				3643.65
1.1	安全文明措施费	项	1	3643.65	3643.65
1.2	材料二次搬运费	项	1		
1.3	夜间施工增加费	项	1		
1.4	冬雨季施工增加费	项	1		
2	措施费 2				
2.1	YA.12.1 施工排水、降水费				
2.2	……				
	措施项目合计				3643.65

计算过程如下：

安全文明措施费＝计算基数×安全文明施工费费率(%)
$$=综合工日×34×1.66×15.28\%$$
$$=3643.65(元)$$

第二步：工料分析(根据定额材料消耗用量计算)；

水泥用量＝10.15×0.441×50＝223.81(t)

中粗砂用量＝10.15×0.36×50＝182.7(m)

碎石用量＝10.15×0.84×50＝426.3(m³)

草袋用量＝4.2×50＝210(m²)

第三步：工料差价调整，见表6.22。

表6.22 材料价差表

工程名称：砌体工程 单位：元

序号	材料名	单位	材料量	定额价	市场价	价差	价差合计
1	水泥	t	223.81	280	350	70	15666.7
2	中、粗砂	m³	182.7	80	110	30	5481
3	碎石	m³	426.3	50	70	20	8526
4	草袋	m²	210	3.5	5	1.5	315
价差合计：29988.7							

第四步：计算单位工程施工图预算造价，工程费用汇总表见表6.23。

表6.23 工程费用汇总表

工程名称：独立基础 单位：元

序号	费用项目	取费基础	费率	费用
1	定额直接费：(1)定额人工费	分部分项工程人工费		18167.5
2	(2)定额材料费	分部分项工程材料费		101964.3
3	(3)定额机械费	分部分项工程机械费		413.5
4	定额直接费小计	[1]+[2]+[3]		120545.3
5	综合工日	综合工日合计		422.5
6	措施费：(1)技术措施费	技术措施费合计		
7	(2)安全文明措施费	[5]×34元/工日×1.66	15.28%	3643.65
8	(3)二次搬运费	[5]	0	
9	(4)夜间施工措施费	[5]	0	
10	(5)冬雨施工措施费	[5]	0	
11	(6)其他			
12	措施费小计			3643.65

序号	费用项目	取费基础	费率	费用
13	调整:(1)人工费差价	人工费差价合计		
14	(2)材料费差价	材料费差价合计		29988.7
15	(3)机械费差价	机械费差价合计		
16	(4)其他			
17	调整小计	$\sum$[13]～[16]		29988.7
18	直接费小计	[4]+[12]+[17]		154177.65
19	间接费:(1)企业管理费	综合单价分析		8450
		企业管理费增加1	2.8元/综合工日	422.5×2.8=1183
		企业管理费增加2	(人工费指导价-定额工日价)×[1.1]×50%	(72-43)×422.5×6%=735.15
20	(2)规费:①工程排污费			
21	②社会保障费	[5]	9.08	3836.3
22	③住房公积金	[5]	1.7	718.25
23	间接费小计	$\sum$[19]～[22]		14922.7
24	工程成本	[18]+[23]		169100.35
25	利润	利润合计		4225
26	其他费用:(1)总承包服务费			
27	(2)优质优价奖励费			
28	(3)检测费			
29	(4)其他			
30	其他费用小计	$\sum$[26]～[29]		0
31	税前造价合计	[24]+[25]+[30]		173325.35
32	税金	[31]	3.477%	6026.52
33	工程造价总计	[31]+[32]		179351.87

知识拓展

安全文明措施费的计取办法见《关于调整河南省建设工程安全文明施工措施费计取办法的通知》(豫建设标[2014]57号文);规费的计取办法见豫建设标[2014]29号文。

6.4.4 施工图预算的审查

1.施工图预算审查的内容

审查施工图预算的重点,应该放在工程量计算、预算单价套用、设备材料预算价格取定是否正确,各项费用标准是否符合现行规定等方面。其中设备、材料预算价格是施工图预算造价所占比重最大、变化最大的内容,应当重点审查。

2.施工图预算的审查方法

审查施工图预算方法较多,主要有全面审查法、标准预算审查法、分组计算审查法、对比审查法、筛选审查法、重点抽查法、利用手册审查法和分解对比审查法等八种,其中需要重点掌握的方法包括:

(1)全面审查法。此方法的优点是全面、细致,经审查的工程预算差错比较少,质量比较高;缺点是工作量大。对于一些工程量比较小、工艺比较简单的工程,编制工程预算的技术力量又比较薄弱,可采用全面审查法。

(2)用标准预算审查法。这种方法的优点是时间短、效果好、好定案;缺点是只适应按标准图纸设计的工程,适用范围小。该方法只适用于利用标准图纸或通用图纸施工的工程。

(3)分组计算审查法。该方法是可以加快审查工程量速度的方法,一般土建工程可以分为以下几个组:

①地槽挖土、基础砌体、基础垫层、槽坑回填土、运土。

②底层建筑面积、地面面层、地面垫层、楼面面层、楼面找平层、楼板体积、天棚抹灰、天棚刷浆、屋面层。

③内墙外抹灰、外墙内抹灰、外墙内面刷浆、外墙上的门窗和圈过梁、外墙砌体。

(4)筛选审查法。通常选择工程量、造价(价值)、用工三个单方基本值表为筛选标准。筛选法的优点是简单易懂,便于掌握,审查速度和发现问题快;但缺点是解决差错、分析其原因需继续审查。因此,此法适用于住宅工程或不具备全面审查条件的工程。

(5)重点抽查法。重点抽查法是抓住工程预算中的重点进行审查的方法,适用于工程量大或造价较高、工程结构复杂的工程。审查的重点一般是:补充单位估价表、计取的各项费用(计费基础、取费标准等)。重点抽查法的优点是重点突出,审查时间短,效果好。

(6)利用手册审查法。利用手册审查法是把工程中常用的构件、配件,事先整理成预算手册,按手册对照审查的方法。这种方法可大大简化预结算的编审工作。

本章小结

本章着重叙述了设计阶段的划分及设计阶段影响工程造价的因素、设计方案优选的方法和设计概算,在施工图预算部分主要依据《河南省建设工程工程量清单综合单价(2008)》及其配套的文件、解释,同时结合《建设工程工程量清单计价规范》(GB50500—2013)、《建筑工程费用项目组成》(建标[2013]44号文)的相关内容进行了编制。

本章的教学目标是通过本章的学习,使学生能理解设计的阶段划分并清楚在整个建设程序中概预算的编制时间,能初步理解设计阶段影响工程造价的因素,以及如何合理地控制相应的指标来降低造价;同时熟悉设计方案优选的原则、设计概算的内容、施工图预算的内容;并且掌握设计方案优选方法,能够运用价值工程等方法对多方案进行优选;掌握设计概算的编制方法,能正确区分并理解单价法与实物法的异同,以及施工图预算的编制程序、审查的重点内容及方法。

习　题

一、单选题

1.下列关于工程设计阶段划分的说法中,错误的是(　　)。

A.工业项目的两阶段设计是指初步设计、施工图设计

B.民用建筑工程一般可分为总平面设计、方案设计、施工图设计三个阶段

C.技术简单的小型工业项目,经项目相关管理部门同意后,可简化为一阶段设计

D.大型联合企业的工程,还应经历总体规划设计或总体设计阶段

2.工业建筑设计评价中,下列不同平面形状的建筑物,其建筑物周长与建筑面积比按从小到大顺序排列正确的是(　　)。

A.正方形→矩形→T形→L形　　　　B.矩形→正方形→T形→L形

C.T形→L形→正方形→矩形　　　　D.L形→T形→矩形→正方形

3.柱网布置是否合理,对工程造价和面积的利用效率都有较大影响。下列说法正确的是(　　)。

A.单跨厂房跨度不变时,层数越多越经济

B.对于单跨厂房,当柱间距不变时,跨度越大单位面积造价越低

C.多跨厂房柱间距不变时,跨度越大造价越低

D.柱网布置与厂房的高度无关

4.在居住小区设计方案评价中,影响建筑密度的主要因素是房屋的(　　)。

A.层数　　　　B.层高　　　　C.间距　　　　D.排列方式

5.当初步设计达到一定深度、建筑结构比较明确、能结合图纸计算工程量时,编制单位工程概算宜采用(　　)。

A.概算定额法　　　　　　B.概算指标法

C.类似工程预算法　　　　D.综合单价法

6.某地拟建一办公楼,与该工程技术条件基本相同的概算指标经地区价差调整后的建安工程价格为20万元/100m²,其中,直接工程费所占比例为75%。拟建工程与概算指标相比,仅楼地面面层构造不同,概算指标中楼地面为地砖面层,拟建工程为花岗石面层。该地区地砖和花岗石面层的预算单价分别为50元/m²和300元/m²,概算指标中每100m²建筑面积中地面面层工程量为50m²。假定其他各项费用构成比例不变,则拟建工程概算单价为(　　)元/m²。

A.1833.00　　　B.2031.25　　　C.2125.00　　　D.2166.67

7.编制某工程施工图预算,套用预算定额后得到的人工、甲材料、乙材料、机械台班的消耗量分别为15工日、12m³、0.5 m³、2台班,预算单价与市场单价如表6.24所示,则用实物法计算的该工程的人材机费用之和为(　　)元。

A.2080.00　　　B.2730.5　　　C.3157.40　　　D.3547.95

表 6.24 预算单价与市场单价

	综合人工(元/工日)	机械台班(元/台班)	甲材料(元/m³)	乙材料(元/m³)
预算单价	70	270	40	20
市场单价	100	300	50	30

8.某建设项目由若干单项工程构成,应包含在其中某单项工程综合概算中的费用项目是
( )。

A.工器具及生产家具购置费　　　B.办公和生活用品购置费

C.研究试验费　　　D.基本预备费

9.下列概算编制方法中,不属于设备安装工程概算编制的方法的是( )。

A.预算单价法　　　B.类似工程预算法

C.扩大单价法　　　D.概算指标法

10.下列内容中,属于施工图预算重点抽查法审查重点的是( )。

A.单位面积用工　　　B.有相同工程量计算基础的相关工程的数量

C.计费基础　　　D.常用构配件工程量

11.对工程量大、结构复杂的工程施工图预算,要求审查时间短、效果好的审查方法是( )。

A.重点抽查法　　　B.分组计算审查法

C.对比审查法　　　D.分解对比审查法

二、多选题

1.方案优化的过程中,若在运用价值工程对方案的功能进行分析时出现如下情况,则下列说法正确的是( )。

A.$V_i=1$,说明该功能的重要性与其成本的比重大体相当,是合理的,无需再进行价值工程分析

B.$V_i=1$,说明该功能的重要性与其成本的比重大体相当,还需再进一步寻找降低成本或提高功能的途径

C.$V_i<1$,说明该功能不太重要,而目前成本比重偏高,可能存在过剩功能,应作为重点分析对象,寻找降低成本的途径

D.$V_i>1$,说明该功能重要而成本又较低,因此是合理的,无需再进行价值工程分析

E.$V_i>1$,出现这种结果的原因较多,其中较常见的是:该功能比较重要,但目前成本偏低,因此不能充分实现该重要功能,应适当增加成本,提高该功能的实现程度

2.编制施工图预算的过程中,包括在预算单价法中,但不包括在实物法中的工作内容有
( )。

A.套用预算定额　　　B.汇总人材机费用　　　C.计算未计价材料费

D.计算材料价差　　　E.计算其他费用

3.下列属于建设项目总概算文件中所包含的内容有( )。

A.封面、签署页及目录　　　B.总概算表

C.工程建设其他费用概算表　　　D.编制依据　　　E.附录:补充估价表

4.和预算单价法相比,采用实物法编制施工图预算突出的优点有( )。

A.不需要计算人工、材料、施工机械台班消耗数量

B.编制过程简单

C.能反映编制地实际价格水平

D.准确性高

E.与市场经济体制相适应

5.关于施工图预算的审查方法,下列说法正确的有( )。

A.标准预算审查法适用于通用图纸施工且上部结构和做法相同的工程

B.筛选审查法不适用住宅工程

C.分组计算审查法能够加快审查工程量的速度

D.全面审查法适用于工艺较简单的工程

E.利用手册审查法不能简化预结算的编审工作

三、简答题

1.简述设计阶段影响工程造价的因素。

2.设计概算的组成内容有哪些?

3.单位工程设计概算的编制方法有哪些,如何进行编制?

4.试比较工料单价法与综合单价法的异同。

5.简述施工图预算综合单价法的编制步骤。

6.施工图预算的审查方法有哪些,并简述各自的适用范围。

第7章
建设工程招投标阶段

▰ 本章主要内容

1. 招投标的概念及特征，招投标活动遵循的原则，对工程造价的影响和基本程序；
2. 招标控制价和投标报价的编制，投标报价的影响及策略；
3. 开标、评标和定标的要求及方法；
4. 建筑工程合同的类型及选择。

▰ 本章学习要点

1. 掌握招投标的种类和程序；
2. 掌握招标控制价和投标报价方法及编制；
3. 掌握评标的方法；
4. 熟悉建筑工程合同的类型及选择。

▷ 知识导入

为了有效地控制工程造价，招标人要编制招标控制价，并做好招标前的一系列准备工作，然后通过招标的方式鼓励施工企业投标竞争；施工企业为了中标，要掌握一定的投标策略，并结合自己的企业特点和优势来投标标价；招标人通过开标，并采用一定的评标方法，从中选出技术能力强、管理水平高、信誉可靠且报价合理的施工单位作为中标单位，并通过签订施工合同的形式来约束双方在施工过程中的行为。

7.1 概述

招投标是一种商品交易行为，是市场经济的要求，是一种竞争性采购方式。2000年1月1日《中华人民共和国招标投标法》（以下简称《招标投标法》）颁布实施，意味着把竞争机制引入了建设工程管理体制，打破了部门垄断和地区分割，在相对平等的条件下进行招标承包，择优选择工程承包单位和设备材料供应单位等，以促使这些单位改善经营管理，提高应变能力和竞争能力，合理地确定合同价格，降低工程造价。

7.1.1 招投标的概念和特征

1.概念

建设工程招投标是在市场经济条件下，在工程承包市场围绕建设工程这一特殊商品而进行的一系列交易活动(包括可行性研究、勘察设计、工程施工、材料设备采购等)。

2.特征

(1)组织性。招投标是一种有组织、有计划的特殊的商业交易活动,它的进行过程必须按照招标文件的规定,按事先规定的规则、标准、方法进行,有严密的程序,体现了高度的组织性。

(2)公开性。招投标的公开性主要体现在进行招标活动的信息公开,开标的程序和内容公开,评标标准和评标方法公开,中标结果公开。

(3)公平、公正性。招标方对各方投标者一视同仁,不得有以任何理由歧视某一投标者的规定和行为。招标过程实行公开公正方式,公开评标标准和评标办法,是保证和约束评标委员会评标过程公正性的重要措施之一。招标的组织性、公开性以及严格的保密原则和保密措施,也是对投标人在招标过程中进行公平、公正竞争的重要保证。

(4)一次性。在招投标过程中,投标人没有讨价还价的权利,投标人参与投标,只能应邀进行一次性秘密报价。在投标文件递交截止日期以后,投标文件不得撤回或进行实质性条款的修改。

(5)规范性。不论是工程建设施工招标,采购招标或工程勘察设计等服务类型的招标都要充分做好招标的准备工作,按照"招标—投标—开标—评标—定标—签订合同"这一相对规范和成熟的基本程序进行。随着我国《招标投标法》的全面贯彻执行,国务院有关行政监督部门已出台了一些必须强制执行的程序规定,使招投标过程中的各项工作不仅有法可依,并且有章可循,促进招标行为的规范化。

(6)时限性。招标公告(或投标邀请书)发布后,招标文件的出售时间、对招标文件的澄清答疑与修改时间、投标文件的投标截止时间、开标时间、投标有效期和投标保证金有效期,以及中标通知书发出后双方签订合同的期限等,都必须按照规定的时间进行,有严格的时限要求。

(7)静态性。招投标中的时限性和投标报价的一次性的特点,以及投标截止期以后任何投标人不准对投标文件的实质性条款作改动、不准在开标后进行更改等规则,反映了每次招投标活动在其规定的时间段里的一种静态性的特征。

7.1.2 招投标活动中应遵循的基本原则

建设工程招投标应遵循公开、公平、公正和诚实守信的原则。

1.公开原则

招标行动的信息要公开,就是要求招投标活动具有高透明性,实行招标信息、招标程序公开。即发布招标通告、公开开标、公开中标结果,使每一个投标人获得同等的信息。

2.公平原则

招投标就是要求给予所有投标人平等的机会,使其享有同等的权利并履行相应的义务,不歧视任何一方。

3.公正原则

在招投标活动中,招标人的行为应当公正,就是要求评标时按事先公布的标准对待所有的投标人。

4.诚实守信原则

诚实守信原则,也称诚信原则,是民事活动的一项基本原则。从这一原则出发,《招标投标法》规定了不得规避招标、串通投标、泄露标底、骗取中标、非法律允许的转包合同等诸多义务。

7.1.3　建设工程招投标对工程造价的重要影响

建设工程招投标制是我国建筑市场走向规范化、完善化的重要举措之一。建设工程招投标制的推行,使计划经济条件下建设任务的发包从以计划分配为主转变到以投标竞争为主,使我国承发包方式发生了质的变化。推行建设工程招投标制,对降低工程造价,进而使工程造价得到合理的控制具有非常重要的影响。

1.形成市场定价的价格机制,使工程价格更加趋于合理

在建设市场推行招投标制最直接、最集中的表现就是在价格上的竞争。通过竞争确定出工程价格,使其趋于合理或下降,这将有利于节约投资,提高投资效益。

2.不断降低社会平均劳动消耗水平,使工程价格得到有效控制

在建筑市场中,不同投标者的个别成本是有差异的。通过推行招投标制总使那些个别成本最低或接近最低、生产力水平较高的投标者获胜,这样便实现了生产力资源的较优配置,也对不同投标者实行了优胜劣汰。面对激烈竞争的压力,为了自身的生存与发展,每个投标者必须切实在降低自己个别劳动消耗水平上下工夫,这样将逐步而全面地降低社会平均劳动消耗水平,使工程价格更为合理。

3.推行招投标制有利于供求双方更好地相互选择,使工程价格更加符合价值基础,进而更好地控制工程造价

采用招投标方式为供求双方在较大范围内进行相互选择创造了条件,为需求者(如业主)与供给者(如勘察设计单位、承包商、供应商)在最佳点上结合提供了可能。需求者对供给者选择的基本出发点是"择优选择",即选择那些报价较低、工期较短、质量较高、具有良好业绩和管理水平的供给者,这样就为合理控制工程造价奠定了基础。

4.推行招投标制有利于规范价格行为,使公开、公平、公正的原则得以贯彻

我国招投标活动有特定的机构进行管理,有严格的程序来遵循,有高素质的专家提供支持。工程技术人员的群体评估与决策,能够避免盲目过度的竞争和徇私舞弊现象的发生,对建筑领域中的腐败现象起到强有力的遏制作用,使价格形成过程变得透明而规范。

5.推行招投标能降低工程造价

推行招投标能够减少交易费用,节省人力、物力、财力,进而使工程造价有所降低。

7.1.4　招投标的一般程序

一般来说,招投标需经过招标、投标、开标、评标与定标等程序。

1.招标

具有招标条件的单位填写《建设工程招标申请书》,报有关部门审批;获准后,组织招标班子和评标委员会;编制招标文件和招标控制价或标底;发布招标公告;审定投标单位;发放招标文件;组织招标会议和现场勘察;接受投标文件。

2.投标

根据招标公告或招标单位的邀请,选择符合本单位施工能力的工程,向招标单位提交投标意向,并提供资格证明文件和资料;资格预审通过后,组织投标班子,跟踪投标项目,购买招标文件;参加招标会议和现场勘察;编制投标文件,并在规定时间内报送给招标单位。

3. 开标

开标应当按照招标文件规定的时间、地点和程序,以公开的方式进行。开标由招标人或招标投标中介机构主持,邀请评标委员会成员、投标人代表和有关单位代表参加。

投标人检查投标文件的密封情况,确认无误后,由有关工作人员当众拆封、验证投标资格,并宣读投标人名称、投标价格以及其他主要内容。

知识拓展

投标文件有下列情形之一的将视为无效:
(1)投标文件未按规定的标志密封;
(2)未经法定代表人签署或未加盖投标单位公章或未加盖法定代表人印鉴;
(3)未按规定的格式填写,内容不全或字迹模糊辨认不清;
(4)投标截止时间以后送达的投标文件。

投标人可以对唱标作必要的解释,但所作的解释不得超过投标文件记载的范围或改变投标文件的实质性内容。开标还应当作记录,存档备查。

4. 评标

评标应当按照招标文件的规定进行。招标人或者招投标中介机构负责组建评标委员会。经过初步评审合格的投标文件,评标委员会应当根据招标文件确定的评标标准和方法,对其技术部分和商务部分作进一步评审、比较。详细评审有经评审的最低投标价法和综合评估法两种方法。

(1)经评审的最低投标价法。经评审的最低投标价法是指评标委员会对满足招标文件实质要求的投标文件,根据详细评审标准规定的量化因素及量化标准进行价格折算,按照经评审的投标价由低到高的顺序推荐中标候选人,或根据招标人授权直接确定中标人,但投标报价低于其成本的除外。经评审的投标价相等时,投标报价低的优先;投标报价也相等的,由招标人自行确定。

按照《评标委员会和评标方法暂行规定》的规定,经评审的最低投标价法一般适用于具有通用技术、性能标准或者招标人对其技术、性能没有特殊要求的招标项目。

知识拓展

投标价不得低于成本,应该理解为低于招标人自己的个别成本,而不是社会平均成本。投标人以低于社会平均成本但不低于其个别成本的价格投标,则应该受到保护和鼓励。

(2)综合评估法。不宜采用经评审的最低投标价法的招标项目,一般应当采取综合评估法进行评审。综合评估法是指评标委员会对满足招标文件实质性要求的投标文件,按照规定的评分标准进行打分,并按得分由高到低顺序推荐中标候选人,或根据招标人授权直接确定中标人,但投标报价低于其成本的除外。综合评分相等时,以投标报价低的优先;投标报价也相等的,由招标人自行确定。

评标委员按照招标文件的规定对投标文件进行评审和比较后,应向招标人推荐1~3个中标候选人。

知识拓展

《招标投标法》规定,评标由招标人依法组建的评标委员会负责。依法必须招标的项目,评标委员会由招标人或其委托的招标代理机构熟悉相关业务的代表和有关技术、经济等方面的专家组成,成员人数为 5 人以上的单数。其中,技术、经济等方面的专家不得少于成员总数的 2/3。评标工作由招标人主持。

技术、经济等专家应当从事相关领域工作满 8 年且具有高级职称或具有同等专业水平,专家成员由招标人从省级以上人民政府有关部门提供的专家名册或招标代理机构专家库中的相关专家名单中随机抽取,特别复杂、专业性强或国家有特殊要求的招标项目可由招标单位直接确定。与投标人有利害关系的人不得进入相关项目的评标委员会,已经进入的应当更换。评标委员会成员的名单在中标结果确定前应当保密。

5.定标

招标人应当从评标委员会推荐的中标候选人中确定中标人,发中标通知书,并将中标结果书面通知所有投标人。招标人和中标人应当按照招标文件的规定和中标结果签订书面合同。

7.2　建设工程项目招标

7.2.1　建设工程项目招标的概念

建设工程项目招标是指招标人(或招标单位)在发包建设工程项目之前,以公告或邀请书的方式提出招标项目的有关要求,公布招标条件,投标人(或投标单位)根据招标人的意图和要求提出报价,择日当场开标,以便从中择优选定中标人的一种交易行为。

7.2.2　建设工程项目招标的范围、方式与种类

1.建设工程项目招标的范围

(1)建设工程项目招标的范围要求。

《招标投标法》中规定,在中华人民共和国境内进行下列工程建设项目,包括项目的勘察、设计、施工、监理以及与工程建设有关的重要设备、材料等的采购,必须进行招标:

①大型基础设施、公用事业等关系社会公共利益、公众安全的项目;

②全部或者部分使用国有资金投资或国家融资的项目;

③使用国际组织或者外国政府贷款、援助资金的项目;

④法律或者国务院对必须进行招标的其他项目的范围有规定的,依照其规定。

知识拓展

2011 年 12 月颁布的《中华人民共和国招标投标法实施条例》(以下简称《招标投标法实施条例》)指出招标投标法所称工程建设项目,是指工程以及与工程建设有关的货物、服务。工程是指建设工程,包括建筑物和构筑物的新建、改建、扩建及其相关的装修、拆除、修缮等;所称与工程建设有关的货物,是指构成工程不可分割的组成部分,且为实现工程基本功能所必需的设

备、材料等;所称与工程建设有关的服务,是指为完成工程所需的勘察、设计、监理等服务。

(2)建设工程必须招标的规模标准。

《工程建设项目招标范围和规模标准规定》中所规定范围内的工程建设项目,包括项目的勘察、设计、施工、监理以及与工程建设有关的重要设备、材料等的采购,达到下列标准之一的,必须进行招标:

①施工单项合同估算价在200万元人民币以上的;

②重要设备、材料等货物的采购,单项合同估算价在100万元人民币以上的;

③勘察、设计、监理等服务的采购,单项合同估算价在50万元人民币以上的;

④单项合同估算价低于前三项规定的标准,但项目总投资额在3000万元人民币以上的。

《中华人民共和国招标投标法》规定,依法必须进行招标的项目,其招投标活动不受地区或者部门的限制。任何单位和个人不得违法限制或者排斥本地区、本系统以外的法人或者其他组织参加投标,不得以任何方式非法干涉招投标活动。

(3)可不进行招标的建设工程项目。

《招标投标法》规定,涉及国家安全、国家秘密、抢险救灾或属于利用扶贫资金实行以工代赈、需要使用农民工的等不适宜进行招标的项目,按照国家有关规定可以不进行招标。

《招标投标法实施条例》还规定,除《招标投标法》规定可以不进行招标的特殊情况外,有下列情况之一的,可以不进行招标:

①需要采用不可替代的专利或者专有技术的;

②采购人依法能够自行建设、生产或者提供的;

③已通过招标方式选定的特许经营项目投资人依法能够自行建设、生产或者提供的;

④需要向原中标人采购工程、货物或者服务,否则将影响施工或者功能配套要求的;

⑤国家规定的其他特殊情形。

此外,对于依法必须招标的具体范围和规模标准以外的建设工程项目,可以不进行招标,采用直接发包的方式。

2.建设工程招标的种类

(1)建设工程项目总承包招标。

建设工程项目总承包招标又叫建设项目全过程招标,在国外称之为"交钥匙"承包方式。它是指从项目建议书开始,包括可行性研究报告、勘察设计、设备材料询价与采购、工程施工、生产设备、投料试车,直到竣工投产、交付使用全面实行招标。工程总承包企业根据建设单位提出的工程使用要求,对项目建议书、可行性研究、勘察设计、设备询价与选购、材料订货、工程施工、职工培训、试生产、竣工投产等实行全面投标报价。

(2)设计—施工总承包招标。

设计—施工总承包招标是指设计施工一体化的总承包项目的招标。

(3)建设工程勘察招标。

建设工程勘察招标是指招标人就拟建工程的勘察任务发布公告,以法定方式吸引勘察单位参加竞争,经招标人审查获得投标资格的勘察单位按照招标文件的要求,在规定的时间内向招标人填报标书,招标人从中选择条件优越者完成勘察任务。

(4)建设工程设计招标。

建设工程设计招标是指招标人就拟建工程的设计任务发布公告,以法定方式吸引设计单位参加竞争,经招标人审查获得投标资格的设计单位按照招标文件的要求,在规定的时间内向招标人填报标书,招标人从中择优确定中标单位来完成工程设计任务。设计招标主要是设计方案招标,工业项目可进行可行性研究方案招标。

(5)建设工程施工招标。

建设工程施工招标是指招标人就拟建的工程发布公告,以法定方式吸引施工企业参加竞争,招标人从中选择条件优越者完成工程建设任务的法律行为。施工招标是建设项目招标中最有代表性的一种,后文如不加特别说明,招标均指施工招标。

(6)建设工程监理招标。

建设工程监理招标是指招标人为了委托监理任务的完成发布公告,以法定方式吸引监理单位参加竞争,招标人从中选择条件优越者的法律行为。

(7)建设工程材料设备招标。

建设工程材料设备招标是指招标人就拟购买的材料设备发布公告,以法定方式吸引建设工程材料设备供应商参加竞争,招标人从中选择条件优越者购买其材料设备的法律行为。

3.建设工程项目招标的方式

《招标投标法》规定,招标分为公开招标和邀请招标。

(1)公开招标。

公开招标又称为无限竞争招标,是指招标人通过报刊、信息网络或其他媒体等方式发布招标公告,以招标公告的方式邀请不特定的法人或其他组织投标。《招标投标法实施条例》规定,国家资金占控股或者主导地位的依法必须进行招标的项目,应当公开招标。

(2)邀请招标。

邀请招标又称为有限竞争性招标,是指招标人以投标邀请书的方式邀请特定的法人或其他组织投标。《招标投标法》规定,招标人采用邀请招标方式的,应向三个以上(含三个)有承担该项目能力、资信良好的特定的法人或其他组织发出投标邀请书,收到邀请书的单位才有资格参加投标。国务院发展计划部门确定的国家重点项目和省、自治区、直辖市人民政府确定的地方重点项目不适用公开招标的,经国务院发展计划部门或省、自治区、直辖市人民政府批准,可以进行邀请招标。

《招标投标法实施条例》进一步规定,国有资金占控股或者主导地位的依法必须进行招标的项目,应当公开招标;但有下列情形之一的,可以邀请招标:

①技术复杂、有特殊要求或者受自然环境限制,只有少量潜在投标人可供选择;

②采用公开招标方式的费用占项目合同金额的比例过大。

练一练:7-1

某地区要建一项保密性质的项目,该项目地形比较特殊,要求技术复杂,建设方决定在比较熟悉的几家施工单位内选择四家进行投标。你认为是否可行?为什么?

7.2.3 建设工程项目招标的基本程序

1.履行项目审批手续

《招标投标法》规定,招标项目按照国家有关规定需要履行项目审批手续的,应当先履行审批手续,取得批准。招标人应当有进行招标项目相应的资金或者资金来源已经落实,并应当在招标文件中如实载明。

《招标投标法实施条例》进一步规定,按照国家有关规定需要履行项目审批、核准手续的依法必须进行招标的项目,其招标范围、招标方式、招标组织形式应当报项目审批、核准部门审批、核准。项目审批、核准部门应当及时将审批、核准确定的招标范围、招标方式、招标组织形式通报有关行政监督部门。

2. 成立招标组织,由招标人自行招标或委托招标

应当招标的工程建设项目,办理报建登记手续后,凡已满足招标条件的,均可组织招标,办理招标事宜。招标组织者组织招标必须具有相应的组织招标的资质。

招标方式分为自行招标和委托招标两种方式,招标人具有选择权,任何单位和个人不得干涉。但应注意的是,招标人如果选择自行招标,应当具备两个能力,即编标能力和评标能力。

3. 编制招标文件

招标文件是招标单位向投标单位介绍招标工程情况和招标的具体要求的综合性文件。因此,招标文件的编制必须做到系统、完整、准确、明晰,即提出的要求目标明确,使投标者一目了然。建设单位也可以根据具体情况,委托具有相应资质的咨询、监理单位代理招标。招标文件一经发出,招标单位不得擅自改变,否则,应赔偿由此给投标单位造成的损失。

4. 发布招标公告或者投标邀请书

招标人应当按资格预审公告、招标公告或者投标邀请书规定的时间、地点发出资格预审文件或者招标文件。自资格预审文件或者招标文件开始发出之日起至停止发出之日止,最短不得少于五个工作日。资格预审文件或者招标文件发出后,不予退还。

招标人采用公开招标方式的,要在报刊、杂志、广播、电视等大众传媒或工程交易中心公告栏上发布招标公告,邀请一切愿意参加工程投标的不特定的承包商申请投标资格审查或申请投标。

招标人采用邀请招标方式的,要向三个以上具备承担招标项目的能力、资信良好的特定的承包商发出投标邀请书,邀请他们参加投标资格审查,参加投标。

一般说来,公开招标的招标公告和邀请招标的投标邀请书,应当载明以下几项内容:①招标人的名称、地址及联系人姓名、电话;②工程情况简介,包括项目名称、性质、数量、投资规模、工程实施地点、结构类型、装修标准、质量要求、时间要求等;③承包方式,材料、设备供应方式;④对投标人的资质和业绩情况的要求及应提供的有关证明文件;⑤招标日程安排,包括发放、获取招标文件的办法、时间、地点,投标地点及时间、现场踏勘时间、投标预备会时间、投标截止时间、开标时间、开标地点等;⑥对招标文件收取的费用(押金数额);⑦其他需要说明的问题。

5. 投标单位资格审查

审查投标单位的资格素质,看是否符合招标工程的条件。参加投标单位,应按招标公告或通知规定的时间报送申请书,并附企业状况表或说明。其内容应包括:企业名称、地址、负责人姓名、开户银行及账号、企业所有制性质和隶属关系、营业执照和资质等级证书(复印件)、企业简历等。投标单位应按有关规定填写表格。

招标单位收到投标单位的申请后,即审查投标企业的等级、承包任务的能力、财产赔偿能力以及保证人等,确定投标企业是否具备投标的资格。资格审查合格的投标单位,向招标单位购买招标文件。

6. 组织现场勘察并答疑

在投标单位初步熟悉招标文件后,在招标文件规定的时间内,由招标单位组织投标单位勘察现场,并对招标文件进行答疑。

投标人对招标文件或者在现场踏勘中如果有疑问或不清楚的问题,可以而且应当用书面的形式要求招标人予以解答。招标人收到投标人提出的疑问或不清楚的问题后,应当给予解释和答复。招标人的答疑可以根据情况采用书面形式解答或通过投标预备会进行解答。

7. 接受投标单位的标书

投标人应在招标文件所规定的投标文件递交日期和地点将密封后的投标文件送达给招标人。投标人在递交投标文件以后,在规定的投标截止时间之前,可以以书面形式补充修改或撤回已提交的投标文件,并通知招标人。补充、修改的内容为投标文件的组成部分。但在投标截止日期以后,不能更改或撤回投标文件。

投标截止期满后,投标人少于三个的,招标人将依法重新招标。

8. 开标、评标、定标

(1)开标。招标单位按招标文件规定时间、地点,在有投标单位、建设项目主管部门、建设银行和法定公证人参加下,当众启封有效标函,宣布各投标单位的报价和标函中的其他内容。

(2)评标。开标会结束后,招标人要接着组织评标。评标必须在招标投标管理机构的监督下,由招标人依法组建的评标组织进行。

(3)定标、签发中标通知书。在招标管理机构的监督下,按相关规定成立的评标委员会依据评标原则、评标办法对各投标单位递交的投标文件进行综合评价,公正合理、择优向招标人推荐中标单位。中标单位由招标管理机构核准,获准后由招标单位向中标人发出"中标通知书"。

9. 签订合同及履约

招标人和中标人应当依照招投标法和实施条例的规定签订书面合同,合同的标的、价款、质量、履行期限等主要条款应当与招投标文件和中标人的投标文件的内容一致。

中标人应当按照合同约定履行义务,完成中标项目。中标人不得向他人转让中标项目,也不得将中标项目肢解后分别向他人转让。

练一练: 7-2

某工程进行招标,规定投标文件截止日期为 2014 年 5 月 10 日中午 12 点整,在规定时间内,共递交 6 份投标文件,5 名投标人出席,其中一名代表两个投标人出席。业主认为他只能投一份投标文件,撤回没出席的另一份投标文件。另外一名投标人由于其他原因迟到 10 分钟,业主拒绝接收其交来的投标文件。业主的做法对不对?

7.2.4 招标控制价的编制

招标控制价是指根据国家或省级、行业建设行政主管部门颁发的有关计价依据和办法,以及拟定的招标文件和招标工程量清单,结合工程的实际情况编制的招标工程的最高投标限价。

根据《建筑工程施工发包与承包计价管理办法》(住建部令第 16 号)规定,国有资金投资的建筑工程招标的,应当设有最高投标限价,也就是招标控制价;非国有资金投资的建筑工程招标的,可以设有最高投标限价或招标标底。

知识拓展

《招标投标法实施条例》规定,招标人可以自行决定是否编制标底,一个招标项目只能有一个标底,标底必须保密。同时规定,招标人可以设有最高投标限价,但在招标文件中明确规定最高投标限价或最高投标限价的计算方法,不得规定最低投标价。

1.招标控制价的有关规定

(1)国有资金投资的工程建设项目应当实行工程量清单招标,招标人应编制招标控制价,若投标人的投标报价高于公布的招标控制价,其投标作为废标处理。

(2)招标控制价应有编制能力的招标人或委托具有相应资质的造价咨询人编制,工程造价咨询人不得同时对同一工程的招标控制价和投标报价进行编制。

(3)招标控制价应在招标文件中公布,不得进行上浮或下调。在公布招标控制价时,除公布总价外,还要公布各单位工程的分部分项工程费、措施项目费、其他项目费、规费和税金。

(4)招标控制价超过批准的概算时,招标人应将其报原概算审批部门审核。国有资金投资的工程原则上不能超过批准的设计概算。

(5)招标控制应按照《建设工程工程量清单计价规范》(GB—50500—2013)的规定进行编制,如投标人复核认为公布的招标控制价没有按照其规定进行编制的,可在控制价公布5日内向招标投标监督机构和工程造价管理机构投诉。经复查误差大于±3‰时,应责成招标人改正。重新公布招标控制价,若重新公布之日起至原投标截止期不足15天的,应延长投标的截止日期。

2.采用招标控制价招标的利弊

采用招标控制价的优点:①可有效地控制投资,防止哄抬报价带来的投资风险;②提高了透明度,避免了暗箱操作等违法活动;③各投标人自主报价、公平竞争,不受标底的限制;④既设置了上限,又尽量减少了业主依赖评标基准价的影响。

采用招标控制价的缺点:①如果最高限价大大高于市场平均价时,很容易出现串标围标的情况;②若公布的最高限价远低于市场平均价,投标人感觉无利可图,会出现低于三家投标的现象,这时要进行二次招标,影响招标效率。

3.招标控制价的编制依据与复核

根据现行的国家标准《建设工程工程量清单计价规范》(GB—50500—2013)规定,编制招标控制价应根据下列依据进行编制:

(1)《建设工程工程量清单计价规范》;

(2)国家或省级、行业建设主管部门颁发的计价定额和计价办法;

(3)建设工程设计文件及相关资料;

(4)拟定的招标文件及招标工程量清单;

(5)与建设项目相关的标准、规范、技术资料;

(6)施工现场情况、工程特点及常规施工方案;

(7)工程造价管理机构发布的工程造价信息,当工程造价信息没有发布时,参照市场价;

(8)其他的相关资料。

4.招标控制价编制的内容

招标控制价的编制内容包括分部分项工程费、措施项目费、其他项目费、规费和税金。

（1）分部分项工程费的编制要求。

①分部分项工程费应根据招标文件中的分部分项工程量清单及有关要求，按《建设工程工程量清单计价规范》(GB 50500—2013)有关规定确定综合单价计价。

②工程量依据招标文件提供的分部分项工程量清单确定。

③招标文件提供了暂估单价的材料，应按暂估的单价计入综合单价。

④为使招标控制价与投标报价所包含的内容一致，综合单价中应包括招标文件中要求投标人所承担的风险内容与其范围产生的风险费用。

（2）措施项目费的编制要求。

①措施项目中的安全文明施工费应当按照国家或省级、行业建设主管部门的规定标准计价，该部分不得作为竞争性费用。

②措施项目应按招标文件中提供的措施项目清单确定，可精确计量的措施项目，以"量"计算，按其工程量用与分部分项工程工程量清单单价相同的方式确定综合单价；对不可精确计量的措施项目，以"项"为单位，采用费率法按其规定综合取定。

（3）其他项目费的编制要求。

①暂列金额。暂列金额可根据工程的复杂程度、设计深度、工程环境条件进行估算，一般可以分部分项工程费的 10%～15%作参考。

②暂估价。暂估价中的材料单价应按照工程造价管理机构发布的工程造价信息中的材料单价计算，工程造价信息未发布材料单价的，参考市场价格估算；暂估价中的专业工程暂估价应分不同专业，按有关计价规定估算。

③计日工。计日工中的人工单价和施工机械台班单价应按省级、行业建设主管部门或授权的工程造价管理机构公布的单价计算；材料应按工程造价管理机构发布的工程造价信息中的材料单价计算，未发布的材料单价，应按市场调查确定的单价计算。

④总承包服务费。总承包服务费应按照省级或行业建设主管部门的规定计算，可参考以下标准：

A.招标人仅要求对分包的专业工程进行总承包管理和协调时，按分包的专业工程估算造价的 1.5%计算。

B.招标人要求对分包的专业工程进行总承包管理和协调，并同时要求提供配合服务时，根据招标文件中列出的配合服务内容和提出的要求，按分包的专业工程估算造价的 3%～5%计算。

C.招标人自行提供材料的，按招标人供应材料价值的 1%计算。

（4）规费和税金的编制要求。

规费和税金必须按照国家或省级、行业建设主管部门的规定计算。

5.**招标控制价的计价与组价**

（1）招标控制价的程序。

建设工程项目的招标控制价反映的是单位工程费用，单位工程招标控制价计价程序如表7.1所示。由于招标人的招标控制价和投标人的投标报价的计价程序的表格相同，所以此表格把两种程序合并列出。

（2）综合单价的组价。

招标控制价的分部分项工程费由各单位工程的招标工程量清单乘以相应综合单价汇总而

成。综合单价组价方法如下:

①依据提供的工程量清单和施工图纸,按照工程所在地颁发的计价定额的规定,确定组价的定额项目名称,计算出相应的工程量;

表7.1 建设单位工程招标控制价计价程序(施工企业投标报价计价程序)表

工程名称:　　　　　　　　　标段:　　　　　　　　　第　页　共　页

序号	汇总内容	计算方法	金额(元)
1	分部分项工程	按计价规定计算/(自主报价)	
1.1			
1.2			
1.3			
2	措施项目	按计价规定计算/(自主报价)	
2.1	其中:安全文明施工费	按规定标准估算/(按规定标准计算)	
3	其他项目		
3.1	其中:暂列金额	按计价规定估算/(按招标文件提供金额计列)	
3.2	其中:专业工程暂估价	按计价规定估算/(按招标文件提供金额计列)	
3.3	其中:计日工	按计价规定计算/(自主报价)	
3.4	其中:总承包服务费	按计价规定计算/(自主报价)	
4	规费	按规定标准计算	
5	税金(扣除不列入计税范围的工程设备金额)	(1+2+3+4)×规定税率	
招标控制价/(投标报价)合计=1+2+3+4+5			

②依据工程造价政策规定或工程造价信息确定人工、材料、机械台班单价;

③在考虑风险因素确定管理费率和利润率的基础上,按规定程序计算出所组价定额项目的合价,公式如下:

$$定额项目合价 = 定额项目工程量 \times [\sum(定额人工消耗量 \times 人工单价)$$
$$+ \sum(定额材料消耗量 \times 材料单价) + \sum(定额机械台班消耗量 \times 机械台班单价)$$
$$+ 价差(基价或人工、材料、机械费用) + 管理费和利润] \tag{7.1}$$

④将若干项所组价的定额项目合价相加除以工程量清单的项目工程量,便得到工程量清单项目综合单价,公式如下:

$$工程量清单综合单价 = \frac{\sum(定额项目合价) + (未计价材料)}{工程量清单项目工程量} \tag{7.2}$$

练一练: 7-3

已知某基础垫层根据工程量清单计量规则计算出工程量为 28.120m³,其包含的定额项目有两项,其组价有关工程量和单价如表 7.2 所示,求出清单的综合单价及合价,并填写表 7.3。

表 7.2　基础垫层组价表

序号	定额编号	项目名称	单位	工程量	单价(元)	合价(元)
1	4-13 换	C15(粒径≤40,32.5 水泥)混凝土基础垫层	10m³	2.812	2529.34	711.25
2	4-197	现场搅拌混凝土加工费	10m³	2.840	450.08	127.82

表 7.3　分部分项工程量清单与计价表

项目编码	项目名称	项目特征描述	计量单位	工程量	综合单价(元)	合价(元)
010401006001	混凝土基础垫层	C15(32.5 水泥)混凝土,现场搅拌、运输、浇捣、养护	m³	28.120		

7.3　建设工程项目投标

7.3.1　建设工程项目投标的概述

1.建设工程项目投标的概念

建设工程项目投标是工程招标的对称概念,指具有合法资格和能力的投标人(或投标单位)根据招标条件,经过初步研究和估算,在指定期限内填写标书,根据实际情况提出自己的报价,通过竞争企图为招标人选中,并等待开标,决定能否中标的一种交易方式。

2.施工投标程序

一般施工投标的程序如下:

(1)获取投标信息。投标人从招标人发布的招标公告或接受的投标邀请书中获得招标信息,并结合自己的实力选择投标工程。

(2)报名参加投标。承包人根据招标广告或邀请招标函的要求,向招标单位提出投标申请并提交有关资格预审资料。

(3)接受招标单位的资格审查。经招标人审查后,招标人应将符合条件的投标人的资格审查资料,报建设工程招标投标管理机构复查。经复查合格的,就具有了参加投标的资格。

(4)购买招标文件及有关资料。

(5)参加现场踏勘,并对有关问题提出质疑。

(6)编制标书。标书是投标人用于投标的综合性技术经济文件,是对招标文件提出的要求和条件做出实质性响应的文本,是招标单位选择承包商的重要依据,中标的标书是签订工程承包合同的基础。

（7）报送投标文件。

（8）参加开标会。

（9）中标后与建设单位签订工程承包合同。

7.3.2 工程投标报价的编制

1. 投标报价的编制原则

投标报价是投标单位按照招标文件的要求，根据工程特点，结合自身的施工技术、装备和管理水平，依据有关计价规定自主确定工程造价，是投标人对工程承包的期望价格，但不得高于招标控制价。

（1）投标报价由投标人或受其委托具有相应资质的工程造价咨询人编制。

（2）投标报价必须执行《建设工程工程量清单计价规范》（GB 50500—2013）的规定，由投标人自主投标报价，投标报价不得低于工程成本价。投标人的投标报价高于招标控制价的应予废标。

（3）投标人必须按招标工程量清单填报价格。项目编码、项目名称、项目特征、计量单位、工程量必须与招标工程量清单一致。

（4）投标报价以招标文件中设定的发承包双方责任划分作为考虑投标报价费用项目和费用计算的基础；根据工程发承包模式考虑投标报价的费用内容和计算深度。以施工方案、技术措施等作为投标报价计算的基本条件。

（5）以反映企业技术和管理水平的企业定额作为计算人工、材料和机械台班消耗量的基本依据。

（6）充分利用现场考察、调研成果、市场价格信息和行情资料，编制基价，确定调价方法。

（7）报价计算方法要科学严谨、简明适用。

2. 投标报价的计算依据

《建设工程工程量清单计价规范》（GB50500—2013）规定，投标报价应根据下列依据编制和复核：

（1）《建设工程工程量清单计价规范》（GB50500—2013）。

（2）国家或省级、行业建设主管部门颁发的计价办法。

（3）企业定额、国家或省级、行业建设主管部门颁发的计价定额和计价办法。

（4）招标文件、招标工程量清单及其补充通知、答疑纪要。

（5）建设工程设计文件及相关资料。

（6）施工现场情况、工程特点及投标时拟定的施工组织设计或施工方案。

（7）与建设项目相关的标准、规范等技术资料。

（8）市场价格信息或工程造价管理机构发布的工程造价信息。

（9）其他的相关资料。

3. 投标报价的编制内容

投标报价首先根据招标人提供的工程量清单编制分部分项工程和措施项目计价表、其他项目计价表、规费、税金项目计价表，然后汇总得到单位工程投标报价汇总表，再层层汇总，分别得到单项工程投标报价汇总表和工程项目投标总价汇总表。

（1）分部分项工程和措施项目计价表的编制。

承包人投标价中的分部分项工程费和以单价计算的措施项目费应按招标文件中分部分项工程和单价措施项目清单与计价表的特征描述确定综合单价计算。综合单价的确定是该表编制的最主要的内容。综合单价包括完成一个规定清单项目所需的人工费、材料和工程设备费、施工机具使用费、企业管理费、利润，并考虑风险费用的分摊。其公式如下：

综合单价＝人工费＋材料和工程设备费＋施工机具使用费＋企业管理费＋利润 （7.3）

确定综合单价时应注意以下事项：

①以项目特征描述为依据。在招标投标过程中，如果出现招标工程量清单特征描述与设计图纸不符时，投标人应以招标工程量清单的项目特征描述为准，确定投标报价的综合单价。当施工过程中施工图纸或设计变更与招标工程量清单项目特征描述不一致时，发承包双方应按实际施工的项目特征，依据合同约定重新确定综合单价。

②材料、工程设备暂估价应按招标工程量清单中列出的单价计入综合单价，专业工程暂估价应按招标工程量清单中列出的金额填写。

③考虑合理的风险。综合单价中应包括招标文件中划分的应由投标人承担的风险范围及其费用，招标文件中没有明确的，应提请招标人明确。招标文件中要求投标人承担的风险费用，投标人应考虑进入综合单价。在施工中，当出现的风险内容及其范围（幅度）在招标文件规定的范围内时，综合单价不得变动，合同价款不作调整。

🔔 知识拓展

根据国际惯例并结合我国工程建设的特点，发承包双方对工程施工阶段的风险宜采用如下分摊原则：

（1）对于主要由市场价格波动导致的价格风险，如工程造价中的建筑材料、燃料等价格风险，应当在招标文件中或合同中对此类风险的范围和幅度予以明确约定，进行合理分摊。根据工程特点和工期要求，一般采用的方式是承包人承担 5％ 以内的材料、工程设备价格风险，10％ 以内的施工机具施工费风险。

（2）对于法律、法规、规章或有关政策出台导致工程税金、规费、人工费发生变化，并有省级、行业建设行政主管部门或授权的工程造价管理机构发布的政策性调整，及由政府定价或政府指导价管理的原材料等价格进行了调整，承包人不应承担此类风险，应按有关规定调整执行。

（3）对于承包人根据自身技术水平、管理、经营状况能够自主控制的风险，如承包人的管理费、利润的风险，承包人应结合市场情况，根据企业自身的实际合理确定、自主报价，该部分风险由承包人全部承担。

（2）措施项目清单与计价表的编制。

对于可以精确计量的措施项目宜采用分部分项工程量清单方式的综合单价计价；对于不能精确计量的措施项目，应编制总价措施项目清单与计价表。总价项目的投标报价应遵循以下原则：

①措施项目内容应依据招标人提供的措施项目清单和投标人投标时拟定的施工组织或施工方案来确定。

②措施项目费由投标人自主确定,其中安全文明施工费必须按照国家或省级、行业建设主管部门的规定计价,不得作为竞争性费用。

(3)其他项目清单与计价表的编制。

其他项目清单主要包括暂列金额、暂估价、计日工及总承包服务费。

①暂列金额应按照招标人提供的其他项目清单中列出的金额填写,不得变动。

②暂估价不得变动和更改。暂估价中的材料、工程设备暂估价必须按照招标人提供的暂估单价计入分部分项工程费用中的综合单价;专业工程暂估价必须按照招标人提供的其他项目清单中列出的金额填写。材料、工程设备暂估单价和专业工程暂估价均由招标人提供,在工程实施过程中,对于不同类型的材料与专业工程采用不同的计价方法。

③计日工应按照招标人提供的其他项目清单列出的项目和估算的数量,自主确定各项综合单价并计算费用。

④总承包服务费应根据招标人在招标文件中列出的分包专业工程内容和供应材料、设备情况,按照招标人提出的协调、配合与服务要求和施工现场管理需要自主确定。

(4)规费、税金项目清单与计价表的编制。

规费和税金应按国家或省级、行业建设主管部门的规定计算,不得作为竞争性费用。这是由于规费和税金的计取标准是依据有关法律、法规和政策规定制定的,具有强制性。因此,投标人在投标报价时必须按照国家或省级、行业建设主管部门的有关规定计算规费和税金。

(5)投标价的汇总。

投标人的投标总价应当与组成工程量清单的分部分项工程费、措施项目费、其他项目费和规费、税金的合计金额相一致,即投标人在进行工程量清单招标的投标报价时,不能进行投标总价优惠(或降价、让利),投标人对投标报价的任何优惠(或降价、让利)均应反映在相应清单项目的综合单价中。

练一练:7-4

某装饰工程采用工程量清单计价,其中分部分项工程费为 1600480.8 元,措施项目费为 30089.6 元,其他项目费为 12036.0 元,规费 78000.0 元,税金为 82589.1 元。如果要在总价(工程总价为 1803195.5 元)的基础上让利 10000.0 元,其投标报价为 1793195.5 元。该报价是否有效?

4.工程投标报价的策略

工程投标报价的策略是指在投标报价中采用一定的方法和技巧使建设单位可以接受从而中标,并在中标后能获得更多利润的对策和方法。

投标人并不是每标必投,投标人在投标之前都要研究投标决策问题,因为投标人既想在投标中获胜,中标后又想从承包工程中盈利。这就使投标人决策针对项目招标时投标或是不投标,投什么性质的标,投标中如何采用以长制短、以优胜劣的策略和技巧。投标决策与否直接关系到中标后的效益,甚至关系到企业的发展。

知识拓展

通常情况下,下列招标项目应放弃投标:

(1)该施工企业主管和兼管能力之外的项目；

(2)对工程规模、技术要求超过该施工企业技术等级的项目；

(3)该施工企业生产任务饱满，而招标工程的盈利水平较低或风险较大的项目；

(4)该施工企业技术等级、信誉、施工水平明显不如竞争对手的项目。

(1)基本策略。

报价决策应考虑招标项目的特点和自身的优势和劣势，一般来说，对于下列情况报价可高一点：施工条件差的工程；专业水平要求高的技术密集型工程，而该公司在这方面有专长、声望高；总造价低的小工程，以及自己不愿意做、又不方便不投标的工程；特殊工程，如港口码头、地下开挖工程等；工期急的工程；对手少的工程；支付条件不理想的工程等。如遇如下工程，报价可低一些：施工条件好的工程，工作简单、工程量大的工程；该公司目前急于打入某一市场、某一地区、或在该地区面临工程结束，机械设备等无工地转移时；该公司在附近有工程，而该项目又可以利用该工程设备、劳务或有条件短期内突击完成的工程；投标对手多，竞争激烈的工程；支付条件好的工程等。

（2）报价技巧。

报价技巧是指投标中具体采用的对策和方法，常用的报价技巧如下：

①不平衡报价。

不平衡报价是指在总价基本确定的前提下，调整项目和各个子项的报价，使其能够既不影响总报价，又在中标后可以获取较好的经济效益。通常采用的不平衡报价有下列几种情况：

A.对能早期结账收回进度款的项目（如措施费、土方、基础等）的单价可报以较高价，以利于资金周转；对后期项目（装饰、电气安装、零散清理等）单价可适当降低。

B.估计今后工程量可能增加的项目，其单价可提高；而工程量可能减少的项目，其单价可降低。

C.图纸内容不明确或有错误，估计修改后工程量要增加的，其单价可提高；而工程内容不明确的，其单价可降低。

D.没有工程量而只需填报单价的项目（如工程中的开挖淤泥或岩石等备用单价），其单价可抬高。这样，既不影响总的投标价，又可多获利。

E.对于暂定项目，其实施的可能性大的项目，价格可定高价；估计该工程不一定实施的可定低价。

F.招标文件要求投标人对工程量大的项目报"综合单价分析表"投标时，可将综合单价分析表中的人工费和机械设备费报高些，而材料费报低些。这样在以后补充项目报价时，可采用综合单价分析表中较高的人工费和机械设备费，材料费往往采用市场价，这样能获得较高的收益。

G.计日工单价报价。如果纯计日工单价，不计入总价时，可报高些；如果计日工单价要计入总报价，则需具体分析是否报高价。

②多方案报价法。

多方案报价法是指在投标文件中报两个价：一个是按照招标文件的条件报一个价，另一个是加注解的报价，即如果某个条款作某些改动，报价可降低多少。这样可以降低总报价以吸引招标人。

多方案报价法适用于工程范围不是很明确、条款不是很清楚、技术规范要求过于苛刻的工程。

③无利润报价法。

缺乏竞争优势的承包商,在不得已的情况下,只好在算标中根本不考虑利润去夺标。这种办法一般是处于以下条件时采用:

A.有可能在得标后,将大部分工程分包给索价较低的一些分包商。

B. 对于分期建设的项目,先以低价获得首期工程,而后赢得机会创造第二期工程中的竞争优势,并在以后的实施中赚得利润。

C. 较长时间内,承包商没有在建的工程项目,如果再不得标,就难以维持生存。因此,虽然本工程无利可图,只要能有一定的管理费维持公司的日常运转,就可设法度过暂时困难,以图将来东山再起。

④突然降价法。

报价是一件保密的工作,但是对手往往通过各种渠道、手段来刺探情况,因此在报价时可以采取迷惑对方的手法。即先按一般情况报价或表现出自己对该工程兴趣不大,到快投标截止时,再突然降价。如鲁布革水电站引水系统工程招标时,日本大成公司知道他们的主要竞争对手是前田公司,因而在临近开标前把总报价突然降低 8.04%,取得最低标,为以后中标打下基础。采用这种方法时,一定要在准备投标报价的过程中考虑好降价的幅度,在临近投标截止日期前,根据情报信息与分析判断,再作最后决策。

⑤增加建议方案。

招标文件有时规定可提出一个建议方案,投标单位可以在招标文件中的设计和施工方案的基础上,提出更为合理的方案以吸引建设单位。这种方案可以降低总造价或缩短工期,或使方案更合理,但对原方案也要报价。建议方案不要写得太具体,要保留技术的关键,防止招标单位将此方案交给其他投标单位,同时,建议方案一定要成熟,有较强的可操作性。

⑥许诺优惠条件。

投标报价中附带优惠条件也是一种有效的手段。招标单位在评标时除了考虑报价和技术外,还要分析其他条件,如工期、支付条件等。比如可以主动提出提前竣工、赠予施工设备、免费转让新技术获专利等。

投标报价的技巧有很多,承包商应总结出对付各种情况的经验,有自己的投标策略和编标技巧,通过自己的实践,积累总结,不断提高自己的编标报价水平。

练一练:7-5

某公司为了能够中标,经常关注媒体,只要有投标项目都去投标,但结果是为了投标,浪费了大量的人力、物力却很少中标,帮忙分析他们很少中标的原因有哪些吧。

练一练:7-6

某办公楼经有关部门批准拟采用邀请招标方式进行施工招标,招标人于 2013 年 8 月 18 日向具备承担该项目能力的 A、B、C、D、E 五家投标单位发出投标邀请书。邀请书中说明 8 月 27、28 日 8:00 —17:00 在该招标人总工办公室领取招标文件,9 月 18 日 15:00 投标截止。五家投标单位均按规定时间提交了投标文件。但 B 单位在送出投标文件后发现报价有较严重的失误,在投标截止时间前 30 分钟递交了一份书面申明,撤回已提交的投标文件。

开标时,由招标人委托的市公证处人员检查投标文件的密封情况,确认无误后由工作人员当众拆封。招标人当场宣布有 A、C、D、E 四家投标单位投标,以及投标价格、工期和其他主要内容。由于 B 单位投标文件已撤回,没有宣布其投标。

招标人根据情况直接确定由 7 人组成的评标委员会委员,其中招标人代表 2 人、该系统技术专家 2 人、经济专家 1 人,外系统技术专家 1 人、经济专家 1 人。

在评标过程中,鉴于各投标人的技术方案大同小异,招标人决定将评标方法改为经评审的最低投标价法。根据修改后的方法,确定的评标结果排名顺序为 A、C、E、D。投标人于 9 月 26 日确定 A 单位中标,10 月 3 日与 A 单位签订合同。10 月 13 日将中标结果通知了 C、E、D 三家单位。

从所介绍的背景资料来看,在该项目的招标投标程序中,有哪些部分不妥,并说明原因。

7.4 工程合同价的确定与施工合同类型的选择

7.4.1 合同价款的约定

合同价款是合同文件的核心要素,建设项目不论是招标发包还是直接发包,合同价款的具体数额均在"合同协议书"中载明。

签约合同价是指双方签订合同时在协议书中列明的合同价格,对于以单价合同形式招标的项目,工程量清单中各种价格的总计即为合同价。合同价就是中标价,招标人不得以任何理由反悔。

7.4.2 建设工程施工合同类型与选择

在施工合同中,计价方式分为三种,即总价方式、单价方式和成本加酬金方式,其相应的施工合同称为总价合同、单价合同和成本加酬金合同。

1.总价合同

总价合同是业主支付给承包商的款额是一个规定的金额,即明确的总价的合同。总价合同也称作总价包干合同,即根据施工招标时的要求和条件,当施工内容和有关条件不发生变化时,业主付给承包商的价款总额就不发生变化。如果由于承包人的失误导致投标价计算错误,合同总价格也不予调整。建设规模较小,工期较短的建设工程,发承包双方可以采用总价方式确定合同价款。总价合同又分固定总价合同和变动总价合同。

(1)固定总价合同。即合同总价一次包死,不因环境因素(如通货膨胀、法律等)变化而调整。承包人承担全部风险。通常仅设计和合同工程范围变化才允许调整合同总价,这种合同用于工期较短(一般不超过一年),工程设计详细、图纸完整、清楚,且要求十分明确的项目。

(2)可调总价合同。承包人以总价结算,这个总价在合同执行中可以因工资、物价、法律等因素的变化而调整。这种合同中发包人承担了通货膨胀的风险,而承包人承担其他风险,一般适用于工期较长(一年以上)的项目。

2.单价合同

单价合同是承包人在投标时,按照招标文件就分部分项工程所列出的工程量表确定各分部分项工程费用的合同类型。实行工程量清单计价的建筑工程,鼓励发承包双方采用单价方式确定合同价款。这类合同的使用范围比较宽,其风险可以得到合理的分摊。单价合同可以分为固定单价合同和可调单价合同。

(1)固定单价合同。采用这种形式的合同,发包人只向承包人给出发包工程的有关分部分项工程以及工程范围,不需对工程量作任何规定。承包人在投标时只需对这种给定范围的分部分项工程作出报价即可,而工程量则按实际完成的数量结算。

(2)可调单价合同。在合同中签订的单价,根据合同约定的条款,如在工程实施过程中物价发生变化等,可作调整。有的工程在招标或签约时,因某些不确定因素而在合同中暂定某些分部分项工程的单价,在工程结算时,再根据实际情况和合同约定合同单价进行调整,确定实际结算单价。

3.成本加酬金合同

成本加酬金合同也称为成本补偿合同,指工程施工的最终合同价格将按照工程的实际成本再加上一定的酬金进行计算。在合同签订时,工程实际成本往往不能确定,只能确定酬金的取值比例或者计算原则。成本加酬金合同通常用于工程特别复杂,工程技术、结构方案不能预先确定;时间特别紧迫,如抢险、救灾工程,来不及进行详细的计划和商谈的工程。根据酬金的计取方式不同,成本加酬金合同分为百分比酬金、固定酬金、浮动酬金和目标成本加奖罚四类。

建设工程施工不同计价方式的合同比较见表7.4。

表 7.4 不同计价方式的合同比较

合同类型	总价合同	单价合同	成本加酬金合同			
			百分比酬金	固定酬金	浮动酬金	目标成本加奖罚
应用范围	广泛	广泛	有局限性			酌情
建设单位造价控制	易	较易	最难	难	不易	有可能
施工承包单位风险	大	小	基本没有		不大	有

知识拓展

根据《建设工程施工发包与承包计价管理办法》(住建部令第16号)的规定,发承包双方在确定合同价款时,应当考虑市场环境和生产要素价格变化对合同价款的影响。

实行工程量清单计价的建筑工程,鼓励发承包双方采用单价方式确定合同价款。

建设规模较小、技术难度较低、工期较短的建筑工程,发承包双方可以采用总价方式确定合同价款。

紧急抢险、救灾以及施工技术特别复杂的建筑工程,发承包双方可以采用成本加酬金方式确定合同价款。

综合案例 7-1

某工程采用公开招标方式,有 A、B、C、D、E、F 等 6 家承包商参加投标,经资格预审 5 家均满足业主要求。该工程采用综合评标法,对各施工单位从技术标和商务标两方面进行评分,评标委员会由 7 名专家组成,评标的具体规定如下:

(1)技术标:施工方案 15 分,总工期 8 分,工程质量 6 分,项目班子 6 分,企业信誉 5 分,共 40 分。

技术标各项内容得分为各评委去掉一个最高分和一个最低分后的算术平均数,合计不满 28 分的,不再评其商务标。

施工方案、总工期、工程质量、项目班子、企业信誉得分汇总表见表 7.5、表 7.6。

表 7.5 施工方案评分汇总表

评委 投标单位	一	二	三	四	五	六	七
A	13.5	12.0	12.0	11.5	11.5	12	12.5
B	14.0	13	14.5	13.5	13.5	14.0	14.0
C	12.5	10.5	11.0	11.5	11.0	12.0	11.5
D	14.0	13.0	13.5	13.5	13.5	14.5	14.5
E	12.0	11.5	12.5	11.5	11.5	13.0	12.5
F	11.5	10.5	10.0	10.0	9.5	11.0	10.5

表 7.6 总工期、工程质量、项目班子、企业信誉得分汇总表

投标单位	总工期	工程质量	项目班子	企业信誉
A	6.5	5.5	5.0	4.5
B	6.0	5.5	5.0	4.5
C	5.0	4.0	3.5	4.0
D	7.0	5.5	5.0	4.5
E	7.5	5.0	4.0	4.0
F	7.5	4.5	4.5	3.5

(2)商务标:共计 60 分,以标底的 50% 与承包商报价算术平均数的 50% 之和为基准价,但最高(或最低)报价高于(或低于)报价的 15% 者,在计算承包商报价算术平均数时不予考虑,且商务标得分为 15 分。

基准价满分为 60 分,报价比基准价每下降 1%,扣 1 分,最多扣 10 分;报价比基准价每增加 1%,扣 2 分,扣分不保底。

标底和各承包商报价汇总见表 7.7。

表 7.7 标底和各承包商报价汇总表

投标单位	A	B	C	D	E	F	标底
报价	13550	11100	14400	13200	13240	14000	13650

按综合得分最高者中标的原则确定中标单位。

解：(1)计算各投标单位施工方案的得分,见表 7.8。

表 7.8 施工方案得分计算表

投标单位 \ 评委	一	二	三	四	五	六	七	平均得分
A	13.5	12.0	12.0	11.5	11.5	12.0	12.5	12.1
B	14.0	13.0	14.5	13.5	13.5	14.0	14.0	13.8
C	12.5	10.5	11.0	11.5	11.0	12.0	11.5	11.4
D	14.0	13.0	13.5	13.5	13.5	14.5	14.5	13.8
E	12.0	11.5	12.5	11.5	11.5	13.0	12.5	12.1
F	11.5	10.5	10.0	10.0	9.5	11.0	10.5	10.4

(2)计算各投标单位的技术标的得分,见表 7.9。

表 7.9 投标单位技术标得分计算表

投标单位	施工方案	总工期	工程质量	项目班子	企业信誉	小计
A	12.1	6.5	5.5	5.0	4.5	32.6
B	13.8	6.0	5.5	5.0	4.5	34.8
C	11.4	5.0	4.0	3.5	4.0	27.9
D	13.8	7.0	5.5	5.0	4.5	35.8
E	12.1	7.5	5.0	4.0	4.0	32.6
F	10.4	7.5	4.5	4.5	3.5	30.4

由于承包商 C 技术标仅为 27.9,小于 28 的最低限,按规定,不再评审商务标,实际上应作为废标处理。

(3)计算各承包商的商务标得分,见表 7.10。

由于

$$(13200-11100)/13200=15.91\%>15\%$$

$$(14000-13550)/13550=3.32\%<15\%$$

故承包商 B 的标价 11100 万元在计算基准价时不予考虑。

则基准价$=13650\times40\%+[(13550+13200+13240+14000)/4]\times60\%=13558.5$(万元)

表 7.10　商务标得分计算表

投标单位	报价(万元)	报价与基准价的比例(%)	扣分	得分
A	13550	99.94	0.06	59.94
B	11100			15.00
D	13200	97.36	2.64	57.36
E	13240	97.65	2.35	57.65
F	14000	103.26	6.52	53.48

(4)计算各承包商的综合得分,见表 7.11。

表 7.11　综合得分计算表

投标单位	技术标得分	商务标得分	综合得分
A	32.6	59.94	92.54
B	34.8	15.00	49.80
D	35.8	57.36	93.16
E	32.6	57.65	90.25
F	30.4	53.48	83.88

因此,三名中标候选人顺序依次为 A、D、E。

(5)根据《招标投标法实施办法条例》第五十五条的规定:招标人应当确定排名第一的中标候选人为中标人。排名第一的中标候选人放弃中标、因不可抗力不能履行合同、不按照招标文件要求提交履约保证金,或者被查实存在影响中标结果的违法行为等情形,不符合中标条件的,招标人可以按照评标委员会提出的中标候选人名单排序依次确定其他中标候选人为中标人,也可以重新招标。

本章小结

本章参考全国造价工程师执业资格考试培训教材《建设工程造价管理》、《建筑工程计价》(2014 年修订)和工程造价案例分析(2014 年修订),结合最新的相关文件内容,对建设工程项目招投标进行了详细的阐述,包括:招标控制价和投标报价的编制,投标报价的影响及策略;开标、评标和定标的要求及方法;建筑工程合同的类型及选择。

本章的教学目标是通过本章的学习,使学生能初步掌握招投标的概念及特征,招投标活动遵循的原则,对工程造价的影响和基本程序;掌握建设工程项目投标的相关内容、程序、报价技巧及评标方法;熟悉建筑工程合同的类型及选择等。

习 题

一、单选题

1. 公开招标亦称无限竞争性招标,是指招标人以( )的方式邀请不特定的法人或者其他组织投标。

A. 投标邀请书 　　　 B. 合同谈判 　　　 C. 行政命令 　　　 D. 招标公告

2. 在依法必须进行招标的工程范围内,对于重要设备、材料等货物的采购,其单项合同估算价在( )万元人民币以上的,必须进行招标。

A. 50 　　　 B. 100 　　　 C. 150 　　　 D. 200

3.《工程建设项目招标范围和规模标准规定》中规定勘察、设计、监理等服务的采购,单项合同估算价在( )万元人民币以上的,必须进行招标。

A. 20 　　　 B. 50 　　　 C. 100 　　　 D. 150

4. 我国《招标投标法》规定:"一项工程采用邀请招标时,参加投标的单位不得少于( )家"。

A. 2 　　　 B. 3 　　　 C. 5 　　　 D. 7

5. 我国《招标投标法》规定:"依法必须进行招标的项目,招标人自行办理招标事宜的,应当向有关行政监督部门( )。"

A. 申请 　　　 B. 备案 　　　 C. 通报 　　　 D. 报批

6. 招标投标活动的公正原则与公平原则的共同之处在于创造了一个公平合理、( )的投标机会。

A. 自由竞争 　　　 B. 平等竞争 　　　 C. 表现企业实力 　　 D. 展示企业业绩

7. 应当招标的工程建设项目,根据招标人是否具有( ),可以将组织招标分为自行招标和委托招标两种情况。

A. 招标资质 　　　　　　　　　　 B. 招标许可

C. 招标的条件与能力 　　　　　　 D. 评标专家

8. 下列各项目内容中属于招标文件中投标人须知的是( )。

A. 合同条款及格式 　　　　　　　 B. 招标控制价

C. 中标通知书的发出时间 　　　　 D. 图纸

9. 在招标控制价的编制过程中,暂列金额通常应以( )。

A. 分部分项工程费和措施费总额的 10%~15% 为参考

B. 分部分项工程费的 10%~15% 为参考

C. 分部分项工程费和措施费总额的 15%~20% 为参考

D. 分部分项工程费的 15%~20% 为参考

10. 招标投标监督机构会同工程造价管理机构对投诉进行处理,当招标控制价误差大于( )的应责成招标人改正。

A. ±3% 　　　 B. ±5% 　　　 C. ±10% 　　　 D. ±15%

11. 在建设项目招标过程中,已知招标控制价为 4200 万元,某投标人的投标总价为 3800 万元,则其应提交的投标保证金应不超过( )万元。

A. 84　　　　　B. 80　　　　　C. 76　　　　　D. 100

12.在施工投标前期工作中,研究投标人须知的目的是(　　)。

A.合理投标　　　　　　　　B.防止废标

C.制定施工组织设计　　　　D.组织项目管理机构

13.当采用综合评估法进行工程总承包评标时,初步评审标准通常不包括(　　)。

A.形式评审标准　　　　　　B.资格评审标准

C.响应性评审标准　　　　　D.承包人建议书评审标准

14.当实行无标底招标时,通常可能产生的不良现象是(　　)。

A.容易出现围标串标现象

B.失去招标的公平公正性

C.较难考虑施工方案、技术措施对造价的影响

D.招投标过程反映的不是投标人实力的竞争

15.当招标人要求对分包的专业工程进行总承包管理和协调,并同时要求提供配合服务时,总承包服务费通常按(　　)计算。

A.专业工程暂估价的3%~5%

B.专业工程暂估价的1.5%

C.分包的专业工程估算造价的3%~5%

D. 分包的专业工程估算造价的1.5%

16.招标人编制投标报价时应考虑合理的风险,以下各项中应由承包人承担的风险是(　　)。

A.人工费发生变化　　　　　　B.技术水平和管理机构

C.超过5%的材料、工程设备价格风险　　D.规费发生变化

17.按照《招标投标法实施条例》的规定,招标人公示中标候选人的内容应该是(　　)。

A.排名第一的中标候选人　　　B.评标报告

C.中标候选人全部名单　　　　D.经评审的投标人推荐

18.关于工程招标中投标审查的说法,正确的是(　　)。

A.符合初步审查和详细审查标准的,均可通过资格预审

B.合格制审查无需进行详细审查

C.有限数量制审查无需进行初步审查,只需对资格预审文件进行量化打分

D.通过详细审查申请人数量不足三个的,招标人必须重新组织资格预审

19.工程项目施工合同以付款方式划分为:Ⅰ总价合同,Ⅱ单价合同,Ⅲ成本加酬金合同。以业主所承担的风险从小到大排列,应该是(　　)。

A.Ⅲ,Ⅱ,Ⅰ　　　B.Ⅰ,Ⅱ,Ⅲ　　　C.Ⅲ,Ⅰ,Ⅱ　　　D.Ⅰ,Ⅲ,Ⅱ

20.招标单位在评标委员会中人员不得超过(　　)。

A.参与竞争的投标人　　　　　B.招标单位的董事会

C.三分之二　　　　　　　　　D.三分之一

二、多选题

1.关于招标的范围,下列说法正确的有(　　)。

A. 关系社会公共利益、公众安全的基础设施项目不论投资大小都必须进行招标

B. 拟公开招标的费用与项目的价值相比,不经济的可以不招标

C. 使用国有资金占控股主导地位的项目应当公开招标

D. 在建设工程追加的附属小型工程,原中标人具备承包能力的可以不招标

E. 关系社会公共利益、公众安全的公共事业项目,当投资额超过一定的额度时需进行招标

2. 关于工程招投标阶段的工程计价,下列说法正确的有( )。

A. 编制招标控制价时,措施项目清单中的安全文明施工费包括了临时设施费

B. 投标报价是投标人希望达成工程承包交易的期望价格

C. 招标文件要求投标人承担的风险费用,投标人不应考虑进入综合单价

D. 措施项目清单计价时,对于不宜计量的措施项目可以"项"为单位计价

E. 招标人在清单中提供了暂估价的专业工程属于依法必须招标时,由招标人确定其专业工程中标价

3. 施工招标文件的主要内容包括( )。

A. 工程量清单　　　B. 合同条件　　　　C. 必要的图纸和技术资料

D. 投标人须知　　　E. 资格预审申请函

三、简答题

1. 我国强制执行招标的范围有哪些?

2. 简述我国建设工程招标的主要方式和方法。

3. 投标报价费用组成包括哪些?

4. 简述建设项目招标的基本程序。

5. 简述招标控制价的编制依据。

四、案例分析

1. 某大型的办公楼建设项目,建设方委托某具有相应资质的招标代理机构编制该项目的招标控制造价,采用公开招标方式进行项目施工招标。招标投标过程中发生以下事件:

事件1:建设方要求招标代理人在编制招标文件中的合同条款时不得有针对市场价格波动的调价条款,以便减少未来施工过程中的变更,控制工程造价。

事件2:应潜在投标人的要求,招标人组织最具竞争力的一个潜在投标人勘察项目现场,并在现场口头解答了该投标人提出的疑问。

事件3:评标结束后,评标委员会成员吴某对评标结果持有异议,拒绝在评标报告上签字,但又不提出书面意见。

事件4:招标人在收到评标委员会递交的评标报告后,第二天向排名第一的中标候选人发出了中标通知书。

问题:

(1)指出事件1中招标人行为的不妥之处,并说明理由。

(2)指出事件2中招标人行为的不妥之处,并说明理由。

(3)针对事件3,评标委员会应如何处理?

(4)指出事件4中招标人行为的不妥之处,并说明理由。

2.某项目有4个施工单位投标。该工程采用两阶段评标法评标。第一阶段为技术标的评定,主要对各投标单位的施工组织设计进行评价。该阶段聘请9名专家作评委,采用百分制进行评分,各标的技术标评分见表7.12。第二阶段为商务标的评定,主要对各投标单位的报价进行评价。评分方法为:以平均报价数为基准分,在此基础上报价每高出平均报价数1%,扣1分;在95%~99%(包括95%)范围内,每低于平均报价1%,加2分;在90%~95%(不包括95%)范围内,每低于平均报价1%,加1分;报价低于平均报价10%的标将不予考虑,计分按四舍五入保留两位小数处理。

最终得分=技术评分×0.6+商务评分×0.4,各标的报价见表7.13。

表7.12 技术标评分汇总

评委 \ 投标单位	A	B	C	D
一	88	93	91	90
二	82	91	86	87
三	76	85	92	88
四	78	88	90	91
五	72	91	88	85
六	79	85	92	87
七	84	92	87	91
八	82	90	90	85
九	78	82	94	88

表7.13 各投标单位报价汇总表

投标单位	A	B	C	D
报价	49 800	50000	52000	48000

第8章

建设工程施工阶段

本章主要内容

1.工程变更产生的原因,工程变更的处理程序,变更后价款的确定;

2.索赔的概念及种类,工程索赔的处理原则及程序,工程索赔的计算;

3.工程预付款及扣回,工程进度款的支付及动态结算;

4.资金使用计划的编制方法,投资偏差分析。

本章学习要点

1.了解施工阶段工程造价从哪些方面控制及影响工程造价的主要因素;

2.了解工程变更的概念及产生的原因,掌握工程变更的处理程序和工程变更合同价款的确定;

3.了解工程索赔的概念和分类,掌握索赔的处理原则和程序及计算方法;

4.了解建筑安装工程价款结算方法,掌握工程备料款的确定、扣还、进度款的收取,掌握竣工结算审查及动态结算;

5.了解资金施工计划的编制,掌握投资偏差产生的原因及纠正措施。

知识导入

施工阶段是实现建设工程价值的主要阶段,也是资金投入量最大的阶段。在施工阶段,由于施工组织设计、工程变更、索赔、工程计量方式的差别以及工程施工中各个不可预见因素的存在,使得施工阶段的造价管理难度加大,因此其工程造价管理显得尤为重要。

8.1 概述

8.1.1 施工阶段工程造价控制的任务

在实践中,施工阶段往往是工程造价控制的重要阶段。该阶段工程造价控制的主要任务是通过工程预付款控制、工程变更费用控制、预防并处理好费用索赔、挖掘节约工程造价潜力来实行实际发生费用不超过计划投资。

施工阶段工程造价控制的工作内容包括组织、技术、经济、合同等几个方面。

1.在组织工作方面

(1)落实控制项目管理班子。在项目管理班子中落实从工程造价控制角度进行施工跟踪的人员分工、任务分工和职能分工。

(2)编制施工阶段工程投资控制工作计划和工作流程图。

2. 在技术工作方面

(1)对设计变更进行技术系统比较,严格控制设计变更。

(2)继续寻找通过设计挖掘节约造价的可能性。

(3)审核承包人编制的施工组织设计,对主要施工方案进行技术经济分析。

3. 在经济工作方面

(1)编制资金使用计划,确定、分解工程造价控制目标。

(2)对工程项目造价控制目标进行风险分析,并确定防范性对策。

(3)进行工程计量。

(4)复核工程付款账单,签发付款证书。

(5)在施工过程中进行工程造价跟踪控制,定期进行造价实际支出值与计划目标的比较。发现偏差,分析产生偏差的原因,采取纠偏措施。

(6)协商确定工程变更的价款。

(7)审核竣工结算。

(8)对工程施工过程中的造价支出作好分析与预测,经常或定期向业主提交项目造价控制及其存在的问题。

4. 在合同工作方面

(1)作好工程施工纪录,保存各种文件图纸,特别是注意有实际变更情况的图纸,为可能发生的索赔提供依据,参与处理索赔事宜。

(2)参与合同修改、补充工作,着重考虑它对造价控制的影响。

8.1.2 施工阶段影响工程造价的因素

在建设工程项目施工阶段,影响工程造价的因素很多,对工程造价的影响比较大的有以下几个因素:

(1)工程变更和合同价的调整。

(2)工程索赔。

(3)工期。

(4)工程质量。

(5)人力及材料、机械设备等资源市场供求规律的影响。

(6)材料代用。

知识拓展

某市北安大道北二段全场 8.55km,6 个标段,合同总价 4.5 亿元。合同工期 2003 年 11 月 15 日至 2005 年 8 月 19 日。工程于 2007 年 2 月 12 日竣工通车,共发生工程变更 97 处,工程造价增加 3129 万元。其中设计错误占 39%,使用方(临路的村镇)、领导要求占 29%,建设方(区建筑工务局)占 6%,施工方占 2%(不涉及增加造价)。

8.2 工程变更及其价款确定

8.2.1 工程变更概述

1.工程变更的概念

根据规范规定,合同工程实施过程中由发包人提出或承包人提出经发包人批准的合同工程任何一项工作的增、减、取消或施工工艺、顺序、时间的改变,设计图纸的修改,施工条件的改变,招标工程量清单的错、漏从而引起合同条件的改变或工程量的增减变化等的改变,称为工程变更。

2.工程变更的范围

工程变更包括工程量变更、工程项目变更、进度计划变更、施工条件变更等,按照《标准施工招标文件》中的通用合同条款,工程变更包括以下五个内容:

(1)取消合同中的任何一项工作,而且取消的工作不能转由建设单位或其他单位实施。

(2)改变合同中任何一项工作的质量或其他特征。

(3)改变合同工程的基线、标高、位置或尺寸。

(4)改变合同中任何一项工作的施工时间或改变已批准的施工工艺或顺序。

(5)为完成工程需要追加的额外工作。

3.工程变更的分类

考虑到设计变更在工程变更中的重要性,往往将工程变更分为设计变更和其他变更两大类。

(1)设计变更。在施工过程中如果发生设计变更,将对工程的施工进度产生一定的影响。所以,应尽量减少设计变更,如果必须对设计进行变更,要严格按照国家的规定和合同约定的程序进行。常见的设计变更有:更改工程有关部分的高程、基线、位置、尺寸;增减合同中约定的工程量;改变有关工程的施工时间和顺序;其他有关工程变更需要的附加工作。

(2)其他变更。除设计变更外,其他能够导致合同内容变更的都属于其他变更。如变更质量标准;对工期要求的变化;施工条件和环境变化导致施工机械和材料的变化等。合同履行中发包人要求变更工程质量标准及发生其他实质性变更,由双方协商解决。

8.2.2 工程变更价款的程序及调整

1.工程变更价款的确定程序

设计变更发生后,承包人在工程设计变更确定后14天内提出变更工程价款的报告,经工程师确认后调整合同价款。工程设计变更确认后14天内,如承包人未提出适当的变更价格,则发包人可根据所掌握的资料决定是否调整合同价款和调整的具体金额。重大工程变更涉及工程价款变更报告和确认的时限由发承包双方协商,自变更工程价款报告送达之日起14天内,对方未确定也未提出协商意见时,视该变更工程价款报告已被确认。

2.工程变更的价款调整方法

(1)分部分项工程费的调整。

工程变更引起分部分项工程项目发生变化的,应按照下列规定调整:

①已标价工程量清单中有适用于变更工程项目的,且工程变更导致的该清单项目的工程数量变化不足 15% 时,采用该项目的单价。

②已标价工程量清单中没有适用、但有类似于变更工程项目的,可在合理范围内参照类似项目的单价或总价调整。

知识拓展

若在施工合同履行期间,计算的实际工程量和招标清单列出的工程量出现偏差,或因工程变更等非承包人导致的工程量偏差,该偏差对综合单价将产生影响,是否调整及如何调整根据施工合同中的约定。如果没有约定及不明的,可按如下原则办理:

实际工程量偏差超过清单工程量 15%,超出部分综合单价调低,但对应的措施项目费用增加;工程量减少超过清单工程量 15%,减少后剩余部分综合单价调高,但对应措施项目费用减少。具体的调整方法,应由双方当事人在合同专用条款中约定。

练一练:8-1

某项工作发包方提出的估计工程量为 1500m³,合同中规定工程单价为 16 元/m³,实际工程量超过 15% 时,调整单价为 15 元/m³,结束时实际完成工程量 1900m³,则该项工程款为多少元?

③已标价工程量清单中没有适用也没有类似于变更工程项目的,由承包人根据变更工程资料、计量规则和计价办法、工程造价管理机构发布的信息(参考)价格和承包人报价浮动率,提出变更工程项目的单价或总价,报发包人确认后调整。承包人报价浮动率可按下列公式计算:

A. 实行招标的工程:

$$承包人报价浮动率 L = (1 - 中标价/招标控制价) \times 100\% \qquad (8.1)$$

B. 不实行招标的工程:

$$承包人报价浮动率 L = (1 - 报价值/施工图预算) \times 100\% \qquad (8.2)$$

知识拓展

上述公式中的中标价、招标控制价或报价值、施工图预算,均不含安全文明施工费。

练一练:8-2

某工程招标控制价为 8623859 元,中标人的投标报价为 8092462 元,承包人的报价浮动率为多少?施工过程中,屋面防水采用 PE 高分子防水卷材(1.5mm),清单项目无类似项目,工程造价管理机构发布有该卷材单价为 20 元/m²,试确定该项目的综合单价(已知项目所在地该项目的每平方定额人工费为 3.89 元,除卷材外的其他材料费为 0.75 元,管理费和利润为 1.15 元)。

④已标价工程量清单中没有适用也没有类似于变更工程项目,且工程造价管理机构发布

的信息(参考)价格缺价的,由承包人根据变更工程资料、计量规则、计价办法和通过市场调查等有合法依据的市场价格提出变更工程项目的单价或总价,报发包人确认后调整。

（2）措施项目费的调整。

工程变更引起措施项目发生变化,承包人提出调整措施项目费的,应事先将拟实施的方案提交发包人确认,并详细说明与原方案措施项目相比的变化情况。拟实施的方案经发承包双方确认后执行,并应按照下列规定调整措施项目费:

①安全文明施工费,按照实际发生变化的措施项目调整,不得浮动。

②采用单价计算的措施项目费,按照实际发生变化的措施项目按前述分部分项工程费的调整方法确定单价。

③按总价(或系数)计算的措施项目费,除安全文明施工费外,按照实际发生变化的措施项目调整,但应考虑承包人报价浮动因素,即调整金额按照实际调整金额乘以按照公式(8.1)或(8.2)得出的承包人报价浮动率(L)计算。

如果承包人未事先将拟实施的方案提交给发包人确认,则视为工程变更不引起措施项目费的调整或承包人放弃调整措施项目费的权利。

（3）承包人报价偏差的调整。

如果工程变更项目出现承包人在工程量清单中填报的综合单价与发包人招标控制价或施工图预算相应清单项目的综合单价偏差超过15%的,工程变更项目的综合单价可由发承包双方协商调整。具体的调整方法,由双方当事人在合同专用条款中约定。

（4）删减工程或工作的补偿。

如果发包人提出的工程变更因非承包人原因删减了合同中的某项原定工作或工程,致使承包人发生的费用或(和)得到的收益不能被包括在其他已支付或应支付的项目中,也未被包含在任何替代的工作或工程中,则承包人有权提出并得到合理的费用及利润补偿。

📖 知识拓展

此规定是为维护合同公平,防止某些发包人在签约后擅自取消合同中的工作,转由发包人或其他承包人实施而使本合同工程承包人蒙受损失。发包人以变更的名义将取消的工作转由自己或其他人实施即构成违约,应赔偿承包人损失。

8.3 工程索赔

8.3.1 工程索赔的概念和分类

1.工程索赔的概念

工程索赔是指在工程合同履行过程中,合同一方当事人因对方不履行或未能正确履行合同义务或者由于其他非自身原因而遭受经济损失或权利损害,通过合同约定的程序向对方提出经济和(或)时间补偿要求的行为。一般情况下,索赔是指承包人(施工单位)在合同实施过程中,对非自身原因造成的工程延期、费用增加而要求发包人给予补偿损失的一种权利要求。

承包人工程索赔成立的基本条件包括以下 3 项：

(1)索赔事件已造成了承包人直接经济损失或工期延误。

(2)引起费用增加或工期延误的索赔事件是非承包人的原因造成的。

(3)承包人已经按照工程施工合同规定的期限和程序提交了索赔意向通知书及相关证明材料。

2.工程索赔产生的原因

(1)业主方违约。

在工程实施过程中,由于建设单位或监理人没有尽到合同义务,导致索赔事件发生。如没有为承包人提供合同约定的施工条件、未按照合同约定的期限和数额付款等。工程师未能按照合同约定完成工作,如未能及时发出图纸、指令等,也视为发包人违约。承包人违约的情况则主要是没有按照合同约定的质量、期限完成施工或者由于不当行为给发包人造成其他损害。

知识拓展

1982 年,云南省鲁布革引水发电工程,首次实行了国际竞争性招标。施工方是日本大成株式会社。在合同实施过程中,大成株式会社称业主没有按照合同规定提供合格的三级标准公路,承包商车辆只能在块石垫层路面上行驶,造成轮胎严重的非正常消耗,要求业主给予400 条超消耗轮胎补偿,属于"业主违约赔偿"。最后业主赔偿了 208 条轮胎,共计 1900 元。此次事件在国内引起了一场轩然大波,促成了对工程索赔的广泛认知,也促进了 1991 年 3 月《建设工程施工合同示范文本》的发布,这标志着我国的施工合同和索赔管理开始与国际接轨。

(2)不可抗力或不利的条件。

不可抗力又可以分为自然事件和社会事件。自然事件主要是工程施工过程中不可避免发生并不能克服的自然灾害,包括地震、海啸、水灾等。社会事件则包括国家政策、法律、法令的变更,如战争、罢工等。不利的条件指在施工过程中遇到了经现场调查无法发现、业主提供的资料中也未提到的、无法预料的情况,如地下水、地质断层等。

(3)合同缺陷。

合同缺陷表现为合同条件规定不严谨甚至矛盾、合同条款的遗漏或设计图纸错误造成设计修改、工程返工、窝工等。

(4)合同变更。

合同变更表现为设计变更、施工方法变更、追加或者取消某些工作、合同规定的其他变更等。

(5)工程环境的变化。

工程环境的变化如材料价格和人工工日单价的大幅度上涨、国家法令修改、货币贬值、外汇汇率变化等。

《标准施工招标文件》(2007 年版)的通用合同条款中,按照引起索赔事件的原因不同,对一方当事人提出的索赔可能给予合理补偿工期、费用和(或)利润的情况,分别作出了相应的规定。其中,引起承包人索赔的事件以及可能得到的合理补偿内容如表 8.1 所示。

表 8.1　《标准施工招标文件》中承包人的索赔事件及可补偿的内容

序号	条款号	索赔事件	可补偿内容		
			工期	费用	利润
1	1.6.1	迟延提供图纸	√	√	√
2	1.10.1	施工中发现文物、古迹	√	√	
3	2.3	迟延提供施工场地	√	√	√
4	3.4.5	监理人指令迟延或错误	√	√	
5	4.11	施工中遇到不利物质条件	√	√	
6	5.2.4	提前向承包人提供材料、工程设备		√	
7	5.2.6	发包人提供材料、工程设备不合格或迟延提供或变更交货地点	√	√	√
8	5.4.3	发包人更换其提供的不合格材料、工程设备	√	√	
9	8.3	承包人依据发包人提供的错误资料导致测量放线错误	√	√	√
10	9.2.6	因发包人原因造成承包人人员工伤事故		√	
11	11.3	因发包人原因造成工期延误	√	√	√
12	11.4	异常恶劣的气候条件导致工期延误	√		
13	11.6	承包人提前竣工		√	
14	12.2	发包人暂停施工造成工期延误	√	√	√
15	12.4.2	工程暂停后因发包人原因无法按时复工	√	√	√
16	13.1.3	因发包人原因导致承包人工程返工	√	√	√
17	13.5.3	监理人对已经覆盖的隐蔽工程要求重新检查且检查合格	√	√	√
18	13.6.2	因发包人提供的材料、工程设备造成工程不合格	√	√	
19	14.1.3	承包人应监理人要求对材料、工程设备和工程重新检验且合格	√	√	√
20	16.2	基准日后法律的变化		√	
21	18.4.2	发包人在工程竣工前提前占用工程	√	√	√
22	18.6.2	因发包人的原因导致工程试运行失败		√	
23	19.2.3	工程移交后因发包人原因出现的缺陷或损坏的修复		√	√
24	19.4	工程移交后因发包人原因出现的缺陷修复后的实验和试运行		√	
25	21.3.1	因不可抗力停工期间应监理人要求照管、清理、修复工程		√	
26	21.3.1	因不可抗力造成工期延误	√		
27	22.2.2	因发包人违约导致承包人暂停施工	√	√	√

3.工程索赔的分类

(1)按索赔的当事人分类。

索赔发生在建设工程施工合同的双方当事人之间,既包括承包人向发包人的索赔,也包括发包人向承包人的索赔。但是在工程实践中,通常所说索赔事件,大都是承包人向发包人提出的索赔,本教材中所提及的索赔,如果未作特别说明,指的是承包人向发包人提出的索赔。

(2)根据索赔的目的和要求分类。

①工期索赔。工期索赔一般是指承包人依据合同约定,对于非因自身原因导致的工期延误向发包人提出工期顺延的要求。工期顺延的要求获得批准后,不仅可以免除承包人承担拖期违约赔偿金的责任,而且承包人还有可能因工期提前获得赶工补偿(或奖励)。

②费用索赔。费用索赔的目的是要求经济补偿。当施工的客观条件改变导致承包人增加开支,承包人要求对超出计划成本的附加开支给予补偿,以挽回不应由他承担的经济损失。

(3)按索赔事件的性质分类。

①工程延误索赔。因发包人未按合同要求提供施工条件,或因发包人指令工程暂停或不可抗力事件等原因造成工期拖延的,承包人可以向发包人提出索赔;如果由于承包人原因导致工期拖延,发包人可以向承包人提出索赔。

②加速施工索赔。由于发包人指令承包人加快施工速度,缩短工期,引起承包人的人力、物力、财力的额外开支,承包人提出的索赔。

③工程变更索赔。由于发包人指令增加或减少工程量或增加附加工程、修改设计、变更工程顺序等,造成工期延长和(或)费用增加,承包人就此提出索赔。

④合同终止的索赔。由于发包人违约或发生不可抗力事件等原因造成合同非正常终止,承包人因其遭受经济损失而提出索赔。如果由于承包人的原因导致合同非正常终止,或者合同无法继续履行,发包人可以就此提出索赔。

⑤不可预见的不利条件索赔。承包人在工程施工期间,施工现场遇到一个有经验的承包人通常不能合理预见的不利施工条件或外界障碍,例如地质条件与发包人提供的资料不符,出现不可预见的地下水、地质断层、溶洞、地下障碍物等,承包人可以就此遭受的损失提出索赔。

⑥不可抗力事件的索赔。工程施工期间,因不可抗力事件的发生而遭受损失的一方,可以根据合同中对不可抗力风险分担的约定,向对方当事人提出索赔。

⑦其他索赔。如因货币贬值、汇率变化、物价上涨、政策法令变化等原因引起的索赔。

知识拓展

根据《建设工程工程量清单计价规范》(GB50500—2013)的规定,不可抗力后的责任处理如下:

(1)合同工程本身的损害、因工程损害导致第三方人员伤亡和财产损失以及运至施工场地用于施工的材料和待安装的设备的损害,由发包人承担;

(2)发包人、承包人人员伤亡由其所在单位负责,并承担相应费用;

(3)承包人的施工机械设备损坏及停工损失,由承包人承担;

(4)停工期间,承包人应发包人要求留在施工场地的必要的管理人员及保卫人员的费用由发包人承担;

(5)工程所需清理、修复费用,由发包人承担;

(6)不可抗力解除后复工的,若不能按期竣工,应合理延长工期,发包人要求赶工的,赶工费用由发包人承担。

练一练:8-3

某工程由于特大暴雨造成现场停工,同时造成施工现场人员伤亡及经济损失,承包人提出如下索赔要求:

(1)承包人多人受伤,承包方支出医疗及休养费1.56万元;

(2)施工现场施工机械损坏,修理费1.23万元;

(3)设备租赁费及人工窝工2.12万元;

(4)部分已建且已验收的分部分项工程损失,用于修复处理费用3.95万元;

(5)灾后清理现场费用1.5万元;

(6)现场停工6天,要求顺延工期6天。

问:上述情况哪些可以获得索赔。

8.3.2 工程索赔的依据及程序

1.工程索赔的依据

工程索赔的依据有:

(1)工程施工合同文件。

(2)国家法律、法规。

(3)国家、部门和地方有关的标准、规范和定额。

(4)工程施工合同履行过程中与索赔事件有关的各种凭证。

2.索赔程序

(1)根据合同约定,承包人认为非自身原因造成的损失,应按下列程序向发包人提出索赔。

①承包人应在知道或应当知道索赔事件发生后28天内,向发包人提交索赔意向通知书,说明发生索赔事件的事由。承包人逾期未发出索赔意向通知书的,丧失索赔的权利。

②承包人在发出索赔意向通知书后28天内,向发包人正式提交索赔通知书。索赔通知书应详细说明索赔理由和要求,并附必要的记录和证明材料。

③索赔事件具有连续影响的,承包人应继续提交延续索赔通知,说明连续影响的实际情况和记录。

④在索赔事件影响结束后的28天内,承包人应向发包人提交最终索赔通知书,说明最终索赔要求,并附必要的记录和证明材料。

(2)承包人索赔应按下列程序处理:

①发包人收到承包人的索赔通知书后,应及时查验承包人的记录和证明材料。

②发包人应在收到索赔通知书或有关索赔的进一步证明材料后的28天内,将索赔处理结果答复承包人,如果发包人逾期未作出答复,视为承包人索赔要求已被发包人认可。

③承包人接受索赔处理结果的,索赔款项作为增加合同价款,在当期进度款中进行支付;承包人不接受索赔处理结果的,按合同约定的争议解决方式办理。

（3）承包人索赔权利的终止。

发承包双方在按合同约定办理了竣工结算后，承包人无权再提出竣工结算前所发生的任何索赔。承包人在提交的最终结清申请中，只限于提出竣工结算后的索赔，提出索赔的期限自发承包双方最终结清时终止。发包人认为由于承包人的原因造成自身损失的，应参照承包人索赔的程序进行索赔。

📕 知识拓展

在施工中，通常可以提供索赔的证据：①招标文件、工程合同及附件、业主认可的施工组织设计、工程图纸、技术规范等；②工程各项有关设计交底记录、变更图纸、变更施工指令等；③工程各项经业主或监理工程师签认的签证；④工程各项往来信件、指令、信函、通知、答复等；⑤工程各项会议纪要；⑥施工计划及现场实施情况记录；⑦施工日报及工长工作日志、备忘录；⑧工程送电、送水、道路开通、封闭的日期及数量记录；⑨工程停水、停电和干扰事件影响的日期及恢复施工的日期；⑩工程预付款、进度款拨付的数额及日期记录；⑪工程图纸、图纸变更、交底记录的送达份数及日期记录；⑫工程有关施工部位的照片及录像等；⑬工程现场气候记录，有关天气的温度、风力、降雨雪量等；⑭工程验收报告及各项技术鉴定报告等；⑮工程材料采购、订货、运输、进场、验收、使用等方面的凭据；⑯工程会计核算资料；⑰国家、省、市有关影响工程造价、工期的文件、规定等。

8.3.3 索赔的获赔方式及计算

1.索赔获赔方式

（1）承包人要求赔偿时，可以选择下列一项或几项方式获得赔偿：

①延长工期；

②要求发包人支付实际发生的额外费用；

③要求发包人支付合理的预期利润；

④要求发包人按合同的约定支付违约金。

（2）发包人要求赔偿时，可以选择下列一项或几项方式获得赔偿：

①延长质量缺陷修复期限；

②要求承包人支付实际发生的额外费用；

③要求承包人按合同的约定支付违约金。

2.索赔的计算

（1）可索赔的费用。

①人工费。人工费包括增加工作内容的人工费、法定工作之外的加班费、非承包商原因导致停工损失费和工作效率降低的损失费等累计，在计算停工损失人工费中，通常采用人工单价乘折算系数。

练一练：8-4

某装饰装修工程，计划用工 2000 工日，每工日工资按 50 元计，共计报价人民币 100000 元。在装修过程中，由于业主材料供应不及时，影响了承包商的工作效率，实际用了 2400 工日,由于工期拖延,导致工资上涨,实际支付工资按53元/工日计,共实际支付27200元。该索赔款额是否合理?

②材料费。材料费包括:索赔事项材料实际用量超过计划用量而增加的材料费;客观原因材料价格大幅度上涨而增加的材料费;非承包商的原因使工程延误导致的材料价格上涨和超期储存费用。材料费中应包括运输费、仓储费以及合理的损耗费用。如果由于承包商管理不善,造成材料损失的,则不能列入索赔计价。

③施工机械使用费。当工作内容增加引起的设备费索赔时,设备费的标准按照机械台班费计算。因窝工引起的设备费索赔,当施工机械属于施工企业自有时,按照机械折旧费计算索赔费用;当施工机械是施工企业从外部租赁时,一般按台班租金加上每台班分摊的施工机械进出场费计算。

④保函手续费。因发包人原因导致工程延期时,承包人必须办理相关履约保函的延期手续,由此而增加的手续费,承包人可以提出索赔。

⑤利息。利息包括:拖期付款的利息;由于工程变更和工程延期增加投资的利息;索赔款的利息;错误扣款的利息等。利率的标准,双方可在合同中明确约定,没有约定或约定不明的,可以按照中国人民银行发布的同期同类贷款利率计算。

⑥保险费。因发包人原因导致工程延期,承包人必须办理各项保险的延期手续的,承包人可以提出索赔,如办理的工程保险、施工人员的意外伤害保险等。

⑦管理费。管理费包括现场管理费和企业管理费两项。

现场管理费是指承包商完成额外的工程、索赔事项工作以及工期延长期间的现场管理费,包括管理人员工资、办公费、交通费等。但如果对部分工人窝工损失索赔时,因其他工程仍然进行,则不予计算现场管理费索赔。

企业管理费主要是指工程延误期间所增加的管理费,这项索赔款的计算,目前没有统一的方法。

⑧利润。一般来说,由于工程范围的变更、文件有缺陷或技术性错误、业主未能提供施工场地以及因发包人违约导致的合同终止等引起的索赔,承包商可以列入利润。但对于工程暂停的索赔利润通常和原报价中利润百分比保持一致。由于工程量清单中的单价是综合单价,已经包含了人工费、材料费、施工机具使用费、企业管理费、利润及一定范围的风险费用,在索赔计算时不应重复计算。

(2)费用索赔的计算。

费用索赔的计算方法通常有三种,即实际费用法、总费用法和修正的总费用法。

①实际费用法。该方法是按照各索赔事件所引起损失的费用项目分别分析计算索赔值,然后将各费用项目的索赔值汇总,即可得到总索赔费用值。这种方法以承包商为某项索赔工作所支付的实际开支为依据,但仅限于由于索赔事项引起的、超过原计划的费用,故也称额外成本法。这种方法比较复杂,但能客观地反映施工单位的实际损失,比较合理,易于被当事人接受,在国际工程中被广泛采用。在这种计算方法中,需要注意的是不要遗漏费用项目。

②总费用法。总费用法,也被称为总成本法,就是当发生多次索赔事件后,重新计算工程的实际总费用,再从该实际总费用中减去投标报价时的估算总费用,即为索赔金额。总费用法计算索赔金额的公式如下:

$$索赔金额＝实际总费用－投标报价估算总费用 \qquad (8.3)$$

但是,在总费用法的计算方法中,没有考虑实际总费用中可能包括由于承包商的原因(如施工组织不善)而增加的费用,投标报价估算总费用也可能由于承包人为谋取中标而导致过低的报价,因此,总费用法并不十分科学。只有在难于精确地确定某些索赔事件导致的各项费用增加额时,总费用法才得以采用。

③修正的总费用法。修正的总费用法是对总费用法的改进,即在总费用计算的原则上,去掉一些不合理的因素,使其更为合理。按修正后的总费用计算索赔金额的公式如下:

$$索赔金额＝某项工作调整后的实际总费用－该项工作的报价费用 \qquad (8.4)$$

修正的总费用法与总费用法相比,有了实质性的改进,它的准确程度已接近于实际费用法。

练一练:**8-5**

某施工合同约定,施工现场主导施工机械一台,由施工企业租赁而来,台班单价为300元/台班,租赁费为150元/台班,人工工资为40元/工日,窝工补贴为10元/工日,以人工费为基数的综合费率为35%,在施工过程中,发生了如下事件:①出现异常恶劣天气导致工程停工3天,人员窝工40个工日;②因恶劣天气导致场外道路中断,抢修道路用工20工日;③场外大面积停电,停工1天,人员窝工10工日。为此,施工企业可向业主索赔费用为多少?

(3)工期索赔的计算。

工期索赔一般指承包人依据合同对由于非自身原因导致的工期延误向发包人提出的工期顺延要求。常见的索赔事项见表8.1。

①承包人向发包人提出工期索赔的具体依据主要包括:

A.合同约定或双方认可的施工总进度规划;

B.合同双方认可的详细进度计划;

C.合同双方认可的对工期的修改文件;

D.施工日志、气象资料;

E.业主或工程师的变更指令;

F.影响工期的干扰事件;

G.受干扰后的实际工程进度等。

②工期索赔的计算方法。

A.直接法。如果某干扰事件直接发生在关键线路上,造成总工期的延误,可以直接将该干扰事件的实际干扰时间(延误时间)作为工期索赔值。

练一练:**8-6**

某施工合同在履行过程中,先后在不同时间发生如下事件:因业主对隐蔽工程复检而导致某关键工作停工3天,隐蔽工程复检合格;因异常恶劣天气导致工程全面停工3天;因季节大雨导致工程全面停工4天。则承包商可索赔的工期为多少天?

B.比例分析法。如果某干扰事件仅仅影响某单项工程、单位工程或分部分项工程的工期,要分析其对总工期的影响,可以采用比例分析法。

比例分析法可以采用工程量的比例进行分析,如:某工程在基础施工中出现了意外情况,导致工程量由原来的 2400m³ 增加到 3000 m³,原定工期为 36 天,则承包商可以提出的工期索赔值为:

$$工期索赔值=原工期×新增工程量/原工程量 \tag{8.5}$$
$$=36×(3000-2400)/2400=9(天)$$

本例中,如果合同规定工程量增减 10% 为承包商应承担的风险,则工期索赔值为:

$$工期索赔值=36×(3000-2400×110\%)/2400$$
$$=5.4(天)≈6(天)$$

工期索赔值也可以按照造价的比例来分析,如:某工程合同价为 1000 万元,总工期为 25 个月,施工过程中业主增加额外工程为 150 万元,则承包商提出的工期索赔值为:

$$工期索赔值=原合同工期×附加或新增工程总价/原合同总价 \tag{8.6}$$
$$=25×150/1000$$
$$=3.75(个月)≈4(个月)$$

比例分析法虽然简单方便,但有时不符合实际情况,而且比例分析法不适用于变更施工顺序、加速施工、删减工程量等事件的索赔。

C. 网络图分析法。网络图分析法是利用进度计划的网络图,分析其关键线路。如果延误的工作为关键工作,则延误的时间为索赔的工期;如果延误的工作为非关键工作,当该工作由于延误超过时限制而成为关键时,可以索赔延误时间与时差的差值;若该工作延误后仍为非关键工作,则不存在工期索赔问题。该方法通过分析干扰事件发生前和发生后网络计划的计算工期之差来计算工期索赔值,可以用于各种干扰事件和多种干扰事件共同作用所引起的工期索赔。

综合案例 8-1

某工程项目的进行网络图如图 8.1 所示,总工期为 27 周,在实施过程中发生了延误,工作 ②→④ 由原来的 7 周延至 8 周,工作 ③→⑤ 由原来的 4 周延至 5 周,工作 ④→⑥ 由原来的 5 周延至 9 周,其中 ②→④ 的延误是由承包商自身的原因造成的,其余都是非承包商原因造成的。

分析:图 8.2 为实际网络图,两图进行比较,实际总工期变为 30 周,延误了 3 周,承包商原因造成的延误 1 周不在关键线路上,因此,承包商可要求向业主延长工期 3 周。

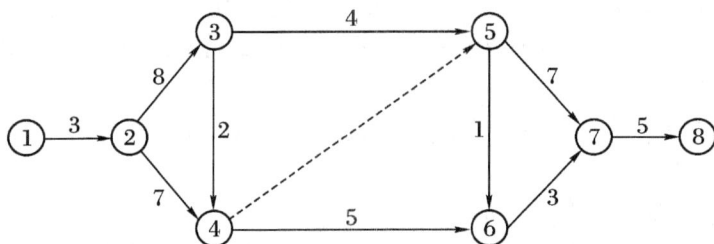

图 8.1 某项目分部工程进度计划网络图

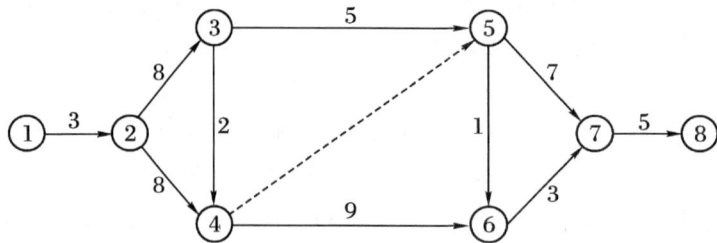

图 8.2　工程实际进度网络图

（4）共同延误的处理。

在实际施工过程中，工期拖期很少是只由一方造成的，往往是两、三种原因同时发生（或相互作用）而形成的，故称为"共同延误"。在这种情况下，要具体分析哪一种情况延误是有效的，其原则如下：

①首先判断造成延误的哪一种原因是最先发生的，即确定"初始延误"者，它应对工程拖期由谁负责。在初始延误发生作用期间，其他并发的延误者不承担拖期责任。

②如果初始延误者是发包人原因，则在发包人原因造成的延误期内，承包人既可得到工期延长，又可得到经济补偿。

③如果初始延误者是客观原因，则在客观因素发生影响的延误期内，承包人可以得到工期延长，但很难得到费用补偿。

④如果初始延误者是承包人的原因，则在承包人原因造成的延误期内，承包人既不能得到工期延长，也不能得到费用补偿。

综合案例 8-2

某承包商承建一办公楼工程，合同采用清单计价模式下的单价合同，且双方约定分部分项工程量清单项目中工程量的变化幅度在 15% 以上时，可以调整综合单价。规费为分部分项工程费和措施费之和的 3.3%，税金为分部分项工程费、措施费和规费之和的 3.4%。施工过程中发生了如下事件：

事件 1：工作 A 施工半个月后，原设计进行了变更，设计变更后工程量没有增加。承包商提出：工作 A 是关键工作，由于设计变更使 A 工作施工时间增加了 30 天，要求工期顺延 30 天。

事件 2：工程施工到第 5 个月，遭遇台风袭击。承包商及时提出了索赔。

（1）部分已建工程遭受不同程度损坏，费用损失 20 万元。

（2）施工现场承包商用于施工的机械损坏，损失 5 万元；待安装设备损坏，造成损失 1 万元。

（3）现场停工造成机械台班损失 3 万元，人工窝工费 2 万元。

（4）施工现场承包商使用的临时设施损坏，损失 2 万元；业主临时用房破坏，损失 2 万元。

（5）因灾害造成施工现场停工 15 天。

（6）灾后清理施工现场，花费 3 万元。

事件 3：清单中工作 B 的综合单价为 380 元/m³，由于业主工程变更，工作 B 的工程量由清单工程量 3000m³（原计划 6 天完成）增加到 4000m³，同时导致相应措施费增加 2000 元。双方协商，全部工程量的综合单价均按 360 元/m³ 结算。

问题:

(1)承包商可得到的费用索赔是多少?

(2)工期可顺延多长时间?

解:(1)事件2:因不可抗力造成的部分已建工程费用损失,应由业主支付;待安装的工程设备将形成业主资产,应由业主承担相应费用;业主临时用房的损失应由业主承担;清理和修复费用应由业主承担。

事件2可索赔的费用共计:20+1+2+3=26(万元)

事件3:增加的分部分项工程费+措施费

$$=4000 \times 360-3000 \times 380+2000=302000(元)=30.2(万元)$$

规费=30.2×3.3%=0.997(万元)

税金=(30.2+0.997)×3.4%=1.061(万元)

事件3可索赔的费用共计:30.2+0.997+1.061=32.258(万元)

可索赔的费用总计:26+32.258=58.258(万元)

(2)事件1:非承包商原因引起的设计变更,且工作A为关键工作,故可索赔工期30天。

事件2:由不可抗力造成的索赔事件,工期可以顺延,故可索赔15天。

事件3:非承包商原因造成的工程变更,可索赔工期=(4000-3000)×6/3000=2(天)

可索赔的工期共计:30+15+2=47(天)

综合案例 8-3

某项目在进行土方开挖过程中,承包商在合同标明有坚硬岩石的地方没有遇到坚硬岩石,因此工期提前2个月。但在合同中另一未标明有松软石的地方遇到大量的松软石,影响工期3个月。由于施工速度变慢,使得部分施工任务拖到雨季进行,又影响工期1个月。承包商为此提出索赔。

问题1:该项施工索赔能否成立? 为什么?

答:该项施工索赔能成立。施工中在合同未标明有松软石的地方遇到大量的松软石,属于施工现场的施工条件与原来的勘察有很大差异,属于甲方的责任范围。

问题2:在该索赔事件中,应提出的索赔内容包括哪两方面?

答:本事件使承包商由于意外地质条件造成施工困难,导致工期延长,相应产生额外工程费用,因此,应包括工期索赔和费用索赔。

问题3:在工程施工中,通常可以提供的索赔证据有哪些?

答:可以提供的索赔证据有:①招标文件、工程合同及附件、业主认可的施工组织设计、工程图纸、技术规范等;②工程各项有关设计交底记录、变更图纸、变更施工等;③工程各项经业主或监理工程师签认的签证;④工程各项往来信件、指令、信函、通知、答复等;⑤工程各项会议纪要;⑥施工计划及现场实施情况记录;⑦施工日报及工长工作日志、备忘录;⑧工程送电、送水、道路开通、封闭的日期及数量记录;⑨工程停水、停电和干扰事件影响的日期及恢复施工的日期;⑩工程预付款、进度款拨付的数额及日期记录;⑪工程图纸、图纸变更、交底记录的送达份数及日期记录;⑫工程有关施工部位的照片及录像等;⑬工程现场气候记录,有关天气的温度、风力、降雨雪量等;⑭工程验收报告及各项技术鉴定报告等;⑮工程材料采购、订货、运输、进场、验收、使用等方面的凭据;⑯工程会计核算资料;⑰国家、省、市有关影响工程造价、工期的文件、规定等。

问题4:承包商应提供的索赔文件有哪些?请协助承包商拟定一份索赔通知。

答:承包商应提供的索赔文件有:①索赔信;②索赔报告;③索赔证据与详细计算书等附件。

索赔通知

致甲方代表(或监理工程师):

我方希望你方对工程地质条件变化问题引起重视。

1.在合同文件标明有坚硬岩石的地方未遇到坚硬岩石。

2.在合同文件未标明有松软石的地方遇到了松软石。由于第1条,我方实际施工进度提前。由于第2条,我方实际生产率降低,而引起进度拖延,并不得不在雨季施工。上述条件变化,造成我方施工现场设计与原设计有很大不同,为此向你方提出工期索赔、费用索赔要求,具体工期索赔及费用索赔依据与计算书在随后的索赔报告中。

承包商:×××

××××年××月××日

8.4 建设工程价款结算

工程价款结算是指发承包双方依据合同约定,进行工程预付款、工程进度款、工程竣工价款的结算活动。

8.4.1 工程价款的结算方式

工程价款结算方式主要有两种:

(1)按月结算。实行按月支付进度款,竣工后清算的办法。合同工程在两个年度以上的工程,在年终进行工程盘点,办理年度结算。

(2)分段结算。对于当年开工,当年不能竣工的工程,按照工程形象进度,划分不同阶段支付工程进度款。具体划分阶段应在施工合同中明确。

8.4.2 工程价款的结算的主要内容

1.竣工结算

工程项目完工并经验收合格后,对所完成的工程项目进行的全面结算。

2.分阶段结算

按施工合同约定,工程项目按工程特性划分为不同阶段实施和结算,每一阶段合同工作内容完成后,经建设单位或监理人中间验收合格后,由施工承包单位在原合同分阶段价格的基础上编制调整价格并提交监理人审核签认。它是一种工程价款的中间结算。

3.专业分包结算

按分包合同约定,分包合同内容完成后,经总承包单位、监理人对该工作内容验收合格后,由分包单位在原分包合同价格基础上编制调整价格并提交总承包单位,由监理人审核签认。它是一种工程价款的中间结算形式。

4.合同中止结算

工程实施过程中合同中止时,需要对已完成且经验收合格的合同内容进行结算。合同中止也是一种工程价款的中间结算形式,除非施工合同不再履行。

8.4.3 工程预付款及其扣回

工程预付款是指建设工程施工合同订立后,由发包人按照合同约定,在正式开工前预先支付给承包人的工程款。它是施工准备和所需要材料、结构件等流动资金的主要来源,国内习惯上又称为预付备料款。

1.预付款的支付

(1)百分比法:发包人根据工程的特点、工期长短、市场行情、供求规律等因素,招标时在合同条件中约定工程预付款的百分比。根据《建设工程价款结算暂行办法》的规定,预付款的比例原则上不低于合同金额的10%,不高于合同金额的30%。

(2)公式计算法:根据主要材料(含结构件等)占年度承包工程总价的比重、材料储备定额天数和年度施工天数等因素,通过公式计算预付款额度。

其计算公式为:

$$工程预付款数额 = \frac{年度工程总价 \times 材料比例(\%)}{年度施工天数} \times 材料储备定额天数 \qquad (8.7)$$

式中,年度施工天数按365天日历天计算;材料储备定额天数由当地材料供应的在途天数、加工天数、整理天数、供应间隔天数、保险天数等因素决定。

根据《建设工程价款结算暂行办法》的规定,在具备施工条件的前提下,发包人应在双方签订合同后的一个月内或不迟于约定的开工日期前7天内预付工程款,发包人不按约定预付,承包人应在预付时间到期后10天内向发包人发出要求预付的通知,发包人收到通知后仍不按要求预付,承包人可在发出通知14天后停止施工,发包人应从约定应付之日起向承包人支付应付款的利息(利率按同期银行贷款利率计),并承担违约责任。

练一练:8-7

某工程合同总额400万,主要材料、构件所占比重为60%,年度施工天数为200天,材料储备天数90天,则工程预付款为多少?

2.备料款的扣回

发包人拨付给承包商的备料款属于预支的性质,工程实施后,随着工程所需材料储备的逐步减少,应以抵充工程款的方式陆续扣回,即在承包商应得的工程进度款中扣回。扣回的时间称为起扣点,起扣点的计算方法有以下两种:

(1)按公式计算。这种方法原则上是以未完工程所需材料的价值等于预付备料款时起扣。从每次结算的工程款中按材料比重抵扣工程价款,竣工前全部扣清。

$$已完工程价值(起扣点) = 合同总价 - \frac{预付备料款}{主材比重} \qquad (8.8)$$

练一练:8-8

某工程合同价总额400万元,工程预付款48万元,主要材料、构件所占比重60%,则起扣点为多少？

（2）在承包方完成金额累计达到合同总价一定比例（双方合同约定）后，由发包方从每次应付给承包方的工程款中扣回工程预付款，在合同规定的完工期前将预付款还清。

8.4.4　工程进度款结算

工程进度款结算又称期中支付，是指发包人在合同工程施工过程中，按照合同约定对付款周期内承包人完成的合同价款给予支付的款项。进度款的支付比例按照合同约定，按期中结算价款总额计，不低于60%，不高于90%。期中支付的具体步骤如下：

1. 承包人提交进度款支付申请

承包人应在每个计量周期到期后的7天内向发包人提交已完工程进度款支付申请一式四份，详细说明这一周期认为有权得到的款额，包括分包人已完工程的价款。支付申请的内容包括：

（1）累计已完成的合同价款。

（2）累计已实际支付的合同价款。

（3）本周期合计完成的合同价款，其中包括：①本周期已完成单价项目的金额；②本周期应支付的总价项目的金额；③本周期已完成的计日工价款；④本周期应支付的安全文明施工费；⑤本周期应增加的金额。

（4）本周期合计应扣减的金额，其中包括：①本周期应扣回的预付款；②本周期应扣减的金额。

（5）本周期实际应支付的合同价款。

2. 发包人签发进度款支付证书

发包人应在收到承包人进度款支付申请后，根据计量结果和合同约定对申请内容予以核实，确认后向承包人出具进度款支付证书。若发承包双方对有的清单项目的计量结果出现争议，发包人应对无争议部分的工程计量结果向承包人出具进度款支付证书。

3. 支付证书的修正

发现已签发的任何支付证书有错、漏或重复的数额，发包人有权予以修正，承包人也有权提出修正申请。经发承包双方复核同意修正的，应在本次到期的进度款中支付或扣除。

8.4.5　工程竣工结算

工程竣工结算是指施工企业按照合同规定的内容全部完成所承包的工程，经验收质量合格，并符合合同要求之后，向发包单位进行的最终工程价款结算。

单位工程竣工结算由承包人编制，发包人审查。实行总承包的工程，由具体承包人编制，在总承包人审查的基础上，发包人审查。单项工程竣工结算由总（承）包人编制，发包人可直接进行审查，也可以委托具有相应资质的工程造价咨询机构进行审查。

承包人应根据办理的竣工结算文件，向发包人提交竣工结算款支付申请。

发包人应在收到承包人提交竣工结算款支付申请后7天内予以核实，向承包人签发竣工结算支付证书。

发包人签发竣工结算支付证书后的14天内，按照竣工结算支付证书列明的金额向承包人支付结算款。发包人在收到承包人提交的竣工结算款支付申请后7天内不予核实，不向承包人签发竣工结算支付证书的，视为承包人的竣工结算款支付申请已被发包人认可。发包人应在收到承包人提交的竣工结算支付申请 7 天后的 14 天内,按照承包人提交的竣工结算款支付申请列明的金额向承包人支付结算款。发包人未按照规定的程序支付竣工结算款的,承包人可催告发包人支付,并有权获得延迟支付的利息。发包人在竣工结算支付证书签发后或者在收到承包人提交的竣工结算款支付申请 7 天后的 56 天内仍未支付的,除法律另有规定外,承包人可与发包人协商将该工程折价,也可直接向人民法院申请将该工程依法拍卖。承包人就该工程折价或拍卖的价款优先受偿。

竣工结算工程价款的计算公式如下:

$$竣工结算工程价款=预算(概算)或合同价款+施工过程中预算或合同价款调整数额预付$$
$$及已结算工程价款-保修金 \tag{8.9}$$

练一练:8-9

某工程合同价款总额为 300 万元,施工合同规定预付款为合同价款的 20%,主要材料为工程价款的 60%,在每月工程款中扣留 5%保修金,每月实际完成工作量如表 8.2 所示。求预付备料款、每月结算工程款。

表 8.2　每月实际完成工作量　　　　　　　　　　单位:万元

月份	1	2	3	4	5	6
完成工作量	30	40	70	70	60	30

8.4.6　工程价款的动态结算

工程建设项目周期长,在整个建设期内会受到物价浮动等多种因素的影响,其中主要是人工、材料、施工机械等动态影响。承包商采购材料和工程设备的,应在合同中约定价格变化的范围和幅度;如没有约定,则材料、工程设备单价变化超过 5%,超过部分的价格按下列方法进行调整。

1.造价信息调整价格差额

合同履行期间,因人工、材料、工程设备和施工机械台班价格波动影响合同价格时,人工、施工机械使用费按照国家或省、自治区、直辖市建设行政管理部门、行业建设管理部门或其授权的工程造价管理机构发布的人工成本信息、施工机械台班单价或施工机械使用费系数进行调整;需要进行价格调整的材料,其单价和采购数应由发包人复核,发包人确认后需调整的材料单价及数量,作为调整合同价款差额的依据。这种方法主要适用于使用的材料品种较多,相对而言每种材料使用量较小的房屋建筑与装饰工程。

(1)人工单价的调整。

人工单价发生变化时,发、承包双方应按省级或行业建设主管部门或其授权的工程造价管理机构发布的人工成本文件调整合同价款。

(2)材料和工程设备价格的调整。

材料、工程设备价格变化的价款调整,按照承包人提供的主要材料和工程设备一览表,根据发承包双方约定的风险范围规定进行调整。对投标报价与基准单价不一致的,施工期间物价调整原则是涨价按高标准,跌价按低标准进行调整,调价只调约定风险范围以外的差额。

(3)施工机械台班单价的调整。

施工机械台班单价或施工机械使用费发生变化超过省级或行业建设主管部门或其授权的工程造价管理机构规定的范围时,按照其规定调整合同价款。

2.价格指数调整价格差额

采用价格指数调整价格差额的方法,主要适用于施工中所用的材料品种较少,但每种材料用量较大的土木工程,如公路、水坝等。

(1)价格调整公式。

因人工、材料、工程设备和施工机械台班等价格波动影响合同价款时,根据投标函附录中的价格指数和权重表约定的数据,按以下价格调整公式计算差额并调整合同价款:

$$P = P_0\left(A + B_1 \times \frac{F_{t1}}{F_{01}} + B_2 \times \frac{F_{t2}}{F_{02}} + B_3 \times \frac{F_{t3}}{F_{03}} + B_4 \times \frac{F_{t4}}{F_{04}}\right) \tag{8.10}$$

式中:P—— 已完工程调值后的价款;

P_0—— 已完工程未调值合同价款;

A—— 合同价中不调值部分的权重;

B_1、B_2、B_3、B_4—— 合同价中 4 项可调值部分的权重;

F_{t1}、F_{t2}、F_{t3}、F_{t4}—— 合同价中 4 项可调值部分结算期价格指数;

F_{01}、F_{02}、F_{03}、F_{04}—— 合同价中 4 项可调值部分基期价格指数。

需注意的是,建筑安装工程调值公式包括人工、材料、固定部分。

(2)权重的调整。

按变更范围和内容所约定的变更,导致原定合同中的权重不合理时,由承包人和发包人协商后进行调整。

(3)工期延后的价格调整。

由于发包人原因导致工期延误的,则对于计划进度日期(或竣工日期)后续施工的工程,在使用价格调整公式时,应采用计划进度日期(或竣工日期)与实际进度日期(或竣工日期)的两个价格指数中较高者作为现行价格指数。

由于承包人原因导致工期延误的,则对于计划进度日期(或竣工日期)后续施工的工程,在使用价格调整公式时,应采用计划进度日期(或竣工日期)与实际进度日期(或竣工日期)的两个价格指数中较低者作为现行价格指数。

练一练:8- 10

某工程合同金额 400 万元,根据承包合同,采用调值公式调值,调价因素为 A、B、C、D、E 五项,其在合同中比率 35%、23%、12%、8%、7%,这三种因素基期的价格指数分别为 100%、153.4%、154.4% 、160.3%、144.4%,结算期的价格指数分别为 110%、156.2%、154.4%、162.2%、160.2% ,则调值后的合同价款为多少? 比原来合同多多少?

8.5 投资偏差分析

8.5.1 资金使用计划的编制方法

1.施工阶段资金使用计划编制的作用

施工阶段是整个建筑工程中资金投入量最直接、最大,效果最明显的阶段。其资金使用计

划的编制与控制在整个建设管理中处于重要的地位,它对工程造价有着重要的影响,表现在:

(1)通过编制资金计划,合理地确定工程造价施工阶段目标值,将工程实际支出与目标值进行比较,找出偏差,分析原因,并采取措施纠正偏差。

(2)通过资金使用计划,预测未来工程项目的资金使用和进度控制。

(3)在项目的进行中,通过资金使用计划执行,有效地控制工程造价,最大限度地节约投资。

2.资金使用计划编制

(1)按不同子项目编制资金使用计划。

一个建设项目往往由多个单项工程组成,每个单项工程可能由多个单位工程组成,而单位工程由若干个分部分项工程组成。

对工程项目划分的粗细程度,根据具体实际需要而定,一般情况下,投资目标分解到各单项工程、单位工程。按这种方式分解时,不仅要分解建筑安装工程费,而且还要分解设备工器具购置费以及工程建设其他费、预备费、建设期贷款利息等。

(2)按时间进度编制资金使用计划。

按时间进度编制的资金使用计划通常采用横道图、时标网络图、S形曲线、香蕉图等形式。

①横道图法是用不同的横道图标识已完工程计划投资、实际投资及拟完工程计划投资,其长度与其数据成正比。横道图形象直观,但信息量少,一般用于较高层次的管理。

②时标网络图是在确定施工计划网络图基础上,将施工进度与工期相结合而形成的网络图。

③S形曲线即时间—投资累计曲线。

时标网络图和和横道图将在偏差分析中介绍,这里只介绍S形曲线。

A.确定工程进度计划。

B.根据每单位时间内完成的实物工程量或投入的人力、物力和财力,计算单位时间(月或旬)的投资,如表8.3所示。

表8.3 单位时间的投资

时间(月)	1	2	3	4	5	6	7	8	9	10	11	12
投资(万元)	100	200	300	500	600	800	800	700	600	400	300	200

C.将各单位时间计划完成的投资额累计,得到计划累计完成的投资额,如表8.4所示。

表8.4 计划累计完成的投资

时间(月)	1	2	3	4	5	6	7	8	9	10	11	12
投资(万元)	100	200	300	500	600	800	800	700	600	400	300	200
计划累计投资	100	300	600	1100	1700	2500	3300	4000	4600	5000	5300	5500

D.绘制S形曲线,如图8.3所示。

每一条S形曲线对应于某一特定的工程进度计划。

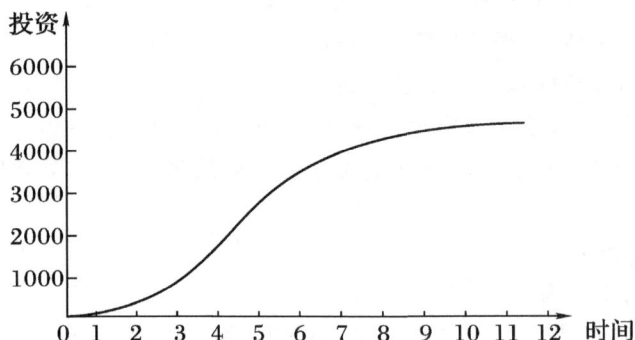

图 8.3 S 形曲线图

④香蕉图绘制方法同 S 形曲线,不同在于香蕉图分别绘制按最早开工时间(ES)和最迟开工时间(LS)的曲线,两条曲线形成类似香蕉的曲线图。如图 8.4 所示。

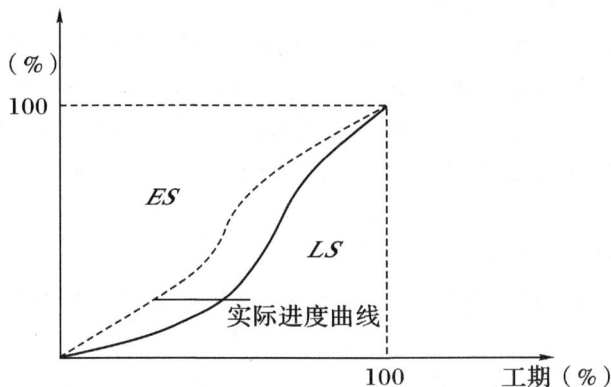

图 8.4 香蕉图

8.5.2 投资偏差的分析

1.偏差

在项目实施过程中,由于各种因素的影响,实际情况往往会与计划出现偏差。

(1)投资偏差(CV)。其计算公式如下:

$$\text{投资偏差}(CV)=\text{已完工程计划投资}(BCWP)-\text{已完工程实际投资}(ACWP) \quad (8.11)$$

其中:

$$\text{已完工程计划投资}(BCWP)=\sum\text{已完工程量(实际工程量)}\times\text{计划单价} \quad (8.12)$$

$$\text{已完工程实际投资}(ACWP)=\sum\text{已完工程量(实际工程量)}\times\text{实际单价} \quad (8.13)$$

当 $CV>0$ 时,说明投资节约;当 $CV<0$ 时,说明投资超支。

(2)进度偏差(SV)。其计算公式如下:

$$\text{进度偏差}(SV)=\text{已完工程计划投资}(BCWP)-\text{拟完工计划际投资}(BCWS) \quad (8.14)$$

其中:

拟完工程计划投资$(BCWS)=\sum$拟完工程量（实际工程量）×计划单价　　（8.15）

当$SV>0$时，说明工程进度超前；当$SV<0$时，说明工程进度拖后。

练一练：8-11

某工作计划完成工作量400m³，计划进度30m³/天，计划投资20元/m³，到第四天实际完成100m³，实际投资1800元。试分析第四天的投资偏差和进度偏差。

2.偏差分析

常用的偏差分析方法有横道图分析法、时标网络图法、表格法、曲线法。

（1）横道图分析法。

在实际工程中有时需要根据拟完工程计划投资和已完工程实际投资确定已完工程计划投资后，再确定投资偏差、进度偏差。

综合案例 8-4

某计划进度与实际进度如表8.5所示，表中粗实线表示计划进度（上方的数据表示每周计划投资），粗虚线表示实际进度（上方的数据表示每周实际投资），假定各分项工程实际完成总量与计划总量相等。

表8.5　某计划进度与实际进度横道表

分项工程	进度计划（周）											
	1	2	3	4	5	6	7	8	9	10	11	12
A	6	6	6									
	6	6	6									
B		4	4	4	4	4						
			4	4	4	3	3					
C				9	9	9	9					
						9	8	7	7			
D						5	5	5	5			
							4	4	4	5	5	
E								4	4	4		
									4	4	4	4

解：由横道图知拟完工程计划投资和已完工程实际投资，首先求已完工程计划投资，已完工程计划投资的进度应与已完工程实际投资一致，其投资总额应与计划投资总额相同。例如：D分项工程，进度线同已完的实际进度7至11周，拟完工程计划投资：4周×5万元/周＝20

万元,已完工程计划投资为 20 万元÷5 周=4 万元/周,其余类推。

根据上述分析,将每周的拟完工程计划投资、已完工程计划投资、已完工程实际投资进行统计得到表 8.6。

表 8.6   每周投资数据统计

项 目	投资数据											
	1	2	3	4	5	6	7	8	9	10	11	12
每周拟完工程计划投资	6	10	10	13	13	18	14	9	9	4		
累计拟完工程计划投资	6	16	26	39	52	70	84	93	102	106		
每周已完工程实际投资	6	6	10	4	4	12	15	11	11	9	9	4
累计已完工程实际投资	6	12	22	26	30	42	57	68	79	88	97	101
每周已完工程计划投资	6	6	10	4	4	13	17	13	13	8	8	4
累计已完工程计划投资	6	12	22	26	30	43	60	73	86	94	102	106

由上表可以求出每周的投资偏差和进度偏差:

如第 6 周末,投资偏差=已完工程计划投资-已完工程实际投资=43-42=1(万元)

即节约 1 万元。

进度偏差=已完工程计划投资-拟完工程计划投资=43-70=-27(万元)

即进度拖后 27 万元。

(2)时标网络图法。

双代号网络图以水平时间坐标尺度表示工作时间,时标的时间单位根据需要可以是天、周、月等。时标网络计划中,实箭线表示工作,实箭线的长度表示工作持续时间,虚箭线表示虚工作,波浪线表示工作与其紧后工作的时间间隔。

综合案例 8-5

某工程的时标网络图如图 8.5 所示,工程进展到第 6、第 11 个月底,分别检查了工程进度,相应绘制了三条前锋线,见图 8.5 中的粗虚线。分析第 6 和第 11 个月底的投资偏差、进度偏差,并根据第 6 个月、第 11 个月的实际进度前锋线分析工程进度情况(此工程每月投资数据统计如表 8.7 所示)。

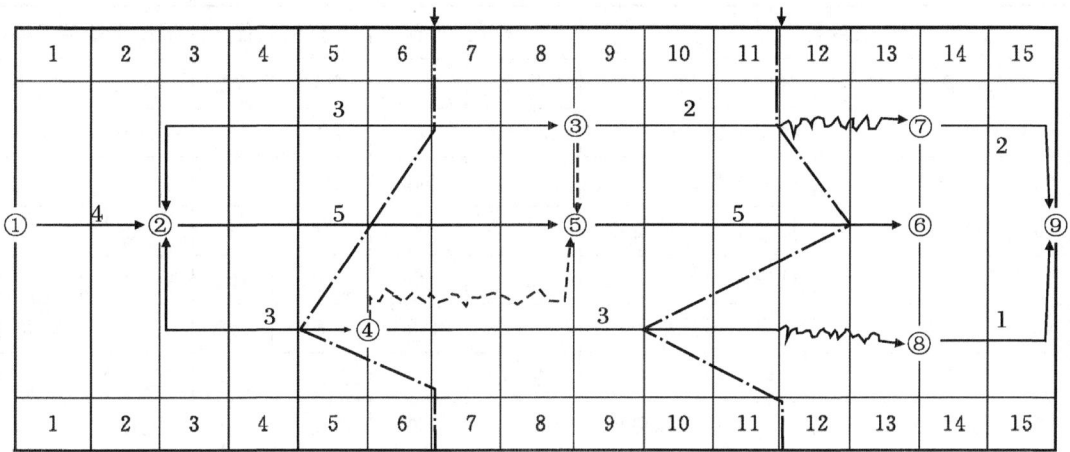

图 8.5 某工程的时标网络图

表 8.7 某工程每月投资数据统计

月份	1	2	3	4	5	6	7	8	9	10	11	12	13	14	15
累计拟完工程计划投资	4	8	19	30	41	52	63	74	84	94	104	109	114	117	120
累计已完工程实际投资	4	12	23	35	45	54	64	79	90	99	102	110	120	124	128

分析：

第 6 个月底：已完工程计划投资 $=2\times4+3\times5+2\times3+4\times3=41$(万元)

投资偏差 $=$ 已完工程计划投资 $-$ 已完工程实际投资 $=41-54=-13$(万元)

投资增加 13 万元。

进度偏差 $=$ 已完工程计划投资 $-$ 拟完工程计划投资 $=41-52=-11$(万元)

进度拖延 11 万元。

第 11 个月：已完工程计划投资 $=84+2\times2+3\times5=103$(万元)

投资偏差 $=$ 已完工程计划投资 $-$ 已完工程实际投资 $=103-102=1$(万元)

投资节约 13 万元。

进度偏差 $=$ 已完工程计划投资 $-$ 拟完工程计划投资 $=103-104=-1$(万元)

进度拖后 1 万元。

(3)表格法。

表格法是一种进行偏差分析的最常用的方法，该方法灵活、实用性强。如表 8.8 所示。

表 8.8　表格法偏差分析

项目名称		土方开挖工程		打桩工程		混凝土基础工程	
代码及计算式	费用及偏差	单位	数量	单位	数量	单位	数量
(1)	计划单价	元/m³	8	元/m	9	元/m³	10
(2)	拟完工程量	m³	500	m	90	m³	210
(3)=(1)×(2)	拟完工程计划费用	元	4000	元	810	元	2100
(4)	已完工程量	m³	600	m	100	m³	200
(5)=(1)×(4)	已完工程计划费用	元	4800	元	900	元	2000
(6)	实际单价	元/m³	9	元/m	10	元/m³	9
(7)=(4)×(6)	已完工程实际费用	元	5400	元	1000	元	1800
(8)=(5)−(7)	费用偏差	元	−600	元	−100	元	200
(9)=(5)−(3)	进度偏差	元	800	元	90	元	−100

(4)曲线法。

曲线法是用投资时间曲线(S形曲线)进行分析的一种方法。通常有三条曲线,即已完工程实际投资曲线、已完工程计划投资曲线、拟完工在计划投资曲线。如图 8.6 所示,已完计划投资与已完实际投资两条曲线之间的竖向距离表示投资偏差,已完计划投资与拟完计划投资曲线之间的水平距离表示进度偏差。

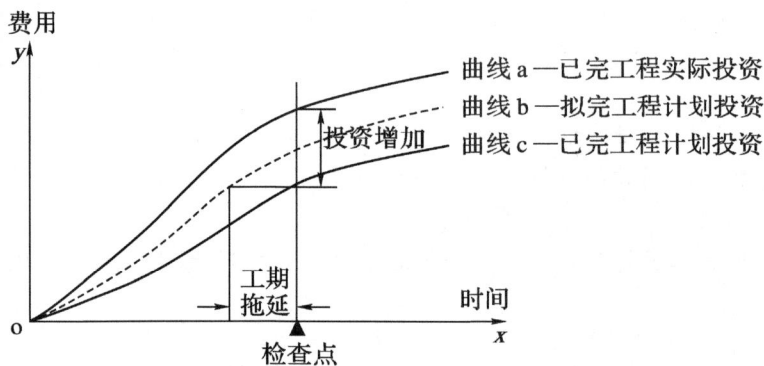

图 8.6　曲线法偏差分析

8.5.3　偏差产生的原因及控制措施

1.偏差产生的原因

(1)客观原因。包括人工、材料费涨价、自然条件变化、国家政策法规变化等。

(2)建设单位原因。包括增加工程内容、投资规划不当、建设手续不健全、因业主原因变更工程、业主未及时付款等。

(3)设计原因。包括设计错误、设计变更、设计标准变更等。

(4)施工原因。包括施工组织设计不合理、质量事故、进度安排不当等。

2. 纠偏措施

对偏差原因进行分析,目的是为了有针对性地采用纠偏措施,从而实现费用的动态控制和主动控制。纠偏措施通常包括以下四个方面:

(1)组织措施。组织措施是指从费用控制的组织管理方面采取的措施。例如,落实投资控制的组织机构和人员,明确各级投资控制人员的任务、职能分工、权利和责任,改善投资控制工作流程等。组织措施是其他措施的前提和保障。

(2)经济措施。经济措施主要是指审核工程量和签发支付证书,包括检查费用目标分解是否合理,检查资金使用计划有无保障,工程变更有无必要,是否超标等。

(3)技术措施。技术措施不同的技术措施往往会有不同的经济效果。运用技术措施纠偏,对不同的技术方案进行技术经济分析后加以选择。

(4)合同措施。合同措施在纠偏方面指索赔管理。在施工过程中,索赔事件的发生是难免的,发生索赔事件后要认真审查索赔依据是否符合合同规定,计算是否合理等。

本章小结

本章参考全国造价工程师执业资格考试培训教材《建设工程造价管理》和《建筑工程计价》(2014年修订),结合最新的相关文件内容,对建设工程施工阶段的工程造价控制与管理做了详细的阐述,包括工程变更、工程索赔、工程价款的结算及资金的使用计划的编制和应用。

本章的教学目标是通过本章的学习,使学生能初步掌握工程变更的概念、变更产生的原因及处理的程序,工程索赔的概念及分类、处理原则、程序及工程索赔的计算,工程价款结算的方式、工程预付款及其扣回、工程进度款的结算、竣工结算及动态结算,资金使用计划的编制和应用,主要有资金使用计划的编制方法、投资偏差分析及产生的原因和相应的纠正措施。

习 题

一、单选题

1. 因非承包人原因的工程变更,造成施工方案变更,导致增加原措施费中没有的措施项目时,下列对措施费变更的处理程序正确的是( )。

A. 由发包人提出适当的措施费变更后可调整

B. 由监理人提出适当的措施费变更,经发包人确认后调整

C. 由承包人提出适当的措施费变更,经监理人确认后调整

D. 由承包人提出适当的措施费变更,经发包人确认后调整

2. 按照索赔事件的性质分类,在施工中发现地下流沙引起的索赔属于( )。

A. 工程变更索赔　　　　　　　　B. 工程延误索赔

C. 意外风险和不可预见因素索赔　　D. 合同被迫终止索赔

3. 分析工程索赔产生的原因时,下列事件中不属于合同变更的是( )。

A. 施工方法变更　　　　　　　　B. 设计变更

C. 合同中的遗漏　　　　　　　　D. 追加某些工作

4. 根据我国现行规定,下列关于索赔程序和事件的说法中,正确的是( )。

A.承包人应在确认索赔事件发生后 14 天内向发包人发出索赔通知

B.承包人应在发出索赔通知后 14 天内向发包人递交详细的索赔报告

C.发包人应在收到索赔通知 28 天内作出回应

D.发包人应在收到索赔报告后 28 天内作出答复

5.根据《标准施工招标文件》中合同条款规定,承包人可以索赔工期的事件是( )。

A.发包人原因导致的工程缺陷和损失　　B.发包人要求向承包人提前交付工程设备

C.施工过程发现文物　　　　　　　　　　D.政策变化引起的价格调整

6.在出现"共同延误"的情况下,承担拖期责任的是( )。

A.造成拖期最长者　　　　　　　　　　B.初始延误者

C.最后发生者　　　　　　　　　　　　D. 按造成拖期的长短,在各共同延误者之间分担

7.根据《标准施工招标文件》,下列事件中,既可索赔工期又可索赔费用的是( )。

A.发包人要求承包人提前竣工　　　　　B.发包人要求向承包人提前交付工程设备

C.承包人遇到不利物质条件　　　　　　D.承包人遇到异常恶劣的气候条件

8.已知某工程承包合同价款总额为 6000 万元,其主要材料及构件所占比重为 60%,预付款总金额为工程价款总额的 20%,则预付款起扣点是( )万元。

A.2000　　　　　　B.2400　　　　　　C.3600　　　　　　D.4000

9.某分部分项工程 5 月份拟完成工程量 100m,实际工程量 160 m,计划单价 60 元/ m,实际单价 48 元/ m 。其进度偏差为( )元。

A.3600　　　　　B. −3600　　　　　C.1680　　　　　D. −1680

10.在投资计划分析的香蕉图中,最右侧的曲线表示的是所有活动按( )。

A.最迟开工时间开始的曲线　　　　　　　B. 最早开工时间开始的曲线

C.最迟完成时间结束的曲线　　　　　　　D.最早完成时间结束的曲线

二、多选题

1.按索赔事件的性质分类,工程索赔的种类有( )。

A.工程变更索赔　　　　　　　　　　　B.合同被迫终止索赔

C.合同中明示索赔　　　　　　　　　　D.工期索赔

E.不可预见因素索赔

2.工程价款结算的方式包括( )。

A.分段结算　　　　　　　　　　　　　B.专业分包结算

C.工程变更结算　　　　　　　　　　　D.竣工结算

E.按月结算

3.资金使用计划的表示方法通常有( )。

A.时标网络图　　　　　　　　　　　　B.S 型曲线

C.香蕉图　　　　　　　　　　　　　　D.投资累计曲线

E.横道图

4.下列纠偏措施中,属于经济措施的有( )。

A.明确各级投资控制人员的任务、权利和责任

B.检查投资目标分解的合理性

C. 检查资金使用计划的保障性

D. 加强索赔管理

E. 检查施工进度计划的协调性

5. 下列属于工程索赔产生原因的有( )。

A. 业主方违约

B. 不可抗力

C. 合同缺陷

D. 合同变更

E. 工程师指令及其他第三方原因

三、简答题

1. 工程索赔产生的原因是什么? 索赔的依据及程序是什么?

2. 什么叫工程价款结算? 结算方式有哪些?

3. 偏差分析的方法有哪些?

四、计算题

1. 某施工合同约定,现场主导施工机械一台,由承包人租赁而来,台班单价为200元/台班,租赁费100元/天,人工工资为50元/工日,窝工补贴20元/工日,以人工费和机械费为基数的综合费率为30%。在施工过程中,发生了如下事件:①遇异常恶劣天气导致停工2天,人员窝工30工日,机械窝工2天;②发包人增加合同工作,用工20工日,使用机械1台班;③场外大范围停电致停工1天,人员窝工20工日,机械窝工1天。计算上述事件中分别索赔的费用是多少? 合计多少?

2. 某施工单位承包某个工程项目,甲、乙双方签订的关于工程价款的合同内容有:

(1)建筑安装工程造价660万元,主要材料费占施工总造价的比重为60%;

(2)预付备料款为建筑安装工程造价的20%;

(3)工程进度款逐月计算;

(4)工程保修金为建筑安装工程造价的5%,6月份扣除;

(5)材料价差调整:按有关规定上半年材料价差上调10%,在6月份进行一次调增。

各月实际完成工作量如表8.9所示。

表 8.9 各月实际完成工作量 单位:万元

月份	2	3	4	5	6
完成工作量	55	110	165	220	110

问题:

(1)该工程的预付备料款、起扣点各为多少?

(2)该工程2月至5月,每月拨付工程款为多少? 累计拨付工程款为多少?

(3)6月份办理工程竣工结算,该工程结算总造价为多少? 甲方应付工程尾款为多少?

第 9 章

建设工程竣工验收阶段

本章主要内容

1.竣工验收的作用、内容、条件和程序；

2.竣工决算的概念、内容及新增固定资产价值的确定；

3.房屋保修的最低期限、保修费用的处理。

本章学习要点

1.了解建设项目竣工验收的概念、作用和依据；熟悉建设项目竣工验收的条件和内容；掌握建设项目竣工验收的程序；

2.了解竣工验收的概念及作用；熟悉竣工决算的内容和编制过程；掌握新增固定资产价值的确定；

3.熟悉保修费用的处理；掌握建设项目保修的范围及期限。

知识导入

工程项目竣工验收是施工全过程的最后一道工序，也是工程项目管理的最后一项工作。它是建设投资成果转入生产或使用的标志，也是全面考核投资效益、检验设计和施工质量的重要环节。所有建设项目都要及时组织验收，进行项目的竣工结算和竣工决算。有效地控制这一阶段的工程造价，对项目最后造价的确认具有重要意义。

9.1　竣工验收

9.1.1　建设项目竣工验收的概念

建设项目竣工验收是指由发包人、承包人和项目验收委员会以项目批准的设计任务书和设计文件，以及国家或部门颁发的施工验收规范和质量检验标准为依据，按照一定的程序和手续，在项目建成并试生产合格后（工业生产性项目），对工程项目的总体进行检验和认证、综合评价和鉴定的活动。

知识拓展

建设项目竣工验收一般来说有两种含义，一个是指承发包单位之间进行的工程竣工验收，也称工程交工验收；另一个是指建设工程项目的竣工验收。

9.1.2 建设项目竣工验收的内容

不同的建设项目竣工验收的内容可能有所不同,但一般包括工程资料验收和工程内容验收。

1.工程资料验收

工程资料验收包括工程技术资料、工程综合资料和工程财务资料验收。

2.工程内容验收

工程内容验收包括建筑工程验收和安装工程验收。

(1)建筑工程验收的内容。建筑工程验收主要是如何运用有关资料进行审查验收,包括以下几个方面:

①建筑物的位置、标高、轴线是否符合设计要求。

②对基础工程中的土石方工程、垫层工程、砌筑工程等资料的审查验收。

③对结构工程中的砖木结构、砖混结构、内浇外砌结构、钢筋混凝土结构等的审查验收。

④对屋面工程的屋面瓦、保温层、防水层等的审查验收。

⑤对门窗工程的审查验收。

⑥对装饰工程的审查验收。

(2)安装工程验收的内容。安装工程验收分为建筑设备安装工程、工艺设备安装工程和动力设备安装工程验收。

①建筑设备安装工程(指民用建筑物中的上下水管道、暖气、天然气或煤气、通风、电气照明等安装工程)。验收时应检查这些设备的规格、型号、数量、质量是否符合设计,要求检查安装时的材料、材质、材种,检查试压、闭水试验、照明等。

②工艺设备安装工程包括生产、起重、传动、实验等设备的安装,以及附属管线敷设和油漆、保温等。验收时应检查设备的规格、型号、数量、质量、设备安装的位置、标高、机座尺寸、质量、单机试车、无负荷联动试车、有负荷联动试车是否符合设计要求,检查管道的焊接质量、洗清、吹扫、试压、试漏、油漆、保温等及各种阀门。

③动力设备安装工程验收是指有自备电厂的项目的验收,或变配电室(所)、动力配电线路的验收。

知识拓展

建设项目竣工验收,按被验收的对象划分,可分为单位工程验收(中间验收)、单项工程验收(交工验收)、工程整体验收(动用验收),通常所说的竣工验收是指工程整体验收。

9.1.3 建设项目竣工验收的条件和依据

1.建设工程项目验收的条件

《建设工程质量管理条例》规定,建设工程竣工验收应当具备以下条件:

(1)完成建设工程设计和合同约定的各项内容。

(2)有完整的技术档案和施工管理资料。

(3)有工程使用的主要建筑材料、建筑构配件和设备的进场试验报告。

(4)有勘察、设计、施工、工程监理等单位分别签署的质量合格文件。

(5)有施工单位签署的工程保修书。

2.建设工程项目验收的依据

建设项目竣工验收的主要依据包括：

(1)上级主管部门对该项目批准的各种文件。

(2)可行性研究报告。

(3)施工图设计文件及设计变更洽商记录。

(4)国家颁布的各种标准和现行的施工验收规范。

(5)工程承包合同文件。

(6)技术设备说明书。

(7)建筑安装工程统一规定及主管部门关于工程竣工的规定。

(8)从国外引进的新技术和成套设备的项目，以及中外合资建设项目，要按照签订的合同和进口国提供的设计文件等进行验收。

(9)利用世界银行等国际金融机构贷款的建设项目，应按世界银行规定，按时编制《项目完成报告》。

3.建设工程项目验收的标准

建设工程项目验收的标准如下：

(1)工业建设项目竣工验收标准。

①生产性项目和辅助性公用设施，已按设计要求完成，能满足生产使用。

②主要工艺设备配套经联动负荷试车合格，形成生产能力，能够生产出设计文件所规定的产品。

③有必要的生活设施，并已按设计要求建成合格。

④生产准备工作能适应投产的需要。

⑤环境保护设施，劳动、安全、卫生设施，消防设施，已按设计要求与主体工程同时建成使用。

⑥设计和施工质量已经过质量监督部门检验并作出评定。

⑦工程结算和竣工决算通过有关部门审查和审计。

(2)民用建设项目竣工验收标准。

①建设项目各单位工程和单项工程，均已符合项目竣工验收标准。

②建设项目配套工程和附属工程，均已施工结束，达到设计规定的相应质量要求，并具备正常使用条件。

4.建设工程项目竣工验收的程序

一般情况下，建设项目竣工验收指的是"动用验收"。建设项目全部建成，经过各单项工程的验收符合设计的要求，并具备竣工图表、竣工决算、工程总结等必要的文件资料，由建设项目主管部门或发包人向负责验收的单位提出竣工验收申请报告，按程序验收。建设工程项目竣工验收的程序如下：

(1)承包人申请交工验收。

承包人在完成了合同约定的工程内容或按合同约定可分步移交工程的，可申请交工验收，交工验收一般为单项工程，承包人施工的工程达到竣工条件后，应先进行预检验，对不符合要求的部位和项目,确定修补措施和标准,修补有缺陷的工程部位,承包人在完成了上述工作和准备好竣工资料后,即可向发包人提交"工程竣工报验单"。

（2）监理工程师现场初步验收。

监理工程师收到"工程竣工报验单"后,应由监理工程师组成验收组,对竣工项目的竣工资料和各专业工程的质量进行初验,在初验中发现的质量问题,要及时书面通知承包人,令其修理甚至返工。经整改合格后,监理工程师签署"工程竣工报验单",并向发包人提出质量评估报告,至此现场初步验收工作结束。

（3）单项工程验收。

单项工程验收又称交工验收,由发包人组织的交工验收,由监理单位、设计单位、承包人、工程质量监督站等参加,主要依据国家颁布的有关技术规范和施工承包合同进行检查或检验。

（4）全部工程竣工验收。

全部工程竣工验收是指全部施工完成后,由国家主管部门组织的竣工验收,又称为动用验收。发包人参与全部工程竣工验收分为验收准备、预验收和正式验收三个阶段。

①验收准备。发包人、承包人和其他有关单位均应进行验收准备。

②预验收。建设项目竣工验收准备工作结束后,由发包人或上级主管部门会同监理单位、设计单位、承包人及有关单位或部门组成预验收组进行预验收。

③正式验收。建设项目的正式竣工验收是由国家、地方政府、建设项目投资商或开发商以及有关单位领导和专家参加的最终整体验收。发包人、监理单位、承包人、设计单位和使用单位共同参加验收工作。整个建设项目进行竣工验收后,发包人应及时办理固定资产交付使用手续。

🅘 知识拓展

大中型和限额以上的建设项目的正式验收,由国家投资主管部门或其委托项目主管部门或地方政府组织验收,一般由竣工验收委员会(或验收小组)主任(或组长)主持,具体工作可由总监理工程师组织实施。国家重点工程的大型建设项目,由国家有关部委邀请有关方面参加,组成工程验收委员会进行验收。小型和限额以下的建设项目由项目主管部门组织。

9.2 竣工结算和竣工决算

9.2.1 竣工结算

工程竣工结算是指施工企业按照合同规定的内容全部完成所承包的工程,经验收质量合格,并符合合同要求,施工企业向发包单位进行的最终工程价款结算。

在实际工作中,当年开工、当年竣工的工程,只需办理一次性结算。跨年度的工程,在年终办理一次年终结算,将未完工程结转到下一年度,此时竣工结算等于各年度结算的总和。

9.2.2 竣工决算

1.竣工决算概念及作用

竣工决算是以实物量和货币指标为计量单位,综合反映竣工项目从筹建开始到项目竣工交付使用为止的全部建设费用、建设成果和财务情况的总结性文件,是竣工验收报告的重要组成部分。

竣工决算对建设单位而言具有重要作用,具体表现在:

(1)竣工决算是综合、全面反映竣工项目建设成果及财务情况的总结性文件。

(2)竣工决算是核定各类新增资产价值、办理其交付使用的依据。

(3)竣工决算能正确反映建设工程的实际造价和投资结果。

(4)竣工决算有利于进行设计概算、施工图预算和竣工决算的对比,考核实际投资效果。

2. 竣工决算的内容

竣工决算是建设项目从筹建到竣工交付使用为止所发生的全部建设费用。竣工决算由竣工财务决算说明书、竣工财务决算报表、工程竣工图、工程造价对比分析四部分组成。其中竣工财务决算说明书和竣工财务决算报表又称建设项目竣工财务决算,是竣工决算的核心部分。

(1)竣工财务决算说明书。竣工财务决算说明书主要反映竣工工程建设成果,是竣工财务决算报表进行分析和补充说明文件,是竣工决算报告的重要组成部分,主要包括以下内容:

①建设项目概况。从工程进度、质量、安全、造价和施工等方面进行分析说明。

②会计账务处理、财产物资情况以及债权债务的清偿情况。

③建设收入、资金结余以及结余资金的分配处理情况。

④主要技术经济指标的分析、计算情况。例如,实际投资完成额与概算进行对比分析,新增生产能力的效益分析等。

⑤基本建设项目管理及决算中存在的问题,并提出建议。

⑥决算与概算的差异和原因分析。

⑦需要说明的其他事项。

(2)竣工财务决算报表。建设项目竣工财务决算报表包括:基本建设项目概况表;基本建设项目竣工财务决算表;基本建设项目交付使用资产总表;基本建设项目交付使用资产明细表等。

①基本建设项目概况表。该表综合反映基本建设项目的基本情况,包括该项目总投资、建设起止时间、新增生产能力、主要材料消耗、建设成本、完成主要工程量和主要技术经济指标。

②基本建设项目竣工财务决算表。该表是考核和分析投资效果,落实结余资金,并作为报告上级核销基本建设支出和基本建设拨款的依据。

③基本建设项目交付使用资产总表。该表反映建设项目建成后新增固定资产、流动资产、无形资产和其他资产及价值的情况,作为财产交接、检查投资计划完成情况和分析投资效果的依据。

④基本建设项目交付使用资产明细表。该表反映交付使用的固定资产、流动资产、无形资产和其他资产及价值的明细情况,是办理资产交接和接受单位登记资产账目的依据,是使用单位建立资产明细账和登记新增资产价值的依据。

(3)建设工程竣工图。工程项目竣工图是真实地反映各种地上地下建筑物、构筑物等情况的技术文件,是工程进行交工验收、维护改建和扩建的依据。国家规定对于各项新建、扩建、改建的基本建设工程,特别是基础、地下建筑、管线、结构、港口、水坝、桥梁、井巷以及设备安装等隐蔽部位,都要编制竣工图。在施工过程中应作好隐蔽工程检查记录,整理好设计变更文件,确保竣工图的真实性。具体要求有:

①凡按图竣工未发生变动的，由施工单位在原施工图上加盖"竣工图"标志后，作为竣工图。

②凡在施工过程中，虽有一般性设计变更，但能将原施工图加以修改补充作为竣工图的，由施工单位负责在原施工图（必须是新蓝图）上注明修改的部分，并附以设计变更通知和施工说明，加盖"竣工图"标志后，作为竣工图。

③凡结构形式改变、施工工艺改变、平面布置改变、项目改变等重大变化，不宜在原施工图上修改、补充时，应按不同责任分别由不同责任单位组织重新绘制竣工图，施工单位负责在新图上加盖"竣工图"标志，并附以有关记录和说明，作为竣工图。

（4）工程造价对比分析。工程造价比较应侧重主要实物工程量、主要材料消耗量，以及建设单位管理费、措施费和间接费等方面的分析。对比整个项目的总概算，然后再将建筑安装工程费、设备工器具费和其他工程费用逐一与竣工决算财务表中所提供的实际数据和经批准的概算、预算指标、实际的工程造价进行比较分析，以确定工程项目总造价是节约还是超支，并提出改进措施。

3.竣工决算的编制

项目建设单位应在项目竣工后3个月内完成竣工决算的编制工作，并报主管部门审核。

（1）竣工决算的编制依据。

①经批准的可行性研究报告、投资估算书、初步设计或扩大初步设计、修正总概算、施工图设计以及施工图预算等文件。

②设计交底或图纸会审纪要。

③招标控制价、承包合同、工程结算等有关资料。

④设计变更记录、施工纪录、施工签证单及其他在施工过程中的有关费用记录。

⑤竣工图及竣工验收资料。

⑥历年基本建设计划、历年财务决算及批复文件。

⑦设备、材料调价文件和调价记录。

⑧有关财务制度及其他相关资料。

（2）竣工决算的编制步骤。

①收集、分析、整理有关依据资料。在编制竣工决算文件之前，应系统地整理所有的技术资料、工料结算的经济文件、施工图纸、施工纪录和各种变更与签证资料，并分析它们的准确性。

②清理各项财务、债务和结余物质。

③对照、核实工程变动情况，重新核实各单位工程、单项工程的工程造价。要做到将竣工资料与原设计图纸进行查对、核实，如有必要可实地测量，确认实际变更情况；根据经审定后的施工单位竣工结算等原始资料，按照有关规定对原概（预）算进行增减调整，重新核定建设项目工程造价。

④编制建设工程竣工财务决算说明书。

⑤编制建设工程竣工财务决算报表。

⑥作好工程造价对比分析。

⑦整理、装订好竣工图。

⑧上报主管部门审查、批准、存档。

知识拓展

竣工决算与竣工结算的区别如下:

(1)编制单位不同。竣工决算由建设单位的财务部门负责编制;竣工结算由施工单位的预算部门负责编制。

(2)反映内容不同。竣工决算是建设项目从开始筹建到竣工交付使用为止所发生的全部建设费用;竣工结算是承包方承包施工的建筑安装工程的全部费用。

(3)性质不同。竣工决算反映建设单位工程的投资效益;竣工结算反映施工单位完成的施工产值。

(4)作用不同。竣工决算是业主办理交付、验收、各类新增资产的依据,是竣工报告的重要组成部分;竣工结算是施工单位与业主办理工程价款结算的依据,是编制竣工决算的重要资料。

综合案例 9-1

某大中型建设项目 2011 年开工建设,2013 年底有关财务核算资料如下:

(1)已经完成部分单项工程,经验收合格后,已经交付使用的资产包括:

①固定资产价值 95000 万元。

②为生产准备的使用期限在一年以内的备品备件、工具、器具等流动资产价值 48000 万元,期限在一年以上,单位价值在 1500 元以上的工具 100 万元。

③建造期间购置的专利权、专有技术等无形资产 2500 万元,摊销期 5 年。

(2)基本建设支出的未完成项目包括:

①建筑安装工程支出 18000 万元。

②设备工器具投资 46000 万元。

③建设单位管理费、勘察设计费等待摊投资 2000 万元。

④通过出让方式购置的土地使用权形成的其他投资 110 万元。

(3)非经营项目发生待核销基建支出 50 万元。

(4)应收生产单位投资借款 1200 万元。

(5)购置需要安装的器材 50 万元,其中待处理器材 20 万元。

(6)货币资金 480 万元。

(7)预付工程款及应收有偿调出器材款 20 万元。

(8)建设单位自用的固定资产原值 60550 万元,累计折旧 10022 万元。

(9)反映在《资金平衡表》上的各类资金来源的期末余额:

①预算拨款 69230 万元。

②自筹资金拨款 68000 万元。

③其他拨款 450 万元。

④建设单位向商业银行借入的借款 120000 万元。

⑤建设单位当年完成交付生产单位使用的资产价值中,300 万元属于利用投资借款形成

的待冲基建支出。

⑥应付器材销售商 70 万元贷款和尚未支付的应付工程款 2800 万元。

⑦未交税金 50 万元。

根据上述有关资料编制该项目竣工财务决算表，见表 9.1。

表 9.1 大中型建设项目竣工财务决算表

建设项目名称：   单位：万元

资金来源	金额	资金占用	金额
一、基建拨款	137680	一、基本建设支出	209260
1.预算拨款	69230	1.交付使用资产	143100
2.基建基金拨款		2.在建工程	66110
其中:国债专项资金拨款		3.待核销基建支出	50
3.专项建设基金拨款		4.非经营性项目转出投资	
4.进口设备转账拨款		二、应收生产单位投资借款	1200
5.器材转账拨款		三、拨付所属投资借款	
6.煤代油专用基金拨款		四、器材	50
7.自筹资金拨款	68000	其中:待处理器材损失	20
8.其他拨款	450	五、货币资金	480
二、项目资本金		六、预付及应收款	20
1.国家资本		七、有价证券	
2.法人资本		八、固定资产	50528
3.个人资本		固定资产原值	60550
4.外商资本			
三、项目资本公积		减:累计折旧	10022
四、基建借款		固定资产净值	50528
其中:国债转贷	120000	固定资产清理	
五、上级拨入投资借款		待处理固定资产损失	
六、企业债券资金			
七、待冲基建支出	300		
八、应付款	3500		
九、未交款	50		
1.未交税金	50		
2.未交基建收入			
十、上级拨入资金			
十一、留成收			
合计	261530	合计	261530

9.2.3 新增资产价值的确定

建设工程竣工投产运营后,建设期内支出的投资,按照国家财务制度和企业会计准则形成相应的资产。这些新增资产按性质可分为固定资产、流动资产、无形资产和其他资产四类。

1.新增固定资产

(1)新增固定资产价值的构成。

①已经投入生产或者交付使用的建筑安装工程造价,主要包括建筑工程费、安装工程费。

②达到固定资产使用标准的设备、工具及器具的购置费用。

③预备费,主要包括基本预备费和涨价预备费。

④增加固定资产价值的其他费用,主要包括建设单位管理费、研究试验费、设计勘察费、工程监理费、联合试运转费、引进技术和进口设备的其他费用等。

⑤新增固定资产建设期间的融资费用,主要包括建设期利息和其他相关融资费用。

(2)新增固定资产价值的计算。

新增固定资产价值是以独立发挥生产能力的单项工程为对象,单项工程建成经有关部门验收合格,正式交付使用或生产时,应计算新增固定资产价值。一次交付生产或使用的单项工程,应一次计算确定新增固定资产价值;分期分批交付生产或使用的单项工程,应分期分批计算确定新增固定资产价值。

值得注意的,在确定新增固定资产价值时,要注意以下几种情况:

①对于为了提高产品质量、改善职工劳动条件、节约材料消耗、保护环境等建设的附属辅助工程,只要全部建成,正式验收合格,交付使用后,应作为新增固定资产确认其价值。

②对于单项工程中虽不能构成生产系统,但可以独立发挥效益的非生产性项目,例如住宅、食堂、幼儿园、医务所等生活服务网点,在建成、验收合格,交付使用后,应确认为新增固定资产并计算资产价值。

③凡企业直接购置并达到固定资产使用标准,不需要安装的设备、工具、器具,应在交付使用后确认新增固定资产价值。

④属于新增固定资产价值的其他投资,应随同收益工程交付使用时一并计入。

⑤交付使用资产的成本,按下列内容确定:房屋、建筑物、管道、线路等固定资产的成本包括建筑工程成本和应由各项工程分摊的待摊费用;生产设备和动力设备等固定资产的成本包括需要安装设备的采购成本(即设备的买价和支付的相关税费)、安装工程成本、设备基础支柱等建筑工程成本或砌筑锅炉及各种特殊炉的建筑工程成本、应由各设备分摊的待摊费用;运输设备及其他不需要安装的设备、工具、器具等固定资产一般仅计算采购成本,不包括待摊费用。

⑥共同费用的分摊方法。新增固定资产的其他费用,如果是属于整个建设项目或两个以上单项工程的,在计算新增固定资产价值时,应在各单项工程中按比例分摊。一般情况下,建设单位管理费按建筑工程、安装工程、需要安装设备价值占价值总额的一定比例分摊,而土地征用费、地质勘察和建筑设计费等费用则按建筑工程造价比例分摊,生产工艺流程设计费按安装工程造价比例分摊。

练一练:9-1

某工业建设项目及第一车间的建筑工程费、安装工程费、需要安装设备费、建设单位管理费、土地征用费、勘察设计费和工艺设计费如表9.2所示,计算第一车间新增固定资产价值。

表9.2 分摊费用计算表 单位:万元

项目名称	建筑工程费	安装工程费	需安装设备	建设单位管理费	土地征用费	勘察设计费	工艺设计费
建设单位竣工决算	2000	800	1000	100	120	60	40
第一车间竣工决算	500	150	300				

2.新增无形资产

无形资产是指企业拥有或控制的,不具有实物形态,能持续发挥作用且能带来经济利益的资源。无形资产通常包括:专利权、专有技术、商标权、著作权、特许权、土地使用权等。

(1)专利权。专利权分为自创和外购两类。自创专利权的价值为开发过程中的实际支出,包括专利的研制成本和交易成本。专利权具有独占性并能带来超额利润,因此,专利转让价格不按成本估价,而按所能带来的超额收益计价。

(2)专有技术(又称非专有技术)。专有技术具有使用价值和价值,使用价值是专有技术本身应具有的,专有技术的价值在于专有技术的使用所能产生的超额获利能力,应在其直接和间接的获利能力的基础上,准确计算出其价值。如果专有技术为外购专有技术,应由法定评估机构确认后再进行估价,其方法往往通过能产生的收益进行估价。

(3)商标权。如果商标权是自创的,一般不作为无形资产入账,而将商标设计、制作、注册、广告宣传等发生的费用直接作为销售费用计入当期损益。只有当企业购入或转让商标时,才需要对商标权计价。商标权的计价一般根据被许可方新增的收益确定。

(4)土地使用权。根据取得土地使用权的方式不同,土地使用权有以下几种计价方式:当建设单位向土地管理部门申请土地使用权并为之支付一笔出让金时,土地使用权作为无形资产核算;当建设单位获得土地使用权是通过行政划拨的,这时土地使用权就不能作为无形资产核算;在将土地使用权有偿转让、出租、抵押、作价入股和投资,按规定补交土地出让价款时,才作为无形资产核算。

3.新增流动资产

流动资产是指可以在一年内或者超过一年的一个营业周期内变现或者运用的资产。流动资产主要包括:库存现金、银行存款、其他货币资金;原材料、库存商品;未达到固定资产使用标准的工具和器具的购置费用,企业应按照其实际价值确认流动资产。

4.新增其他资产

其他资产是指除固定资产、无形资产、流动资产以外的其他资产。形成其他资产原值的费用主要由生产准备费(包含职工提前进厂费和劳动培训费)、农业开荒费和样品样机购置费等费用构成,应按照这些费用的实际支出金额确认其他资产。

练一练:9-2

某建设项目企业自有资金300万元,向银行贷款350万元,其他单位投资300万元。建设期完成建筑工程 280 万元,安装工程 80 万元,需安装设备 70 万元,不需安装设备 50 万元,另发生建设单位管理费 20 万元,勘查设计费 90 万元,商标费 40 万元,非专利技术费 30 万元,生产培训费 4 万元,原材料 40 万元。

  问题:(1)确定建设项目竣工决算的组成内容。

    (2)按照资产性质分类并分别计算其资产价值。

9.3 保修费用处理

  工程保修是项目竣工验收交付使用后,在一定期限内施工单位对建设单位或用户进行回访,对于工程发生的确实是由于施工单位施工责任造成的建筑物使用功能不良或无法使用的问题,应由施工单位负责修理,直到达到正常使用的标准。

9.3.1 建设项目保修的期限

  建设项目保修期限是指建设项目竣工验收交付使用后,由于建筑物使用功能不良或无法使用的问题,应由相关单位负责修理的期限规定。此规定应当按照保证建筑物在合理寿命内正常使用,维护消费者合法权益的原则确定。

  按照《建设工程质量管理条例》,保修期限有以下规定:

  (1)地基基础工程和主体结构工程,为设计文件规定的该建设工程的合理使用年限。

  (2)屋面防水工程、有防水要求的卫生间、房间和外墙面的防渗漏为 5 年。

  (3)供热与供冷系统为 2 个采暖期和供热期。

  (4)电气管线、给排水管道、设备安装和装修工程为 2 年。

9.3.2 工程保修费用处理

  保修费用是指对建设工程在保修期限和保修范围内所发生的维修、返工等各项费用支出。工程保修费用,一般按照"谁的责任,由谁负责"的原则执行,具体规定为:

  (1)由于业主提供的材料、构配件或设备质量不合格造成的质量缺陷,或发包人竣工验收后未经许可自行对建设项目进行改建造成的质量问题,应由业主自行承担经济责任。

  (2)由于发包人指定的分包人或者不能肢解而肢解发包的工程,导致施工接口不好而造成的质量问题,应由发包人自行承担经济责任。

  (3)由于勘查、设计的原因造成的质量缺陷,由勘查、设计单位负责并承担经济责任,由施工单位负责维修或处理。根据新的合同法规定,勘察、设计人应当继续完成勘察和设计,减收或免收勘查、设计费用;施工单位进行维修、处理时,费用支出应按合同约定,通过建设单位向设计人索赔,不足部分由建设单位补偿。

  (4)由于施工单位未按国家有关施工质量验收规范、设计文件要求和施工合同约定组织施工而造成的质量问题,应由施工单位负责无偿返修并承担经济责任。如果在合同规定的时间和程序内,施工单位未到现场修理,建设单位可以根据情况另行委托其他单位修理,由原施工单位承担经济责任。

  (5)由于施工单位采购的材料、构配件或者设备质量不合格引起的质量缺陷,或施工单位应进行却没有进行试验或检验,进入现场使用造成的质量问题,应由施工单位负责修理并承担经济责任。

（6）由于业主或使用人在项目竣工验收后使用不当造成的质量问题,应由业主或使用人自行承担经济责任。

（7）由于不可抗力或者其他无法预料的灾害造成的质量问题和损失,施工单位和设计单位均不承担经济责任,所发生的维修、处理费用,应由建设单位自行承担经济责任。

本章小结

本章参考全国造价工程师执业资格考试培训教材《建设工程计价》（2014年修订）,结合最新的相关文件内容,着重叙述了竣工阶段的具体内容,包括建设项目竣工验收、竣工决算及工程保修。

本章的教学目标是通过本章的学习,使学生能了解建设项目竣工验收的概念、作用和依据,熟悉建设项目竣工验收的条件和内容,掌握建设项目竣工验收的程序,熟悉竣工决算的内容、编制过程和新增固定资产价值的确定,熟悉保修费用的处理和项目保修的范围及期限。

习 题

一、单选题

1. 通常所说的建设项目竣工验收是指（   ）。
A. 工程整体验收   B. 单项工程验收   C. 单位工程验收   D. 分部工程验收
2. 建设项目竣工决算由（   ）进行的。
A. 建设单位   B. 施工单位   C. 监理单位   D. 第三方
3. 根据《建设工程质量管理条例》规定,屋面防水工程、有防水要求房间的保修期为（   ）。
A. 5 年   B. 2 年   C. 双方协商   D. 合同规定
4. 在房屋的保修期内,由于勘查、设计的原因造成的质量缺陷,损失由（   ）负责。
A. 施工单位   B. 使用者   C. 建设单位   D. 勘查、设计单位
5. （   ）和竣工财务决算报表称建设项目竣工财务决算,是竣工决算的核心部分。
A. 竣工图   B. 建设项目主要技术经济指标分析
C. 建设项目竣工财务决算说明书   D. 工程造价比较分析
6. 发包人参与的全部工程竣工验收分为三个阶段,其中不包括（   ）。
A. 验收准备   B. 预验收   C. 初步验收   D. 正式验收
7. 某工业建设项目及其动力车间有关数据如表 9.3 所示,则应分摊到动力车间固定资产价值中的土地征用费和设计费合计为（   ）万元。
A. 35.26   B. 38.67   C. 41.12   D. 43.50

表 9.3　某工业建设项目与其动力车间有关数据

项目名称	建筑工程	安装工程	需安装设备	土地征用费	设计费
建设单位竣工决算	3000	800	1200	200	90
动力车间竣工决算	400	110	240		

二、多选题

1.竣工决算由(   )部分组成。

A.竣工财务决算说明书   B.竣工图

C.财务决算报表   D.工程造价比较分析表

E.工程概况表

2.下列费用属于新增固定资产价值的有(   )。

A.安装工程费   B.建筑工程费   C.工器具购置费

D.建设期利息   E.勘察费

3.建设项目竣工验收的程序包括(   )。

A.验收准备   B.初步验收   C.交工验收

D. 正式验收   E.技术验收

4.下列关于共同费用分摊计入新增固定资产价值的表述,正确的是(   )。

A.建设单位管理费按建筑、安装工程造价总额作比例分摊

B.土地征用费按建筑工程造价比例分摊

C.建筑工程设计费按建筑工程造价比例分摊

D.生产工艺流程设计费按需安装设备价值总额作比例分摊

E.地质勘查费按建筑工程造价比例分摊

5.建设项目竣工决算报表包括(   )。

A.基本建设项目概况表   B.建设项目竣工财务决算审批表

C.基本建设项目竣工财务决算表   D.基本建设项目交付使用资产明细表

E.基本建设项目交付使用资产总表

6.企业应该作为无形资产核算的内容包括(   )。

A.专利权   B.非专利技术

C.政府无偿划拨给企业的土地使用权   D.商标权

E.著作权

7.关于工程保修费用处理原则,正确的有(   )。

A.由于施工单位未按施工质量验收规范组织施工而造成的质量问题,由施工单位承担经济责任

B.由于不可抗力造成的质量问题和损失,由建设单位和施工单位共同承担

C.由于勘查、设计的原因造成的质量缺陷,由建设单位承担经济责任

D.由于建设单位采购的材料质量不合格引起的质量缺陷,由建设单位承担经济责任

E.由于使用人在项目竣工验收后使用不当造成的质量问题,由设计单位承担经济责任

8.按照国务院颁布的《建设工程质量管理条例》的有关规定,对建设工程的最低保修期限描述正确的有(   )。

A.基础设施工程、房屋建筑的地基基础工程为 30 年

B.供热与供冷系统为 2 个采暖期、供冷期

C.给排水管道、设备安装和装修工程为 5 年

D.屋面防水工程、有防水要求的卫生间为 5 年

E.涉及其他项目的保修期应由承包方与业主在合同中规定

三、简答题

1.简述竣工结算和竣工决算的区别。

2.简述建设项目竣工验收的程序。

3.简述新增固定资产价值的构成。

4.简述建设工程的保修期限。

四、计算题

某工业建设项目及其总装车间的建筑工程费、安装工程费、需安装设备费以及应摊入费用如表9.4所示,计算总装车间新增固定资产价值。

表9.4 分摊费用计算表   单位:万元

项目名称	建筑工程	安装工程	需安装设备	建设单位管理费	土地征用费	建筑设计费	工艺设计费
建设单位竣工决算	5000	800	1200	80	90	50	30
总装车间竣工决算	800	500	600				

练一练答案

第1章

【练一练:1-1】C

【练一练:1-2】D

【练一练:1-3】B

【练一练:1-4】A

【练一练:1-5】A、B

【练一练:1-6】C

第2章

【练一练:2-1】B

【练一练:2-2】D

【练一练:2-3】C

【练一练:2-4】A、C、D、E

【练一练:2-5】B

【练一练:2-6】

解:基本预备费=(6000+5000+3000)×5%=700(万元)

静态投资额=6000+5000+3000+700=14700(万元)

$PF_1=14700×20\%[(1+6\%)(1+6\%)^{0.5}-1]=268.53(万元)$

$PF_2=14700×60\%[(1+6\%)(1+6\%)^{0.5}(1+6\%)-1]=1383.13(万元)$

$PF_3=14700×20\%[(1+6\%)(1+6\%)^{0.5}(1+6\%)^2-1]=665.10(万元)$

$PF_3=PF_1+PF_2+PF_3=268.53+1383.13+665.10=2316.76(万元)$

【练一练:2-7】

$q_1=(P_{j-1}+1/2A_j)·i=1/2×400×12\%=24(万元)$

$q_2=(P_{j-1}+1/2A_j)·i=(400+24+1/2×500)×12\%=80.88(万元)$

$q_3=(P_{j-1}+1/2A_j)·i=(400+24+500+80.88+1/2×400)×12\%=144.59(万元)$

$q=q_1+q_2+q_3=24+80.88+144.59=249.47(万元)$

第3章

【练一练:3-1】砌筑 $1000m^3$ 的1砖厚墙体所需的综合单价费用和综合工日数为:

综合单价费用=1000×2596.69/10=259669(元)

综合工日数=1000×13.88/10=1388(工日)

【练一练:3-2】试说明清单项目编码010101001001的含义。

01:房屋建筑与装饰工程——专业工程代码;

01：土石方工程——附录分类顺序码；

01：土方工程——分部工程顺序码；

001：平整场地——分项工程顺序码；

001：工程量清单编制人自行编制，从 001 开始。

第 5 章

【练一练：5-1】

解：该项目的投资额为：

$$c_2 = c_1 = (\frac{Q_2}{Q_1})^x f = 4500 \times (30/10)^{0.8} \times (1+5\%)^5 = 13831.06（万元）$$

【练一练：5-2】

解：该项目的投资额为：

$3600 \times (1+0.6\times1.1+0.3\times1.05+0.2\times1.2) = 7974（万元）$

【练一练：5-3】C

流动资金＝流动资产－流动负债＝$2000+400+1000+300-1300-700=1700$（万元）

【练一练：5-4】

解：$F = P \times (1+i)^n = 1000 \times (1+5\%)^5 = 1276.28（万元）$

【练一练：5-5】

解：$P = F \times (1+i)^{-n} = 100 \times (1+3\%)^{-5} = 86.3（万元）$

【练一练：5-6】

解：$F = 200 \times [(1+10\%)^5 - 1]/10\% = 1221.02（万元）$

【练一练：5-7】

解：$A = 100 \times 3\% / [(1+3\%)^{15} - 1] = 5.38（万元）$

【练一练：5-8】

解：$A = 70 \times 6\% \times (1+6\%)^{30} / [(1+6\%)^{30} - 1] = 5.085（万元）$

30 年累计偿还的利息之和为 $5.085 \times 30 - 70 = 82.55$（万元）

【练一练：5-9】

方案一：$P = 20 \times [(1+10\%)^{15} - 1]/10\%(1+10\%)^{15} = 152.122（万元）$

方案二：$P = 180$ 万元

方案一的现值更低，故方案一更优。

【练一练：5-10】

解：年实际利率为 $i = (1+\frac{r}{m})^m - 1 = (1+\frac{6\%}{12})^{12} - 1 = (1+0.5\%)^{12} - 1 = 6.16\%$

可以看出当实际计息周期小于年名义利率的周期时，实际利率会大于名义利率。

每月偿还款额为：$A = 70 \times 0.5\% \times (1+0.5\%)^{360} / [(1+0.5\%)^{360} - 1] = 4196.85$（元）

30 年累计偿还的利息之和为 $4196.85 \times 360 - 700000 = 81.09$（万元）

30 年累计偿还的利息之和反而比按年计息所偿还的少的原因是：按年计息只在年末偿还，而按月计息则使还款的时间提前了，如果都按年末的时间点来衡量偿还的金额，按月计息所偿还的金额应该会大于按年计息所偿还的金额，有兴趣的同学可以自己验证。

【练一练:5-11】

解:固定资产原值＝2000＋160－300＝1860(万元)

年折旧费＝1860×(1－5％)/10＝176.7(万元)

残值＝1860×5％＝93(万元)

余值＝1860－8×176.7＝446.4(万元)　或　93＋(10－8)×176.7＝446.4(万元)

【练一练:5-12】

解:流动资金的投入与回收情况如表5.1所示。

表 5.1　流动资金的投入与回收情况表

年份	1	2	3	4	5	6
流动资金投入	200	150	50			
流动资金回收						400

【练一练:5-13】

解:每年的还本付息总额 $=P\dfrac{i(1+i)^n}{(1+i)^n-1}=1000\times\dfrac{6\%\times(1+6\%)^5}{(1+6\%)^5-1}=237.40$(万元)

其还本付息计划表见表5.2。

表 5.2　某项目还本付息计划表

年份	1	2	3	4	5
年初借款余额	1000	822.60	634.56	435.23	223.94
利率	6％	6％	6％	6％	6％
年利息	60	49.36	38.07	26.11	13.44
年还本额	177.40	188.04	199.33	211.29	223.94
年还本付息总额	237.40	237.40	237.40	237.40	237.38
年末借款余额	822.60	634.56	435.23	223.94	0

【练一练:5-14】

解:每年的还本额 $A=1000/5=200$ 万元,还款期各年的还本额、付息额和还本付息总额如表5.3所示。

表 5.3　某项目还本付息计划表

年份	1	2	3	4	5
年初借款余额	1000	800	600	400	200
利率	6％	6％	6％	6％	6％
年利息	60	48	36	24	12
年还本额	200	200	200	200	200

续表5.3

年份	1	2	3	4	5
年还本付息总额	260	248	236	224	212
年末借款余额	800	600	400	200	0

【练一练:5-15】

解:根据题意完成表格如表5.4所示。

表5.4 某建设项目现金流量表

序号	寿命周期 项目名称	建设期	生产期					
		1	2	3	4	5	6	7
1	现金流入	0	640	800	800	800	800	800
2	现金流出	2000	240	300	300	300	300	300
3	净现金流量	−2000	400	500	500	500	500	500
4	累计净现金流量	−2000	−1600	−1100	−600	−100	400	900
5	折现系数(10%)	0.9091	0.8264	0.7513	0.6830	0.6209	0.5645	0.5132
6	折现后净现金流量	−1818.2	330.56	375.65	341.5	310.45	282.25	256.6
7	累计折现后净现金流量	−1818.2	1487.64	−1111.99	−770.49	−460.04	−177.79	78.81

1.静态投资回收期

$P_t = $ 累计净现金流量开始出现正值的年份 $-1 + \dfrac{\text{上一年累计现金流量的绝对值}}{\text{当年净现金流量}}$

$= 6 - 1 + 100/500 = 5.2$(年)

2.动态投资回收期

$P'_t = $ 累计净现金流量现值开始出现正值的年份 $-1 + \dfrac{\text{上一年累计现金流量现值的绝对值}}{\text{当年净现金流量现值}}$

$= 7 - 1 + 177.79/256.6 = 6.69$(年)

3.财务净现值

财务净现值是把项目计算期各年的净现金流量,按照折现率折算到期初的现值之和,也就是计算期末累计折现后的净现金流量,即78.81万元。

4.内部收益率

题目中 $i = 10\%$,可以看到 $NPV = 78.81$ 万元 > 0,要计算 $FIRR$ 必须找到一个 $NPV < 0$ 的值,并且我们知道 NPV 与 i 成反比,也就是说 i 越大 NPV 越小,因此取 $i = 12\%$,重新计算 NPV 的大小。结果如表5.5所示。

表 5.5　某项目净现金流量表

序号	寿命周期项目名称	建设期	生产期					
		1	2	3	4	5	6	7
1	净现金流量	−2000	400	500	500	500	500	500
2	折现系数(12%)	0.8929	0.7972	0.7118	0.6355	0.5674	0.5066	0.4523
3	折现后净现金流量	−1785.8	318.88	355.9	317.75	283.7	253.3	226.15
4	累计折现后净现金流量	−1785.8	−1466.92	−1111.02	−793.27	−509.57	−256.27	−30.12

从上表中可以看到,当 $i=12\%$ 时,$NPV=−30.12$ 万元

因此内部收益率 $FIRR=i_1+(i_2-i_1)\cdot\dfrac{FNPV_1}{FNPV_1-FNPV_2}$

$=10\%+(12\%-10\%)\times78.81/(78.81+30.12)$

$=11.45\%$

5.判断项目可行性

本项目的静态投资回收期为 5.2 年,小于基准投资回收期 6 年;动态投资回收期为 6.69 年,小于计算期 7 年;财务净现值为 78.81 万元>0;内部收益率为 11.45%>行业基准收益率 10%。所以,从财务角度分析该项目可行。

第 6 章

【练一练:6-1】

功能重要性系数计算表见表 6.1。

表 6.1　功能重要性系数计算表

功能区	功能重要性评价		
	暂定重要性系数	修正重要性系数	功能重要性系数
(1)	(2)	(3)	(4)
F_1	0.7	0.7	0.15
F_2	0.5	1.0	0.21
F_3	2.0	2.0	0.43
F_4		1.0	0.21
合　计		4.7	1.00

【练一练:6-2】

指标的权重计算结果如下(见表 6.2):

表 6.2　各项功能指标权重计算表

	F_1	F_2	F_3	F_4	F_5	得分	修正得分	权重
F_1	×	0	1	0	1	2	3	0.200
F_2	1	×	1	0	1	3	4	0.267
F_3	0	0	×	0	1	1	2	0.133
F_4	1	1	1	×	1	4	5	0.333
F_5	0	0	0	0	×	0	1	0.067
合计						10	15	1.000

【练一练:6-3】

解:分析题意可知 $F_1 \sim F_5$ 的重要程度排序如下:$F_3 > F_1 > F_2 = F_4 = F_5$,将重要程度的得分填入表 6.3。

表 6.3　各功能权重系数表

功能	F_1	F_2	F_3	F_4	F_5	得分	权重
F_1	×	3	1	3	3	10	0.25
F_2	1	×	0	2	2	5	0.125
F_3	3	4	×	4	4	15	0.375
F_4	1	2	0	×	2	5	0.125
F_5	1	2	0	2	×	5	0.125
合　计						40	1.00

注意:每栏的分值分别为该栏横向上对应的功能比上该栏纵向上对应的功能的重要程度的得分,而得分栏应为各功能横向得分之和。权重为各功能得分比上得分合计的结果。

【练一练:6-4】

解:根据题中所列数据,具体计算结果汇总见表 6.4。

表 6.4　功能指数、成本指数、价值指数和目标成本降低额计算表　　　　单位:万元

功能项目	功能指数	目前成本	成本指数	价值指数	目标成本	降低额	改进顺序
A 基础工程	0.2604	2640	0.2568	1.0140	2343.6	296.4	②
B 主体工程	0.4167	3725	0.3624	1.1498	3750.3	−25.3	④
C 屋面工程	0.1250	1178	0.1146	1.0907	1125.0	53	③
D 装饰工程	0.1979	2736	0.2661	0.7437	1781.1	954.9	①
合计	1.0000	10279	1.0000		9000	1279	

【练一练:6-5】

解:工程土建工程概算表见表6.5。

表6.5 某工程土建工程概算表　　　　　　　　　　　　　单位:元

序号	分部工程或费用名称	单位	工程量	单价	合价
1	土方工程	100m³	70	2500	175000
2	砌筑工程	10m³	50	2300	115000
3	混凝土及钢筋混凝土工程	10m³	330	3000	990000
4	门窗工程	100m²	3.2	19000	60800
5	屋面工程	100m²	40	4500	180000
6	装饰装修工程	100m²	280	3400	952000
A	直接工程费小计	以上6项之和			2472800
B	措施费				225000
C	直接费	A+B			2697800
D	间接费	C×5%			134890
E	利润	(C+D)×8%			226615.2
F	税金	(C+D+E)×3.477%			106372.04
	概算造价	C+D+E+F			3165677.24

【练一练:6-6】

解:工程概算指标修正表见表6.6。

表6.6 某工程概算指标修正表

序号	结构构件名称 一般土建工程	单位	数量	单价(元)	合价(元)
1	换出部分: 条形基础A 砖外墙A 合计	m³ m³	3 32	380 580	1140 18560 19700
2	换入部分: 条形基础B 砖外墙B 合计	m³ m³	4 45	380 565	1520 25425 26945
3	单位直接费修正指标	$1900 - \frac{19700}{100} + \frac{26945}{100} = 1972.45(元/m^2)$			

【练一练:6-7】

解:(1)单价法。

人工费＋材料费＋机械费＝20×2.5×20＋20×0.7×50＋20×0.3×100＝2300(元)

(2)实物法。

人工费＋材料费＋机械费＝20×2.0×30＋20×0.8×60＋20×0.5×120＝3060(元)

第7章

【练一练:7-1】

上述招标人的做法符合《招标投标法》的做法。本工程涉及国家机密,不宜公开进行,可采用邀请招标的方式选择施工单位。

【练一练:7-2】

[分析]同一个投标人只能单独或作为合伙人投一份投标文件。但他不一定亲自递交,可以委托别人代他递交投标文件并出席开标会。一名代表可同时被授权代表不止一名投标人递交投标文件出席开标。案例中第一种情况业主的做法是不对的。

在预定递交投标文件截止期及开标时间已过的情况下,不论由于何种原因,业主可以拒绝迟交的投标文件。我国《招标投标法》第28条中明文规定:在招标文件要求提交投标文件的截止时间后送达的投标文件,招标人应当拒收。

【练一练:7-3】

解:清单综合单价＝(2529.34 元/10m³×2.812＋450.08 元/10m³×2.840)/28.120

＝29.84 元/ m³

合价＝29.84×28.120＝8390.73(元)

分部分项工程量清单与计价表见表 7.1。

表 7.1　分部分项工程量清单与计价表

项目编码	项目名称	项目特征描述	计量单位	工程量	综合单价(元)	合价(元)
010401006001	混凝土基础垫层	C15(32.5 水泥)混凝土,现场搅拌、运输、浇捣、养护	m³	28.120	29.84	839.07

【练一练:7-4】

答案解析:投标人的投标总价应当与组成工程量清单的分部分项工程费、措施项目费、其他项目费和规费、税金的合计金额相一致,即投标人在进行工程量清单招标的投标报价时,不能进行投标总价优惠(或降价、让利),投标人对投标报价的任何优惠(或降价、让利)均应反映在相应清单项目的综合单价中。

【练一练:7-5】

答案解析:该企业没有从本企业的实际情况出发,在投标前没有作好决策,掌握好投标的策略,投中标把握性高的标。虽然投的项目很多,但中标的几率很低。

【练一练:7-6】

答案解析:(1)"招标人仅宣布四家投标单位参加投标"不妥,我国《招标投标法》规定:招标人在招标文件要求提交投标文件的截止时间前收到的所有投标文件,开标时都应当当众拆封、宣读。投标单位 B 在投标截止时间前已撤回投标文件,但仍应作为投标人加以宣布。

(2)"评标委员会委员全部由招标人直接确定"不妥,按规定,7 名评标委员中招标人只可派两名相应的专家参加评标委员会,其他的技术、经济专家,一般招标项目应采取从专家库中随机抽取的方式,特殊招标项目可以由招标人直接确定,而本项目显然属于一般招标项目。

(3)"在评标过程中,招标人决定将评标方法改为经评审的最低投标价法"不妥,因为评标委员会应当按照招标文件确定的评标标准和方法进行评标。

(4)"投标人在 10 月 13 日将中标结果通知了 C、E、D 三家单位"不妥,因为中标人确定后,招标人应当在向中标人发出中标通知的同时,将中标结果通知所有未中标的投标人。

第 8 章

【练一练:8－1】

解:$1500 \times (1+15\%) = 1725 (m^3)$

$1725 \times 16 + (1900-1725) \times 15 = 30225 (元)$

【练一练:8－2】

解:(1)计算承包人报价浮动率 $L = (1-中标价/招标控制价) \times 100\%$

$= (1-8092462/8623859) \times 100\%$

$= 6.16\%$

(2)查该项目所在地定额人工费为 3.78 元,除卷材外的其他材料费为 0.65 元,管理费和利润为 1.13 元。则该项目综合单价$= (3.89+20+0.75+1.15) \times (1-6.16\%) = 25.79 \times 93.84\% = 24.20 (元/m^2)$

【练一练:8－3】

解:上述(4)、(5)、(6)可以提出索赔。

【练一练:8－4】

解:合理。因为在这项承包工程中,承包商遇到了非承包商的原因造成的工期延长和工资的提高。人工费索赔应包括工资提高和工效降低增加开支两项,即:$2400 \times (53-50) + (2400-2000) \times 50 = 7200 + 20000 = 27200 (元)$。

【练一练:8－5】

解:各事件处理结果如下:

(1)异常恶劣天气导致的停工通常不能进行费用索赔。

(2)抢修道路用工的索赔额$= 20 \times 40 \times (1+35\%) = 1080 (元)$

(3)停电导致的索赔额$= 1 \times 150 + 10 \times 10 = 250 (元)$

总索赔费用$= 1080 + 250 = 1330 (元)$

【练一练:8－6】

解:$3+3=6(天)$

【练一练:8－7】

解:预付备料款$= \dfrac{400 \times 60\%}{200} \times 90 = 108 (万元)$

【练一练:8-8】

解:起扣点 $=400-\dfrac{48}{60\%}=320$(万元)

【练一练:8-9】

解:预付备料款 $=300\times20\%=60$(万元)

起扣点 $=300-60/60\%=200$(万元)

1月份:累计完成30万元,结算工程款 $=30-30\times5\%=28.5$(万元)

2月份:累计完成70万元,结算工程款 $=40-40\times5\%=38$(万元)

3月份:累计完成140万元,结算工程款 $=70\times(1-5\%)=66.5$(万元)

4月份:累计完成210万元,超过起扣点200(万元)

结算工程款 $=70-(210-200)\times60\%-70\times5\%=60.5$(万元)

5月份:累计完成270(万元)

结算工程款 $=60-60\times60\%-60\times5\%=21$(万元)

6月份:累计完成300(万元)

结算工程款 $=30\times(1-60\%)-30\times5\%=10.5$(万元)

【练一练:8-10】

解:调整后的合同价为:

$$400\times(15\%+35\%\times\frac{110}{100}+23\%\times\frac{156.2}{153.4}+12\%\times\frac{154.4}{154.4}+8\%\times\frac{162.2}{160.3}+7\%\times\frac{160.2}{144.4})$$

$$=419.12(万元)$$

经调整实际结算价格为419.12万元,比原合同多19.12万元。

【练一练:8-11】

解:拟完工程计划投资 $=120\times20=2400$(元)

已完工程计划投资 $=100\times20=2000$(元)

已完工程实际投资:1800元

投资偏差 $=2000-1800=200$(元)

进度偏差 $=2000-2400=-400$(元)

进度偏差为负表示工程进度拖后,投资偏差为正表示投资节约。

第9章

【练一练:9-1】

解:计算如下:

第一车间分摊建设单位管理费 $=100\times[(500+150+300)/(2000+800+1000)]$

$$=25(万元)$$

第一车间分摊土地征用费 $=120\times(500/2000)=30$(万元)

第一车间分摊勘察设计费 $=60\times(500/2000)=15$(万元)

第一车间分摊工艺设计费 $=40\times(150/800)=7.5$(万元)

第一车间新增固定资产价值 $=(500+150+300)+(25+30+15+7.5)$

$$=1027.5(万元)$$

【练一练:9-2】

解:(1)竣工决算包括四部分内容:竣工财务决算说明书、竣工财务决算报表、工程竣工图、工程造价对比分析。

(2)新增资产按经济内容划分为:固定资产、无形资产、流动资产和其他资产。

固定资产:280+80+70+50+20+90=590(万元)

无形资产:40+30=70(万元)

流动资产:40万元

其他资产:4万元

习题答案

第1章

一、单选题

1. B 2. B 3. B 4. D 5. A 6. B 7. D 8. A

二、多选题

1. AD 2. BDE 3. ABCE 4. ACDE 5. BCDE 6. ABCD 7. ACE 8. DE

三、简答题

（略）

第2章

一、单选题

1. B 2. D 3. C 4. A 5. D 6. C 7. C 8. B

二、多选题

1. AB 2. ABE 3. ACDE 4. BCDE 5. ABCE 6. AD 7. AD 8. ACDE

三、简答题

（略）

第3章

一、单选题

1. C 2. B 3. B 4. D 5. C 6. D 7. B 8. C

二、多选题

1. ACE 2. ABDE 3. ABE 4. ACD 5. AD 6. ABC 7. ADE 8. ACD

三、简答题

（略）

四、案例题

表 3.1　楼地面工程量清单表

序号	项目编码	项目名称	项目特征描述	计量单位	工程量	金额		
						综合单价	合价	其中 暂估价
1	011102003001	块料地面（卫生间）	1. 素土夯实 2. 80 厚 C10 混凝土 3. 素水泥浆结合层一道 4. 25 厚 1∶4 干硬性水泥砂浆,面上撒素水泥 5. 3 厚水泥胶结合层,防水涂料 2 道,厚度 2mm 6. 8 厚 300×300 防滑地砖(素水泥浆擦缝)	m²	35.12			

序号	项目编码	项目名称	项目特征描述	计量单位	工程量	金额		
						综合单价	合价	其中
								暂估价
2	011102003002	块料楼面（办公室）	1.素水泥浆结合层一道 2.25厚1：4干硬性水泥砂浆,面上撒素水泥 3.8厚600×600地砖铺实拍平,水泥浆擦缝	m²	221.42			
3	011102001001	石材楼面（大厅、走廊）	1.素水泥浆结合层一道 2.30厚1：4干硬性水泥砂浆,面上撒素水泥 3.20厚600×600花岗岩(印度红)	m²	48.72			

第4章

一、单选题

1. B　2. D　3. B　4. C　5. A

二、多选题

1. ABE　2. ABDE　3. AE　4. BD　5. ABD

三、简答题

（略）

四、案例题

解：(1)工程量清单编制：应由招标人进行编制。

根据《房屋建筑与装饰工程工程量计算规范》(GB50854—2013)的规定,基础土方工程量为：

基础土方工程量＝0.9×1.8×1500＝2430(m^3)

挖沟槽土方工程量清单见表4.1。

表4.1　挖沟槽土方工程量清单

序号	项目编码	项目名称	项目特征	计量单位	工程量	金额（元）		
						综合单价	合价	其中
								暂估价
1	010101003001	挖沟槽土方	1.三类土 2.挖土深度2.0m 3.弃土运距由投标人自行考虑,确定报价	m³	2430			

(2)投标人计价工程量的计算。

按照计量规范中规定的工作内容,结合本工程的具体情况,清单项目所报综合单价还应考虑运卸土方的费用。

①人工挖沟槽土方:根据施工组织要求,需在垫层底面增加工作面每边 300mm,并需从垫层地面放坡,坡度系数为 0.37。

基础土方挖方总量 $=(0.9+2\times0.3+0.37\times1.8)\times1.8\times1500=5848.20(m^3)$

②运卸土方:根据施工方案,除沟边堆土外,现场堆土 2320m³,采用人工装土、自卸汽车运土,运距 300m。装载机装、自卸汽车运,运距 4km,运输土方 1800m³。

(3)清单项目综合单价计算。

①人工挖沟槽土方。根据本地区定额,人工挖沟槽单位人工消耗量为 0.3058 工日/m³,材料和机械消耗量为 0。

人工费 $=0.3058\times5848.2\times100=178837.96(元)$

②人工装自卸汽车运卸 300m。根据本地区定额,该项单位人工消耗量为 0.138 工日/m³,综合机械台班消耗量为 0.0094 台班/m³,施工用水消耗量 0.0086 m³/m³。

人工费 $=0.138\times2320\times100=32016.00(元)$

材料费 $=0.0086\times2320\times8=159.62(元)$

机械费 $=0.0094\times2320\times600=13084.80(元)$

③装载机装、自卸汽车运,运距 4km,运输土方 1800m³。根据本地区定额,该项单位人工消耗量为 0.0053 工日/m³,综合机械台班消耗量为 0.0175 台班/m³,施工用水消耗量 0.0086 m³/m³。

人工费 $=0.0053\times1800\times100=954.00(元)$

材料费 $=0.0086\times1800\times8=123.84(元)$

机械费 $=0.0175\times1800\times600=18900.00(元)$

④人材机、管理费、利润计算。

人材机 $=178837.96+32016.00+159.62+13084.80+954.00+123.84+18900.00$
$\qquad =244076.22(元)$

管理费 $=(178837.96+32016.00+954.00+13084.80+18900.00)\times18\%$
$\qquad =43882.70(元)$

利润 $=(178837.96+32016.00+954.00+13084.80+18900.00)\times18\%$
$\qquad =43882.70(元)$

总计 $=244076.22+43882.70+43882.70=331841.61(元)$

⑤综合单价报价。

挖基础土方综合单价 $=331841.61/2430=136.56(元/m^3)$

第 5 章

一、单选题

1. C 2. D 3. A 4. C 5. C 6. C 7. C 8. B 9. B 10. B

二、多选题

1. ABCD 2. ABCD 3. ACE 4. ABE 5. ACE

三、计算题

1.解：现金流量表见表 5.1。

表 5.1　现金流量表

序号	寿命周期 / 项目名称	建设期		生产期				
		1	2	3	4	5	6	7
1	现金流入			500	500	500	500	500
2	现金流出	600	600	200	200	200	200	200
3	净现金流量	−600	−600	300	300	300	300	300
4	累计净现金流量	−600	−1200	−900	−600	−300	0	300
5	折现系数(6%)	0.9434	0.8900	0.8396	0.7921	0.7473	0.7050	0.6651
6	折现后净现金流量	−566.04	−534	251.88	237.63	224.19	211.5	199.53
7	累计折现后净现金流量	−566.04	−1100.04	−848.16	−610.53	−386.34	−174.84	24.69

(1)静态投资回收期。

$P_t = 6$ 年

(2)动态投资回收期。

$$P'_t = 累计净现金流量现值开始出现正值的年份 - 1 + \frac{上一年累计现金流量现值的绝对值}{当年净现金流量现值}$$

$$= 7 - 1 + 174.84/199.53 = 6.88(年)$$

(3)财务净现值。

财务净现值是把项目计算期各年的净现金流量,按照折现率折算到期初的现值之和,也就是计算期末累计折现后的净现金流量,即 24.69 万元。

(4)内部收益率。

题目当中 $i=6\%$,可以看到 $NPV=24.69$ 万元 >0,要计算 $FIRR$ 必须找到一个 $NPV<0$ 的值,并且我们知道 NPV 与 i 成反比,也就是说 i 越大 NPV 越小,因此取 $i=8\%$,重新计算 NPV 的大小。结果如表 5.2 所示。

表 5.2　净现金流量表

序号	寿命周期 / 项目名称	建设期		生产期				
		1	2	3	4	5	6	7
1	净现金流量	−600	−600	300	300	300	300	300
2	折现系数(8%)	0.9259	0.8573	0.7938	0.7350	0.6806	0.6302	0.5835
3	折现后净现金流量	−555.54	−514.38	238.14	220.5	204.18	189.06	175.05
4	累计折现后净现金流量	−555.54	−1069.92	−831.78	−611.28	−407.10	−218.04	−42.99

从表 5.2 中可以看到,当 $i=8\%$ 时,$NPV=-42.99$ 万元

因此内部收益率 $FIRR = i_1 + (i_2 - i_1) \cdot \dfrac{FNPV_1}{FNPV_1 - FNPV_2}$

$$= 6\% + (8\% - 6\%) \times 24.69/(24.69 + 42.99)$$
$$= 6.73\%$$

(5)判断项目可行性。

本项目的静态投资回收期为 6 年,等于基准投资回收期 6 年;动态投资回收期为 6.88 年,小于计算期 7 年;财务净现值为 24.69 万元>0;内部收益率为 6.73%>行业基准收益率 6%。所以,从财务角度分析该项目可行。

2.解:产量盈亏平衡点=700/600×(1-6%)-400=4.27(万件)

单价盈亏平衡点=700+10×400/10×(1-6%)=500(元)

正常生产年份的利润=600×10×(1-6%)-700-10×400=940(万元)

第 6 章

一、单选题

1.B 2.A 3.B 4.C 5.A 6.C 7.B 8.A 9.B 10.C 11.A

二、多选题

1.ACE 2.ACD 3.ABCE 4.CDE 5.ACD

三、简答题

(略)

第 7 章

一、单选题

1.D 2.B 3.B 4.B 5.B 6.A 7.C 8.C 9.A 10.B
11.C 12.B 13.D 14.A 15.C 16.C 17.C 18.A 19.A 20.C

二、多选题

1.CDE 2.ABD 3.ACD

三、简答题

(略)

四、案例分析

1.答:问题(1):

事件 1 不妥之处:建设方要求招标代理人编制招标文件合同条款时不得有针对市场价格波动的调价条款。

理由:合同条款中应有针对市场价格波动的条款,以合理分摊市场价格波动的风险;合同中没有约定或约定不明确,若发承包双方在合同履行中发生争议,由双方协商确定;协商不能达成一致的,按《建设工程工程量清单计价规范》(GB50500—2013)的规定执行,即材料、设备单价变化超过 5%,超过部分的价格应按照价格指数调整法或造价信息差价调整计算调整材料、工程设备。

问题(2)：

事件 2 不妥之处：

①招标人组织最具有竞争力的潜在投标人踏勘现场不妥。

理由：根据建设项目施工招标的规定，招标人不得单独或分别组织任何一个投标人进行现场踏勘。

②口头解答潜在投标人提出的疑问不妥。

理由：收到投标人提出的疑问后，应以书面形式进行解答，并将解答同时送达所有获得招标文件的投标人。

问题(3)：

评标委员会吴某的做法不妥。评标报告应当全体评标委员会成员签字；如有不同意见应当以书面形式说明不同意见和理由，评标报告应当注明该不同意见；如拒绝签字又不说明理由的视为同意评标结果。

问题(4)：

招标人在收到评标委员会递交的评标报告后，第二天向排名第一的中标候选人发出了中标通知书不妥。招标人应当自收到评标报告之日起 3 日内公示中标候选人，如没有异议，招标人在公示期满后方可向排名第一的中标候选人发中标通知书。

2.解：每一投标单位由 9 位专家分别打分，故总分应为 900 分，通过计算得出各投标单位技术标得分。

各投标单位报价单位平均值＝(49800＋50000＋52000＋48000)/5＝49950

投标单位 A 得分计算：

投标单位 A 报价低出评定标底百分比＝(49950－49800)/49950＝0.30%

故投标单位 A 得分＝100

同样计算其他投标单位最终得分，如表 7.1 所示。

表 7.1　各投标单位评标得分表

投标单位		A	B	C	D
技术标	总计分	719	797	810	792
	得分	79.88	88.56	90.00	88.00
商务标	加(减)分	0	−0.10	−4.10	7.20
	得分	100	99.9	95.90	107.20
最终得分		87.93	93.10	92.6	95.68

由上述计算得知，各投标单位投标结果排序为 D、B、C、A，投标单位 D 中标。

第 8 章

一、单选题

1. D　2. C　3. C　4. D　5. C　6. B　7. C　8. D　9. A　10. A

二、多选题

1.ABE　2.AE　3.ABCE　4.BCE　5.BCDE

三、简答题

(略)

四、计算题

1.解:事件①不能获得费用索赔。

事件②索赔额=(20×50+1×200)×(1+30%)=1560(元)

事件③索赔额=20×20+1×100=500(元)

索赔额合计=1560+500=2060(元)

2.(1)预付款=660×20%=132(万元)

起扣点=660-132/0.6=440(万元)

(2)2月份:结算55万元。

3月份:结算110万元,累计165万元。

4月份:结算165万元,累计330万元。

5月份:累计工程款550万元,超过起扣点。

结算款为220-(550-440)×60%=154(万元),累计拨付484万元。

(3)工程结算总价=660+660×0.6×10%=699.6(万元)

6月份工程结算款=699.6-132-484-699.6×3%=62.612(万元)

或6月份工程结算款=110-110×60%-699.6×3%+660×0.6×10%

=62.612(万元)

第9章

一、单选题

1.A　2.A　3.A　4.D　5.C　6.C　7.B

二、多选题

1.ABCD　2.ABCE　3.BCD　4.BCDE　5.ACDE　6.ABDE　7.AD　8.BDE

三、简答题

(略)

四、计算题

解:计算如下:

应分摊的建设单位管理费=80×[(800+500+600)/(5000+800+1200)]=21.7(万元)

应分摊的土地征用费=90×(800/5000)=14.4(万元)

应分摊的建筑设计费=50×(800/5000)=8(万元)

应分摊的工艺设计费=30×(500/800)=18.75(万元)

总装车间新增固定资产价值=(800+500+600)+(21.7+14.4+8+18.75)

=1962.85(万元)

参 考 文 献

[1] 全国造价工程师执业资格考试培训教材编审委员会. 建设工程计价（2014 年修订）[M]. 北京: 中国计划出版社, 2013.

[2] 斯庆, 宋显锐. 工程造价控制[M]. 北京: 北京大学出版社, 2014.

[3] 夏清东, 刘钦. 工程造价管理[M]. 北京: 科学出版社, 2008.

[4] 甄凤. 工程造价案例分析[M]. 北京: 北京大学出版社, 2013.

[5] 中华人民共和国住房和城乡建设部. 房屋建筑与装饰工程工程量计算规范（GB 50854—2013）[S]. 北京: 中国计划出版社, 2013.

[6] 中华人民共和国住房和城乡建设部, 中华人民共和国质量监督检验检疫总局. 建设工程工程量清单计价规（GB 50500—2013）[S]. 北京: 中国计划出版社, 2013.

[7] 吴怀俊, 马楠. 工程造价管理[M]. 北京: 中央广播电视大学出版社, 2007.

[8] 柴琪, 冯松山. 建筑工程造价管理[M]. 北京: 北京大学出版社, 2012.

[9] 规范编制组. 2013 建设工程计价计量规范辅导[M]. 北京: 中国计划出版社, 2013.

[10] 全国注册咨询工程师（投资）资格考试参考教材编写委员会. 工程咨询概论[M]. 北京: 中国计划出版社, 2012.

[11] 中国建设教育协会. 工程算量技能实训[M]. 北京: 中国建筑工业出版社, 2011.

[12] 全国造价工程师执业资格考试培训教材编审委员会. 建设工程造价案例分析（2014 年修订）[M]. 北京: 中国计划出版社, 2013.

[13] 全国造价工程师执业资格考试培训教材编审委员会. 建设工程造价管理[M]. 北京: 中国计划出版社, 2013.

[14] 全国一级建造师执业资格考试用书. 建设工程项目管理[M]. 北京: 中国建筑工业出版社, 2014.

[15] 全国一级建造师执业资格考试用书. 建设工程法规及相关知识[M]. 北京: 中国建筑工业出版社, 2014.

[16] 胡新萍, 王芳. 工程造价控制与管理[M]. 北京: 北京大学出版社, 2012.

[17] 袁建新. 工程造价概论[M]. 北京: 中国建筑工业出版社, 2012.

高职高专"十三五"建筑及工程管理类专业系列规划教材

> **建筑设计类**
(1)建筑物理
(2)建筑初步
(3)建筑模型制作
(4)建筑设计概论
(5)建筑设计原理
(6)中外建筑史
(7)建筑结构设计
(8)室内设计基础
(9)手绘效果图表现技法
(10)建筑装饰制图
(11)建筑装饰材料
(12)建筑装饰构造
(13)建筑装饰工程项目管理
(14)建筑装饰施工组织与管理
(15)建筑装饰施工技术
(16)建筑装饰工程概预算
(17)居住建筑设计
(18)公共建筑设计
(19)工业建筑设计
(20)商业建筑设计
(21)城市规划原理
(22)建筑装饰装修工程施工
(23)建筑装饰综合实训

> **土建施工类**
(1)建筑工程制图与识图
(2)建筑识图与构造
(3)建筑材料
(4)建筑工程测量
(5)建筑力学
(6)建筑 CAD
(7)工程经济
(8)钢筋混凝土

(9)房屋建筑学
(10)土力学与地基基础
(11)建筑结构
(12)建筑施工技术
(13)钢结构
(14)砌体结构
(15)建筑施工组织与管理
(16)高层建筑施工
(17)建筑抗震设计
(18)工程材料试验
(19)无机胶凝材料项目化教程
(20)文明施工与环境保护
(21)地基与基础工程施工
(22)混凝土结构工程施工
(23)砌体工程施工
(24)钢结构工程施工
(25)屋面与防水工程施工
(26)现代木结构工程施工与管理
(27)建筑工程质量控制
(28)建筑工程英语
(29)建筑工程识图实训
(30)建筑工程技术综合实训

> **建筑设备类**
(1)建筑设备
(2)电工基础
(3)电子技术基础
(4)流体力学
(5)热工学基础
(6)自动控制原理
(7)单片机原理及其应用
(8)PLC 应用技术
(9)建筑弱电技术
(10)建筑电气控制技术

(11)建筑电气施工技术

(12)建筑供电与照明系统

(13)建筑给排水工程

(14)楼宇智能基础

(15)楼宇智能化技术

(16)中央空调设计与施工

> **工程管理类**

(1)建设工程概论

(2)建筑工程项目管理

(3)建设法规

(4)建设工程招投标与合同管理

(5)建设工程监理概论

(6)建设工程合同管理

(7)建筑工程经济与管理

(8)建筑企业管理

(9)建筑企业会计

(10)建筑工程资料管理

(11)建筑工程资料管理实训

(12)建筑工程质量与安全管理

(13)工程管理专业英语

> **房地产类**

(1)房地产开发与经营

(2)房地产估价

(3)房地产经济学

(4)房地产市场调查

(5)房地产市场营销策划

(6)房地产经纪

(7)房地产测绘

(8)房地产基本制度与政策

(9)房地产金融

(10)房地产开发企业会计

(11)房地产投资分析

(12)房地产项目管理

(13)房地产项目策划

(14)物业管理

> **工程造价类**

(1)工程造价管理

(2)建筑工程概预算

(3)建筑工程计量与计价

(4)平法识图与钢筋算量

(5)工程计量与计价实训

(6)工程造价控制

(7)建筑设备安装计量与计价

(8)建筑装饰计量与计价

(9)建筑水电安装计量与计价

(10)工程造价案例分析与实务

(11)工程造价实用软件

(12)工程造价综合实训

(13)工程造价专业英语

欢迎各位老师联系投稿!

联系人:祝翠华

手机:13572026447　办公电话:029－82665375

电子邮件:zhu_cuihua@163.com　37209887@qq.com

QQ:37209887(加为好友时请注明"教材编写"等字样)

土建类教学出版交流群QQ:290477505(加入时请注明"学校＋姓名＋方向"等)

图书在版编目(CIP)数据

工程造价管理/郝会娟,王欣海主编. —西安:西安交通
大学出版社,2015.6(2022.8重印)
高职高专"十三五"建筑及工程管理类专业系列规划教材
ISBN 978 - 7 - 5605 - 7445 - 5

Ⅰ.①工… Ⅱ.①郝… ②王… Ⅲ.①建筑造价管理
-高等职业教育-教材 Ⅳ.①TU723.3

中国版本图书馆 CIP 数据核字(2015)第 127019 号

书 名	工程造价管理	
主 编	郝会娟 王欣海	
责任编辑	王建洪	

出版发行　西安交通大学出版社
　　　　　(西安市兴庆南路 1 号 邮政编码 710048)
网 址　http://www.xjtupress.com
电 话　(029)82668357 82667874(市场营销中心)
　　　　　(029)82668315(总编办)
传 真　(029)82668280
印 刷　西安日报社印务中心

开 本　787mm×1092mm　1/16　印张 15.625　字数 378 千字
版次印次　2015 年 8 月第 1 版　2022 年 8 月第 5 次印刷
书 号　ISBN 978 - 7 - 5605 - 7445 - 5
定 价　45.80 元